中国通信学会普及与教育工作委员会推荐教材

21世纪高职高专电子信息类规划教材

21 Shiji Gaozhi Gaozhuan Dianzi Xinxilei Guihua Jiaocai

光传输网络技术——SDH与DWDM

（第2版）

何一心 主编

文杰斌 副主编　王韵 林燕 编著

人民邮电出版社

北京

图书在版编目（CIP）数据

光传输网络技术：SDH与DWDM / 何一心主编. -- 2
版. -- 北京：人民邮电出版社，2013.3
　　21世纪高职高专电子信息类规划教材
　　ISBN 978-7-115-30562-6

　　Ⅰ. ①光… Ⅱ. ①何… Ⅲ. ①光纤通信－同步通信网
－高等职业教育－教材 Ⅳ. ①TN929.11

中国版本图书馆CIP数据核字(2013)第025062号

内 容 提 要

全书分为五大部分共 10 章。第一部分 SDH 技术，主要介绍了 SDH 的基础理论知识、SDH 网元设备逻辑组成及其信号告警流程、SDH 网络及其自愈能力、SDH 支撑网络和 MSTP 技术；第二部分 DWDM 技术，主要介绍了 DWDM 技术概要和实现 DWDM 通信的关键技术；第三部分传输网络新技术，主要对 PTN 技术、OTN 技术和全光网络技术作了简单介绍；第四部分光网络传输性能和典型传输设备，主要介绍了光网络传输性能参数、光接口和电接口的测试、中兴及华为的传输设备；第五部分传输网络维护，主要介绍了传输网络维护整体要求、日常维护项目与注意事项、故障定位原则和方法、常见故障的处理和传输故障案例分析。

本书概念清晰、内容丰富，理论与实践紧密联系，重点突出实践。本书可作为高职高专通信技术、电子信息等专业相关课程的教材，实现高职毕业生零距离上岗要求；同时也可作为从事传输设备维护的工程技术人员的参考书。

◆ 主　　编　何一心
　　副 主 编　文杰斌
　　编　　著　王 韵 林 燕
　　责任编辑　武恩玉

◆ 人民邮电出版社出版发行　　北京市丰台区成寿寺路 11 号
　　邮编 100164　电子邮件 315@ptpress.com.cn
　　网址 http://www.ptpress.com.cn
　　北京天宇星印刷厂印刷

◆ 开本：787×1092　1/16
　　印张：15.5　　　　　　　　　2013 年 3 月第 2 版
　　字数：405 千字　　　　　　　2025 年 1 月北京第 16 次印刷

ISBN 978-7-115-30562-6

定价：32.00 元

读者服务热线：(010)81055256　印装质量热线：(010)81055316
反盗版热线：(010)81055315

第 2 版前言

《光传输网络技术——SDH 与 DWDM》一书自 2008 年出版以来，受到了广大通信类高职院校师生以及从事光传输网络技术的工程技术人员的肯定，同时也得到了对教材的诸多中肯建议和意见；近几年，随着光传输网络技术的迅速发展，SDH 传输网络和 DWDM 传输网络已经发展得非常成熟，主要应用在国家干线网、城域网以及接入网中。同时，通信企业传输类岗位对 SDH 和 DWDM 技术的要求也发生较大变化。以 PTN 技术和 OTN 技术为代表的新光传输网络技术，尽管技术标准尚未完善，但已在通信网络中得到了大量应用。为了进一步完善全书结构与内容，保证本书与光传输网络技术实际应用同步的编写目的和编写效果，以适应社会需求，本书编写组决定将《光传输网络技术——SDH 与 DWDM》进行修订。

本次修订工作主要优化了全书的整体框架结构，并根据相关知识点的要求进行了调整。具体而言，将本书第 1 版的第 1 章 SDH 基础知识中的 1.6 节 ATM、IP 映射入 STM-N 删除，将第 7 章 SDH 新业务应用调整到第 1 章 SDH 基础知识，作 1.6 节；将第 2 章 SDH 设备的逻辑组成中的告警流程及说明知识进行细化；将第 4 章电信管理网与 SDH 管理网和第 5 章 SDH 网同步合并为第 4 章 SDH 支撑网；将第 6 章 SDH 网络传输性能调整为第 8 章光网络传输性能与测试，对整章内容组织进行了较大幅度的修改，并增加了测试项目与内容；将第 11 章全光网络调整为第 7 章传输网络新技术中的一节；将第 8 章设备介绍与安装调整为第 9 章典型传输设备介绍，并由原来的一种 SDH 设备介绍，扩充到了对几种传输设备的介绍；对第 10 章传输网络日常维护和故障处理的第 3 节传输网常见故障分析和处理进行了组织结构和内容的修改。

全书由何一心任主编，并负责第 5 章、第 6 章的编写和全书的审稿工作。文杰斌任副主编，承担与企业、相关厂家联系、收集资料和征询意见工作，同时负责第 1 章、第 7 章、第 9 章的编写，王韵负责第 2 章、第 3 章、第 10 章的编写，林燕负责第 4 章、第 8 章的编写。文杰斌和王韵担任全书的统稿和文字整理工作。

本书的修订工作得到了湖南邮电职业技术学院、中国电信湖南公司、中国通信服务湖南公司及中兴、华为等设备厂家的大力支持和鼎力帮助，在此一并表示衷心感谢。

光网络传输技术的发展迅速，加之编者水平有限，本书经过修订也仍难免有错误和不妥之处，敬请广大读者批评指正。

编　者
2012 年 10 月

目录

第1章

SDH 基础知识

【本章内容简介】 本章系统介绍了同步数字系列（SDH）技术的基本理论知识，包括：PDH 的主要缺陷，SDH 的特点及帧结构，SDH 段开销，SDH 的映射和复用，SDH 指针调整，MSTP 的概念及其功能模型、以太网业务在 MSTP 上的传送实现等基础知识。

【学习重点与要求】 本章重点是 SDH 帧结构，SDH 段开销，SDH 的映射和复用，SDH 指针技术，MSTP 的概念及其功能模型；难点是 SDH 映射和复用过程，SDH 指针调整，以太网业务在 MSTP 上的传送实现。

1.1 SDH 的产生

高度发达的信息社会要求通信网能支持多种多样的电信业务，通过通信网传输、交换和处理的信息量将不断增大，这就要求现代化的通信网向数字化、综合化、智能化和个人化方向发展。

传输系统是通信网的重要组成部分，传输系统的好坏直接影响着通信网的业务质量。为了扩大传输容量、提高传输效率，在数字通信中，常常将若干个低速数字信号以数字复用的方式合成为一路高速数字信号。数字复用必须按照一定的标准进行。国际电信联盟电信标准部门（ITU-T）的前身，原国际电报电话咨询委员会（CCITT）规定了两种基本复用标准，即准同步数字系列（PDH）和同步数字系列（SDH）。我国在 1995 年以前采用 PDH 复用方式。1995 年以后，随着光纤通信的迅猛发展，引入了 SDH 复用方式，原有的 PDH 数字传输网可逐步纳入 SDH 传输网。

1.1.1 PDH 的帧结构和主要缺陷

模拟话音信号进行抽样、量化、编码，变为一路 64 kbit/s 的数字信号，为了提高线路利用率和传输容量，采用时分复用技术，将多路 64 kbit/s 数字信号以比特为单位进行间插复接。在欧洲，将 30 个独立的 64 kbit/s 话音信道与两个信息控制信道一起形成一个 32 个时隙的信号结构，其传输速率为 2.048 Mbit/s；在北美和日本，则将 24 个 64 kbit/s 信道的信号间插复用在一起，形成一个 1.544 Mbit/s 的信息流。

为进一步提高传输容量，可将若干个 2.048 Mbit/s（或 1.544 Mbit/s）的信息流复接成更高速率的信息流。例如，欧洲将 4 路 2.048 Mbit/s 信息流复接为一路 8.448 Mbit/s 的信息流；4 路 8.448 Mbit/s 信息流复接为一路 34.368 Mbit/s 的信息流；4 路 34.368 Mbit/s 信息流复接为一路 139.264 Mbit/s 的信息流。

我国的 PDH 技术采用欧洲制式，欧洲制式中各次群的速率、偏差、帧周期和电路数如表 1-1 所示。

表 1-1　　　　　　　　　　我国 PDH 各次群速率与帧周期

群　　次	速　　率	偏　　差	帧 周 期	电 路 数
一次	2.048 Mbit/s	50 ppm	125 μs	30
二次	8.448 Mbit/s	30 ppm	100.38 μs	120
三次	34.368 Mbit/s	20 ppm	44.69 μs	480
四次	139.264 Mbit/s	15 ppm	21.03 μs	1 920

在过去的 20 多年时间里，PDH 技术在骨干网和本地网中发挥了巨大的作用。但是，在通信网向大容量、标准化发展的今天，PDH 技术在运营商公用通信网络中已基本淘汰，传统的 PDH 技术的缺陷体现在以下几点。

（1）国际上现有的 PDH 技术存在 3 大地区标准，如图 1-1 所示，这种局面造成了国际互通的困难。

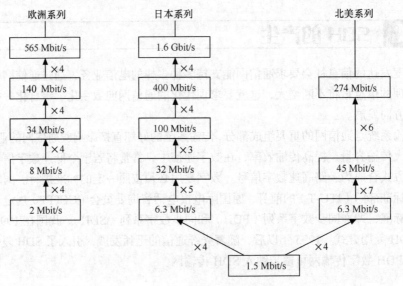

图 1-1　ITU-T 建议的 3 大 PDH 系列

（2）没有世界性标准的光接口规范。这导致不同厂家的设备，甚至同一厂家不同型号的设备光接口各不相同，不能互连，即横向不兼容。

（3）上/下支路困难。PDH 各速率等级帧长不同，低次群帧的起始点在高次群帧中没有固定位置，也无规律可循。这种情况导致上/下支路必须采用背靠背设备，逐级分接出要下的支路，将不下的支路再逐级复接上去，如图 1-2 所示。

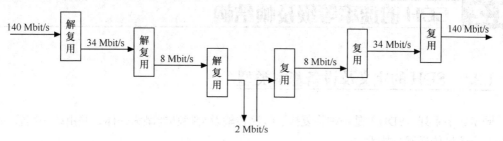

图 1-2　从 140 Mbit/s 信号分/插出 2 Mbit/s 信号示意图

（4）只能采用异步复接方式，即复接时需调整各支路速率同步后才能复接。

（5）网络管理能力不强。由于安排的开销比特很少，不能提供足够的运行、管理和维护（OAM）能力。网络的 OAM 主要靠人工的数字交叉连接和停业务检测，不能适应不断演变的电信网的要求。

1.1.2　SDH 的产生及特点

1985 年，美国国家标准协会（ANSI）为使设备在光接口互连起草了光同步标准，并命名为同步光网络（SONET）。1986 年，原 CCITT 以 SONET 为基础制订了 SDH 同步数字体系标准，使同步网不仅适用于光纤传输，也适合于微波和卫星等其他传输形式。

SDH 帧结构克服了 PDH 的不足，与传统的 PDH 相比较，SDH 具有如下明显的特点。

（1）灵活的分插功能。SDH 规定了严格的映射复接方法，并采用指针技术，支路信号可以直接从线路信号中灵活地上下支路信号，无需通过逐级复用实现分插功能，减少了设备的数量，简化了网络结构。

（2）强大的网络管理能力。SDH 的帧结构中有足够的开销比特，不仅满足目前的告警、性能监控、网络配置、倒换和公务等的需求，而且还有进一步扩展的余地，用以满足将来的监控和网管需求。

（3）强大的自愈能力。具有智能检测的 SDH 网管系统和网络动态配置功能，使 SDH 网络容易实现自愈，在设备或系统发生故障时能迅速恢复业务，提高了网络的可靠性，降低了维护费用。

（4）SDH 有标准的光接口规范。不同厂家的设备可以在光路上互连，真正实现横向兼容。

（5）SDH 具有兼容性。SDH 的 STM-1 既可复用 2 Mbit/s 系列的 PDH 信号，又可复用 1.5 Mbit/s 系列的 PDH 信号，使两大系列在 STM-1 中得到统一，便于实现国际互通，也便于顺利地从 PDH 向 SDH 过渡。

总结起来，SDH 的核心特点是：同步复用、标准光接口以及强大的网络管理能力。

当然，SDH 技术并不是十全十美的，它也有一些不足之处：

（1）由于开销比特很多，因此频带利用率不如 PDH；

（2）大规模采用软件技术，一旦计算机系统出现故障或被恶意攻击，网管系统对 SDH 网络不能实施有效监控管理，严重时甚至造成全网瘫痪；

（3）为了能兼容各种速率信号、实现横向连接，采用指针调控技术，产生较大的抖动，对信号造成一定的传输损伤。

1.2 SDH 的速率等级及帧结构

1.2.1 SDH 的定义及设备基本类型

同步数字系列（SDH）是一种将复接、线路传输及交换功能融为一体，并由统一网管系统操作的综合信息传送网络技术。

SDH 在网络节点接口方面有统一规范，这个规范中首先统一的就是接口速率等级和帧结构安排。另外，SDH 还统一了设备类型和设备功能，使网络构成更加规范。SDH 设备（网元）类型有 4 种。

（1）终端复用器（TM）：用于将各种低速信号复用映射进线路信号 STM-N 或作相反处理，如图 1-3 所示。

（2）分插复用器（ADM）：直接在 STM-N 中分出或插入低速信号，如图 1-4 所示。

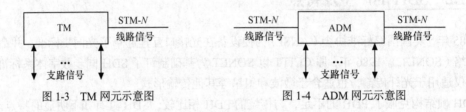

图 1-3　TM 网元示意图　　　　　　　　图 1-4　ADM 网元示意图

（3）再生中继器（REG）：实现对 STM-N 信号的放大、再生，以便延长通信距离，如图 1-5 所示。

（4）数字交叉连接器（DXC）：实现不同端口、不同速率信号的交叉连接，如图 1-6 所示。

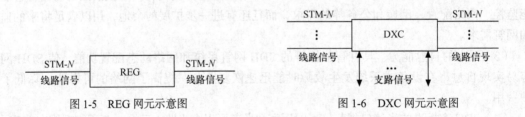

图 1-5　REG 网元示意图　　　　　　　　图 1-6　DXC 网元示意图

1.2.2 SDH 速率等级

SDH 按一定的规律组成块状帧结构，称为同步传送模块（STM），它以与网络同步的速率串行传输。SDH 中最基本的，也是最重要的模块信号是 STM-1，其速率为 155.520 Mbit/s，更高等级的模块 STM-N 是 N 个基本模块信号 STM-1，经字节间插后按同步复用形成的，其速率是 STM-1 的 N 倍，N 取正整数 1、4、16、64、256。详细速率等级如表 1-2 所示。STM-N 光接口线路信号只是 STM-N 信号经扰码后电光转换的结果，因而速率不变。

表 1–2　　　　　　　　　　　同步数字系列（SDH）速率等级

同步数字系列速率等级	比特率（kbit/s）	速率（bit/s）
STM-1	155 520	155 M
STM-4	622 080	622 M
STM-16	2 488 320	2.5 G
STM-64	9 953 280	10 G
STM-256	39 813 120	40 G

1.2.3　SDH 帧结构

STM-N 帧结构由 9 行、270×N 列组成，采用按字节间插复用，即有 9×270×N=2 430×N byte，每字节 8 bit，每字节速率为 64 kbit/s。每帧的周期为 125 μs，帧频为 8 kHz（每秒 8 000 帧）。STM-1 是 SDH 最基本的结构。每帧周期为 125 μs，含 19 440（9×270×8）bit，传输速率为 19 440 bit/125 μs=155 520 kbit/s。因为 STM-N 是由 N 个 STM-1 经字节间插同步复接而成的，故其速率为 STM-1 的 N 倍。

SDH 帧由净负荷、管理单元指针（AU-PTR）和段开销（SOH）3 部分组成，如图 1-7 所示。

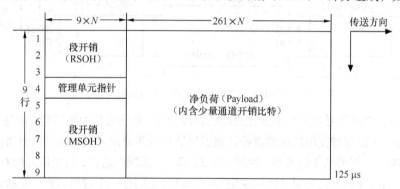

图 1-7　STM-N 帧结构

【例 1-1】　试计算 STM-16 中帧频、帧长、MSOH 的速率。

（1）因为 STM-N 的帧周期为 125 μs，所以 STM-16 作为 STM-N 中的一种速率，理所当然它的帧周期也应该是 125 μs。

（2）因为 STM-N 的帧结构为 9 行、270×N 列，所以 STM-16 的帧长为 9×270×16=44 880 byte 或 9×270×16×8=359 040 bit。

（3）因为 MSOH 在 STM-N 中位于 5～9 行前 9×N 列，所以在 STM-16 帧中有 5×9×16=720 byte 的 MSOH 字节，又每个字节的速率为 64 kbit/s，所以在 STM-16 帧中 MSOH 的速率为 720×64 kbit/s=46 080 kbit/s。

段开销（SOH）区域用于存放帧定位、运行、维护和管理方面的字节，以保证主信息净负荷正确灵活地传送。段开销进一步分为再生段开销（RSOH）和复用段开销（MSOH）。再生段开销位于 STM-N 帧中的 1～3 行 1～9×N 列，用于帧定位、再生段的监控和维护管理。再生段开销（RSOH）在再生段始端产生并加入帧中，在再生段末端终结，即从帧中提取出来进行处理。因此在 SDH 网中每个网元处，再生段开销都要终结。RSOH 既可以在再生器接入和分出，又可以在终端设备上接入和分出。复用段开销分布在 STM-N 帧中的 5～9 行 1～9×N 列，用于复用段的监控、维护和管理，在复用段的始端产生，在复用段的末端终结，故复用段开销在中继器上透明传输，在除中继器以外的其他网元处终结。

中继器之间或中继器与数字复用设备之间的物理实体称为再生段，两复用设备之间的全部物理实体则构成复用段。不同的再生段中的再生段开销互不相关，不同的复用段中的复用段开销也互不相关。从网络分层的角度来分，SDH 网络分为通道层和传输介质层，通道层分为低阶通道层和高阶通道层，传输介质层可分为段层和物理层，其中段层可分为复用段层和再生段层，物理层即传输线路，如图 1-8 所示。

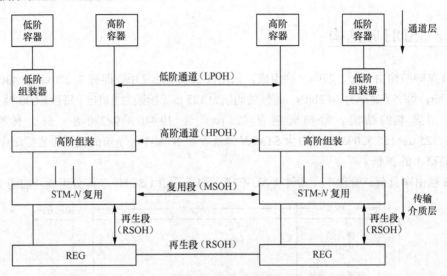

图 1-8　SDH 开销功能的组织结构

开销完成对 SDH 信号提供层层细化的监控管理功能，监控可分为段层监控和通道层监控。段层的监控分为再生段层和复用段层的监控，通道层监控分为高阶通道层和低阶通道层的监控，由此实现了对 STM-N 层层细化的监控。例如，对 2.5 Gbit/s 系统的监控，再生段开销对整个 STM-16 信号监控，复用段开销细化到对 STM-16 中 16 个 STM-1 的任一个进行监控，高阶通道开销再将其细化成对每个 STM-1 中的 VC-4 的监控，低阶通道开销又将对 VC-4 的监控细化为对其中 63 个 VC-12 的任一个 VC-12 进行监控，由此实现了对 2.5 Gbit/s 级别到 2 Mbit/s 级别的多级监控手段。这些监控功能的实现是由不同的开销字节来实现的。

管理单元指针存放在帧的第 4 行的 1～9×N 列，用来指示信息净负荷的第一个字节在 STM-N 帧内的准确位置，以便正确区分出所需的信息。为了兼容各种业务或与其他网络连接，需通过指针进行速率调整。

信息净负荷区存放各种电信业务信息和少量用于通道性能监控的通道开销字节，它位于 STM-N 帧结构中除段开销和管理单元指针区域以外的所有区域。

1.3　SDH 段开销

1.3.1　段开销的安排

STM-N 的段开销由 N 个 STM-1 段开销按字节间插同步复用而成，但只有第一个 STM-1 的段开销完全保留，其余 *N*-1 个 STM-1 的段开销仅保留 A1、A2 和 B2 字节，其他的字节全部省略。

　　以 STM-1 信号为例介绍段开销各字节的用途。对于 STM-1 信号，段开销包括位于帧中 1～3 行×1～9 列的 RSOH 和 5～9 行×1～9 列的 MSOH。STM-1 段开销的安排如图 1-9 所示。

A1	A1	A1	A2	A2	A2	J0		×	
B1	△	△	E1	△		F1	×	×	
D1	△	△	D2	△		D3	×	×	
管理单元指针 AU-PTR									
B2	B2	B2	K1			K2			
D4			D5			D6			
D7			D8			D9			
D10			D11			D12			
S1						M1	E2	×	×

注：× 为国内使用的保留字节
△ 为传输介质有关的特征字节

图 1-9　STM-1 段开销的安排

1.3.2　段开销功能

1．再生段开销功能

（1）帧定位字节 A1、A2

A1、A2 用来标识 STM-*N* 帧的起始位置。A1 为 11110110（F6），A2 为 00101000（28）。

（2）再生段踪迹字节 J0

J0 重复发送一个代表某接入点的标志，从而使再生段的接收端能够确认是否与预定的发送端处于持续的连接状态。用连续 16 帧内的 J0 字节组成 16 byte 的帧来传送接入点识别符。在同一个运营商的网络内该字节可为任意字符，而在不同运营商之间的网络边界处要使设备收、发两端的 J0 字节相同。通过 J0 字节可使运营商提前发现和解决故障，缩短网络恢复时间。

（3）STM-1 识别符 C1

原 CCITT 建议中 J0 的位置上安排的是 C1 字节，用来表示 STM-1 在高阶 STM-*N* 中的位置。采用 C1 字节的老设备与采用 J0 字节的新设备互通时，新设备置 J0 为"00000001"表示"再生段踪迹未规定"。

（4）再生段误码监视字节 B1

B1 字节用于再生段误码在线监测，它是采用偶校验的比特间插奇偶校验 8 位码（简称 BIP-8）。BIP-8 是将被监测部分 8 bit 分为一组排列，然后计算每一列比特"1"的奇偶数，如果为奇数则 BIP-8 中相应比特置"1"，如果为偶数则 BIP-8 中相应比特置"0"，即加上 BIP-8 的比特后，使每列的比特"1"码数为偶数。例如有一串较短的序列"11010100011100111010101010111010"，其 BIP-8 的计算为：

$$11010100$$
$$01110011$$
$$10101010$$
$$10111010$$

BIP-8 10110111

在 STM-N 帧中对前一 STM-N 帧扰码后的所有比特进行 BIP-8 运算，将得到的结果置于当前帧扰码前的 B1 位置。接收端将前一帧解扰码前的所有比特计算得到的 BIP-8 值与当前帧解扰后的 B1 作比较，如果任一比特不一致，则说明本 BIP-8 负责监测的"块"在传输过程中有差错。这样只要检测出接收端计算出的 B1P-8 与传送过来的 B1 不一致的数量，就可得到信号传输过程中的差错"块"数（即误码项数），从而实现再生段的在线误码监测。

（5）再生段公务通信字节 E1

E1 用于再生段公务联络，提供一个 64 kbit/s 通路，它在中继器上可以接入或分出。

（6）使用者通路字节 F1

为网络运营者提供一个 64 kbit/s 通路，为特殊维护目的提供临时的数据/话音通道。

（7）再生段数据通信通道字节（D1、D2、D3）

D1、D2、D3 用于再生段传送再生器的运行、管理和维护信息，可提供速率达 192 kbit/s（3×64 kbit/s）的通道。

2．复用段开销

（1）复用段误码监视字节 B2

用于复用段的误码在线监测，3 个 B2 共 24 bit，作比特间插奇偶校验，以前为 BIP-24 校验，后改进为 24×BIP-1，其计算方法与 BIP-8 相似，只不过此处每 24 bit 分为一组。

产生 B2 字节的方法是：对前一个扰码后的 STM 帧中除再生段开销以外的所有比特作 BIP 运算，将结果放在当前 STM 帧扰码前的 B2 字节处。接收端将收到的前一帧计算 BIP 值，再与当前帧的 B2 异或，得到误码块数。

（2）数据通信通道字节 D4~D12

构成管理网复用段之间运行、管理和维护信息的传送通道，可提供速率达 576 kbit/s（9×64 kbit/s）的通道。

（3）复用段公务通信字节 E2

用于复用段公务联络，只能在含有复用段终端功能块（MST）的设备上接入或分出，可提供速率为 64 kbit/s 的通路。

（4）自动保护倒换通路字节 K1、K2（bl~b5）

K1 和 K2 用于传送复用段保护倒换（APS）协议。保证设备发生故障时能自动切换，使网络自愈，用于复用段保护倒换自愈情况。

两字节的比特分配和面向比特的协议在 ITU-T 建议 G.783 的附件 A 中给出。Kl（b1~b4）指示倒换请求的原因，K1（b5~b8）指示提出倒换请求的工作系统序号，K2（bl~b5）指示复用段接收侧备用系统倒换开关桥接到的工作系统序号。

（5）复用段远端缺陷指示字节 K2（b6~b8）

用于向复用段发送端回送接收端状态指示信号，通知发送端，接收端检测到上游故障或者收到了复用段告警指示信号（MS-AIS）。有缺陷时在 K2（b6～b8）插入"110"码，表示复用段远端缺陷指示（MS-RDI）。

（6）同步状态字节 Sl（b5～b8）

S1 字节的 b5～b8 用作传送同步状态信息，即上游站的同步状态通过 Sl（b5～b8）传送到下游站。S1 的安排如表 1-3 所示。

表 1-3　　　　　　　　　　　　S1 字节 b5～b8 的安排

S1 的 b5～b8	时 钟 等 级
0000	质量未知
0010	G.811 基准时钟
0100	G.812 转接局从时钟
1000	G.812 本地局从时钟
1011	同步设备定时源（SETS）
1111	不可用于时钟同步

注：其余组态预留

（7）复用段远端差错指示字节 M1

M1 用于将复用段接收端检测到的差错数回传给发送端。接收端（远端）的差错信息由接收端计算出的 24×BIP-1 与收到的 B2 比较得到，有多少差错比特就表示有多少差错块，然后将差错数用二进制表示放置于 M1 的位置，如表 1-4、表 1-5 和表 1-6 所示。

表 1-4　　　　　　　　　　　　STM-1 的 M1 代码

M1 代码比特 2 3 4 5 6 7 8	代 码 含 义
0000000	0 个差错
0000001	1 个差错
0000010	2 个差错
…	…
0011000	24 个差错
0011001	0 个差错
…	…
1111111	0 个差错

表 1-5　　　　　　　　　　　　STM-4 的 M1 代码

M1 代码比特 2 3 4 5 6 7 8	代 码 含 义
0000000	0 个差错
0000001	1 个差错
0000010	2 个差错
…	…
1100000	96 个差错
1100001	0 个差错
…	…
1111111	0 个差错

表 1-6   STM-16 的 M1 代码

M1 代码比特 2 3 4 5 6 7 8	代码含义
0000000	0 个差错
0000001	1 个差错
0000010	2 个差错
…	…
1111111	255 个差错

注：M1 的第一个比特忽略。

（8）保留给将来国际标准使用的字节

图 1-9 中未表明用途的空白字节是保留给将来国际标准使用的字节。现在允许利用其中的一些字节进行相关通信。

SDH 的 SOH 功能是十分完备的，但不是在所有情况下所有的字节都是必不可少的。根据实际情况对接口进行简化，省略一些非必需的字节可以降低设备的成本。只有 A1、A2、B2、K2 字节是必不可少的。

简化接口的 SOH 字节选用如表 1-7 所示。这种简化接口只是为生产厂商和网络运营商提供的一种选择，在实际应用中可根据实际情况使用。

表 1-7   简化接口的 SOH 字节

SOH 字节	光 接 口	电 接 口
A1、A2	需要	需要
J0	需要	选用
B1	不用	不用
E1	选用	选用
F1	不用	不用
D1～D12	选用	选用
B2	需要	需要
K1、K2（APS）	选用	不用
K2（MS-RDI，MS-AIS）	需要	需要
S1	需要	需要
M1	需要	需要
E2	不用	不用
其他	不用	不用

1.4 映射和复用

1.4.1 映射和复用的基本概念

前面已经提到，SDH 具有兼容性，即 PDH 两大系列的各速率等级的信号均可以纳入 SDH 的传送模块中，这样使现存的 PDH 设备还能继续使用，不致于造成浪费。同时 SDH 还能兼容各种新业务纳入传送模块。这种将 PDH 信号和各种新业务装入 SDH 信号空间，并构成 SDH 帧的过程称为映射和复用过程。

　　映射是指一种速率变换、适配。在 SDH 中，映射是指将 PDH 信号字节经过一定的对应关系放置到 SDH 容器中的确切位置上去。其实质是使各种支路信号的速率与相应虚容器的速率同步，以便使虚容器成为可独立地进行传送、复用和交叉连接的实体。例如码速调整，加入通道开销构成虚容器。映射分为同步映射和异步映射两大类，异步映射采用码速调整进行速率适配，SDH 中采用正/零/负码速调整和正码速调整两种。同步映射不需要速率适配，同步分为比特同步和字节同步，SDH 中采用字节同步，并可细分为浮动模式和锁定模式。

　　复用是指几路信号逐字节间插或逐比特间插合为一路信号的过程。在 SDH 中采用逐字节复用。

　　复用有不同的实现方法，例如在欧洲制式的 PDH 体系中，规定 30 个话路复接成 2 048 kbit/s 基群信号，4 路 2 048 kbit/s 支路信号复接成一路 8 448 kbit/s 信号，4 路 8 448 kbit/s 信号复接成一路 34 368 kbit/s 信号等，这就是所谓的 PDH 复用结构或复用路线。原 ITD-T 对 SDH 的复用映射结构或复用路线作出了严格的规定，如图 1-10 所示。PDH 各速率信号按复用路线均可以映射到 SDH 的传送模块中去。

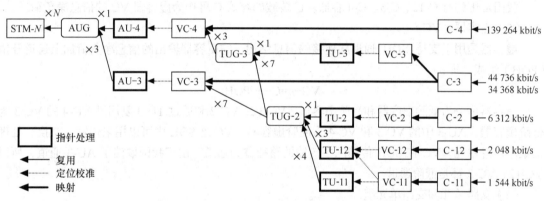

图 1-10　ITU-T G.709 建议的 SDH 复用映射结构

　　由图 1-10 可见，在 G.709 建议的复用结构中，从一个 PDH 各速率信号到 STM-*N* 的复用路线不是唯一的，对于一个国家或地区而言则必须使复用路线唯一化。我国的光同步传输网技术体制规定以 2 Mbit/s 为基础的 PDH 系列作为 SDH 的有效负荷，并选用 AU-4 复用路线，其基本复用映射结构如图 1-11 所示。由图 1-11 可知，我国的 SDH 复用映射结构有 139 264 kbit/s、34 368 kbit/s、

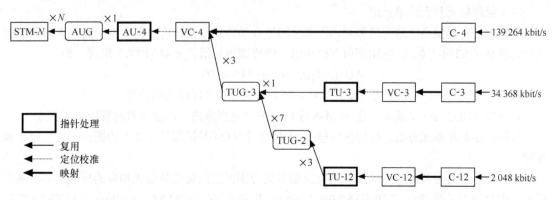

图 1-11　我国规定的 SDH 复用映射结构

2 048 kbit/s 3 个 PDH 支路信号输入接口。因为一个 STM-1 只能映射进 3 个 34 Mbit/s 支路信号，信道利用率太低。所以一般不用 34 Mbit/s 支路接口，今后对于某些应用，例如国际租用业务可能需要提供 1.544 Mbit/s 的透明支路，可用 C-11 到 VC-12 到 TU-12 的方式映射进去；对于图像业务和局域网业务，目前图像的压缩编码尚未最后定论，SDH 可以为其提供 VC-2、VC-2 级联等方式传输。

1.4.2　SDH 映射复用单元

SDH 的基本复用单元包括标准容器（C）、虚容器（VC）、支路单元（TU）、支路单元组（TUG）、管理单元（AU）和管理单元组（AUG），如图 1-11 所示。

（1）标准容器

容器是用来装载各种速率的业务信号的信息结构。主要完成适配功能，即完成输入信号和输出信号间的码型、码速变换。规定了 5 种标准容器：C-11、C-12、C-2、C-3 和 C-4，其标准输入速率分别为 1.544 Mbit/s、2.048 Mbit/s、6.312 Mbit/s、34.368 Mbit/s 以及 139.264 Mbit/s。

我国常用的有 C-12、C-3、C-4 容器。已装载的容器 C 可作为虚容器 VC 的信息净负荷。

（2）虚容器（VC）

虚容器是用于支持 SDH 通道层连接的信息结构。它由容器输出的信息净负荷加上通道开销（POH）组成，即：

$$VC\text{-}n = C\text{-}n + POH$$

虚容器可分为低阶虚容器和高阶虚容器。VC-12、VC-2 和通过 TU-3 复用进 VC-4 的 VC-3 为低阶虚容器，AU-3 中的 VC-3 和 VC-4 为高阶虚容器。VC 是 SDH 中可以用来传输、交换、处理的最小信息单元，VC 在 SDH 传输网中传输的路径称为通道。由于我国取消了 AU-3 通道，所以 VC-12、VC-3 都是低阶通道。

（3）支路单元和支路单元组

支路单元是一种提供低阶通道层和高阶通道层之间适配功能的信息结构，即负责将低阶虚容器经支路单元组装进高阶虚容器。它由低阶 VC-n 和相应的支路单元指针（TU-n-PTR）组成。即：

$$TU\text{-}n = 低阶\ VC\text{-}n + TU\text{-}n\text{-}PTR$$

支路单元指针 TU-n-PTR 用来指示 VC-n 净负荷起点在 TU 帧内的位置。

支路单元组 TUG 由一个或多个在高阶 VC 净负荷中占据固定的、确定位置的支路单元组成。

（4）管理单元和管理单元组

管理单元是提供高阶通道层和复用段层之间适配功能的信息结构（即负责将高阶虚容器经管理单元组装进 STM-N 帧）。它由高阶 VC 和相应的管理单元指针（AU-PTR）组成。即：

$$AU\text{-}n = 高阶\ VC\text{-}n + AU\text{-}n\text{-}PTR$$

管理单元指针 AU-n-PTR 指示高阶 VC-n 净负荷起点在 AU 帧内的位置。

管理单元组是由一个或多个在 STM-N 净负荷中占据固定的、确定位置的管理单元组成。

根据上述复用单元分析，任何信号进入 SDH 组成 STM-N 帧需经过 3 个步骤：映射、定位和复用。

（1）映射：是将各种速率的 G.703 支路信号先分别经过码速调整装入相应的标准容器，然后再装入虚容器的过程。如图 1-10 中将 2.048 Mbit/s 信号装进 VC-12，将 34.368 Mbit/s 信号装进 VC-3，将 139.264 Mbit/s 信号装进 VC-4 等的过程。

（2）定位：是一种以附加于 VC 上的支路单元指针指示和确定低阶 VC 帧的起点在 TU 净负荷中位置，或管理单元指针指示和确定高阶 VC 帧的起点在 AU 净负荷中的位置的过程。如图 1-10 中用附加于 VC-12 上的 TU-12-PTR 指示和确定 VC-12 的起点在 TU-12 净负荷中位置的过程，用附加于 VC-3 上的 TU-3-PTR 指示和确定 VC-3 的起点在 TU-3 净负荷中位置的过程，用附加于 VC-4 上的 AU-4-PTR 指示和确定 VC-4 的起点在 AU-4 净负荷中位置的过程等。

（3）复用：是一种把 TU 组织进高阶 VC 或把 AU 组织进 STM-*N* 的过程。如图 1-10 中将 TU-12 经 TUG-2 再经 TUG-3 装进 VC-4 的过程，将 TU-3 经 TUG-3 装进 VC-4 的过程，将 AU-4 装进 STM-N 帧的过程等。

1.4.3　常用 PDH 支路信号映射复用进 STM-1 的方法

SDH 的映射复用过程相当于将货物放上列车的过程，只不过此处的"货物"为要传递的信息，"列车"为 SDH 的传输模块。如图 1-12 所示。

支路信号适配进容器（C）相当于将货物放入小纸箱，固定塞入比特（Rbit）相当于小纸箱内的填充物，容器（C）加上通道开销（POH）形成虚容器（VC）相当于给小纸箱贴上标签的过程（上述为映射过程）。低阶 VC（相当于贴好了标签的小纸箱）加上支路单元指针 TU-PTR（相当于给众多小纸箱编号，以便确定纸箱位置）形成支路单元（TU）（上述为定位过程）。多个支路单元复用成支路单元组（TUG）（上述为复用过程）相当于多个贴好了标签编好了号的纸箱放在一起装入大集装箱，然后加上 POH（相当于给大集装箱贴标签）形成高阶 VC（上述为映射过程）。高阶 VC 加上管理单元指针 AU-PTR 构成管理单元 AU-4 相当于给大集装箱编号（上述为定位过程）。一个 AU-4 装入 AUG-4 最终加上段开销（相当于列车上配套的服务、管理）形成 STM-1（相当于列车）。

下面介绍 139 264 kbit/s 和 2 048 kbit/s 到 STM-1 的映射和复用。再次说明一点的是，由于一个 STM-1 帧只能容纳 3 个 34 Mbit/s 的支路信号，信道利用率太低，一般不用该支路接口，因此在此其复用过程不作介绍。

1. 139 264 kbit/s 到 STM-1 的映射和复用

将 139 264 kbit/s 映射复用形成 STM-1 帧的步骤可以归纳成以下 4 步。

（1）将 139 264 kbit/s 的 PDH 信号经过码速调整适配进 C-4

SDH 信号中给 139 264 kbit/s 的 PDH 信号设有容器 C-4，C-4 的周期为 125 μs，共 9 行、260 列，共 18 720（9×260×8）bit，对应的速率为 149 760 kbit/s（18 720bit/125×10^{-6}），139 264 kbit/s 信号以正码速调整方式装入 C-4。从 PDH 的 139 264 kbit/s 码流中取 125 μs，约 17 408 bit（如以标称速率取为 139 264×125×10^{-6}=17 408 bit，但 PDH 中允许有 ± 15 ppm 容差，因此在 125 μs 内比特数在 17 408 bit 左右有 0.261 bit 范围的波动），然后以每一行都相同的结构放置在 C-4 的 9 行中。

（2）将 C-4 适配进 VC-4

C-4 加上 9 个开销字节（J1，B3，C2，G1，F2，H4，F3，K3，N1）便构成了 VC-4，其结构有 9 行、261 列，对应速率为 150 336（261×9×8×8）kbit/s。

（3）将 VC-4 定位到 AU-4 并包装成 AUG-4

VC-4 加上 AU-4 指针构成 AU-4 装入 AUG-4，对于 155.520 Mbit/s 的信号来说，AUG-4 的速率就是 AU-4 的速率（因为 *N*=1）。

对图 1-12 进行简要说明如下。图示中先把货物（杯子）加上一些填充物装入小纸箱，然后对小纸箱贴好标签，以表明该小纸箱里装的是什么。再对小纸箱进行编号，以表明这个小纸箱放在集装箱的哪个位置。众多小纸箱装进大的集装箱。接着又对集装箱贴标签、编号（作用同上），最后几节车厢加上动力牵引装置形成一列列车。从甲地传送到乙地后，卸载货物的过程与装载货物的的过程是相反的流程。

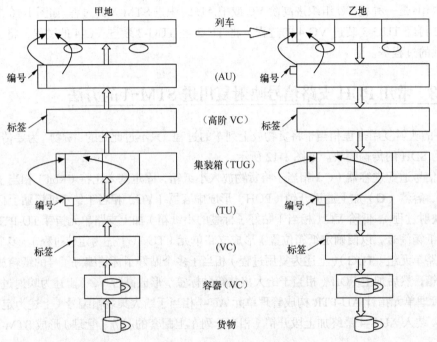

图 1-12　货物运输过程

（4）从 AUG-4 到 STM-1

将 AUG-4 加上段开销（SOH）就构成了 STM-1 的信号结构。

在此映射和复用过程中，信息结构的变化过程如图 1-13 所示。

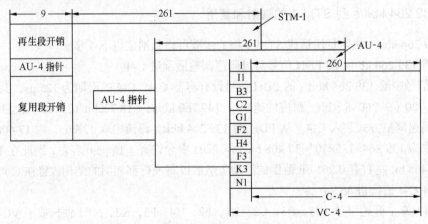

图 1-13　映射和复用过程中信息结构的变化

2．2 048 kbit/s 到 STM-1 的映射和复用

将 2 048 kbit/s 映射复用形成 STM-1 帧的步骤可以归纳成如下 6 个步骤。

（1）将 2 048 kbit/s 的 PDH 信号适配进 C-12

C-12 帧是由 4 个基帧组成的复帧，共 4 行、34 列。每个基帧的周期为 125 μs，C-12 帧周期为 500（4×125）μs，处于 4 个连续的 STM-1 帧中，帧频是 STM-1 的 1/4，为 2 kHz，帧长为 1 088（4×34×8）bit，2 048 kbit/s 的信号以正/零/负码速调整方式装入 C-12。C-12 帧左边有 4byte（每行的第一个字节），其中 1 个为固定塞入字节，其余 3 字节中 C1 和 C2 比特用于调整控制共 6 bit，S1 比特为负码速调整比特，S2 比特为正调整机会比特。C-12 帧右边有 4 byte 全部为固定塞入字节。

需要说明的是，一个复帧里的 4 个基帧是并行放置的，这 4 个基帧在复用成 STM-1 信号时，不是复用在同一帧 STM-1 信号中，而是复用在连续的 4 帧 STM-1 中。

（2）从 C-12 映射到 VC-12

为了在 SDH 网的传输中能实时监测每一个 2 Mbit/s 通道信号的性能，需将 C-12 加入 4 个低阶通道开销字节（LPOH）打包成 VC-12 的信息结构。

需要说明的是，一组通道开销检测的是整个复帧在网络中传输的状态，一个 C-12 复帧装载了 4 个 2 Mbit/s 的信号，因此，一组低阶通道开销（LP-POH）监控的是 4 帧 2 Mbit/s 信号的传输状态。

（3）将 VC-12 定位到 TU-12

TU-12 是由 4 行组成的复帧结构，每行 36 byte，每行占 125 μs。，需一个 STM 帧传送，因此，一个 TU-12 需放置于 4 个连续的 STM 帧传送。为了使后面的复接过程看起来更直观，更便于理解，此处将 TU-12 每行均按传送的顺序写成一个 9 行 4 列的块状结构。

（4）将 TU-12 装入 TUG-2

按照我国规定的复用映射结构，3 个支路来的 TU-12 逐字节间插复用成一个支路单元组 TUG-2（9 行×12 列）。

（5）从 TUG-2 到 TUG-3

按照我国规定的复用映射结构，7 个 TUG-2 逐字节间插复用成 TUG-3 的信息结构。需要说明的是，TUG-3 的信息结构是 9 行 86 列，所以需要在 7 个 TUG-2 合成的信息结构前加入两列固定塞入比特（Rbit）。

（6）从 TUG-3 到 VC-4 进一步复用成 STM-1

3 个 TUG-3（从不同的支路映射复用而得来）复用，再加上两列固定塞入字节和一列（9 byte）VC-4 的通道开销，便构成了 9 行 261 列的虚容器 VC-4。至于 VC-4 形成 STM-1 的复用过程在 139 264 kbit/s 到 STM-1 的映射和复用过程中已讲解，不再重述。

2 Mbit/s 映射和复用形成 STM-1 的过程可用图 1-14 表示。

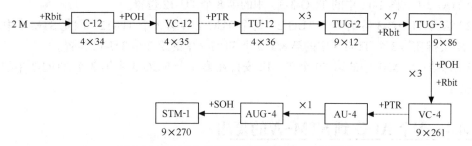

图 1-14　2 Mbit/s 映射和复用形成 STM-1 流程图

综上所述，一个 STM-1 帧中可容纳 1 个 140 Mbit/s 的支路信号，或 3 个 34 Mbit/s 的支路信号，或 63 个 2 Mbit/s 的支路信号。需要注意的是，一个 STM-1 帧只能装入单一速率的信号，如

34 Mbit/s 和 2 Mbit/s 不能混装复用形成一个 STM-1 帧。

【例 1-2】 由于经济的发展，某地的通信业务量大大增加，需要对已有 SDH 传输系统进行扩容升级。经过业务预测，对于话音电路容量需开通 200 个 2 Mbit/s 电路，用于帧中继的电路容量需开通 20 个 34 Mbit/s 电路，用于 CATV 的电路容量需开通 4 个 140Mbit/s 电路。问需要将 SDH 传输系统扩容至哪个速率级别？

解：因为一个 STM-1 帧中可容纳 1 个 140 Mbit/s 的支路信号，或 3 个 34 Mbit/s 的支路信号，或 63 个 2 Mbit/s 的支路信号。且一个 STM-1 帧只能装入单一速率的信号。所以 200 个 2 Mbit/s 的支路信号电路需要 200/63=4 个 STM-1 来实现，20 个 34 Mbit/s 电路需要 20/3=7 个 STM-1 来实现，4 个 140 Mbit/s 的支路信号电路需要 4 个 STM-1 来实现。即需要 4+7+4=15 个 STM-1 来满足扩容。STM-16=16×STM-1，所以可将 SDH 传输系统扩容至 2.5 Gbit/s 系统来满足业务需求。

【例 1-3】 在我国规定的 SDH 映射复用结构中，STM-1 帧中可容纳多少个 TUG-3，多少个 TUG-2，多少个 TU-12？第 50 个 2 Mbit/s 信号映射定位到了哪个 TU-12 中？

解：从我国规定的 SDH 映射复用结构中（见图 1-11）可知，一个 STM-1 帧中可容纳 1 个 VC-4，一个 VC-4 中可容纳 3 个 TUG-3，一个 TUG-3 中可容纳 7 个 TUG-2，一个 TUG-2 中可容纳 3 个 TU-12。一个 TU-12 中可容纳 1 个 2 Mbit/s 信号。

总结起来，STM-1 帧中可容纳 3 个 TUG-3，或 21 个 TUG-2，或 63 个 TU-12。如图 1-15 所示。

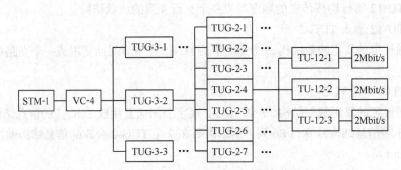

图 1-15 STM-1 帧中各信息结构的数量关系

从以上分析并结合图 1-15 可知，第 50 个 2 Mbit/s 信号映射定位到了第 50 个 TU-12。

（1）因为每个 TUG-3 可容纳 7 个 TUG-2，或 21 个 TU-12，所以前 21×2=42 个 TU-12 安排在前两个 TUG-3，即图 1-15 中的 TUG-3-1 和 TUG-3-2 中。因此 STM-1 中的第 50 个 TU-12 安排在第 3 个 TUG-3（即图 1-15 中的 TUG-3-3）中的第 8 个 TU-12 位置。

（2）因为 TUG-3-3 容纳 7 个 TUG-2，每个 TUG-2 容纳 3 个 TU-12。因此 STM-1 中的第 50 个 TU-12 安排在第 3 个 TUG-3 中的第 8/3=3 个 TUG-2 中的第 2 个 TU-12 位置。

（3）总结：STM-1 中的第 50 个 TU-12 安排在第 3 个 TUG-3 中第 3 个 TUG-2 中的第 2 个 TU-1 位置。

1.4.4 *N* 个 AUG 到 STM-*N* 的复用

在前面讲述 2 048 kbit/s 和 139 264 kbit/s 信号映射和复用为 STM-1 时，已涉及一个 VC-4 经 AU-4 装入 AUG，VC-4 装入 AU-4 时，VC-4 在 AU-4 帧内的相位是不确定的，VC-4 的第一个字节的位置用 AU-4 的指针来指示，AU-4 装入 AUG 是直接放入，二者之间相位固定不存在浮动，一个 AUG 加上段开销就构成了 STM-1。

N 个 AUG 中的每一个与 STM-N 帧都有确定的相位关系，即每一个 AUG 在 STM-N 帧中的相位是固定的，因此，N 个 AUG 只需采用逐字节间插复接方式将 N 个 AUG 信号复用，就构成了 STM-N 信号的净负荷，然后，加上段开销就构成了 STM-N 帧。

1.4.5　通道开销

从上面的映射复用过程可以看到：VC-4、VC-3 和 VC-12 中均加入了通道开销（POH），通道开销用于本通道（VC 路由）的维护和管理。其中高阶虚容器 VC-4 和低阶虚容器 VC-3 的通道开销相同，均为 9 个字节，即字节 J1、B3、C2、C1、F2、H4、F3、K3 和 N1，称为高阶通道开销；低阶虚容器 VC-12 的通道开销为 V5、J2、N2 和 K4 等 4 个字节，称为低阶通道开销。

高阶通道开销完成对 STM-N 中每个 VC-4 的监控，低阶通道开销又将对 VC-4 的监控细化为对其中 63 个 VC-12 的任一个 VC-12 进行监控。

具体每个开销字节的功能不再叙述。以表格形式简要介绍，如表 1-8 所示。

表 1-8　　　　　　　　　　　　　开销字节及对应简要功能

POH 字节	功　　能
高阶通道踪迹 J1	VC 第一个字节，作用与段开销中 J0 功能相似
高阶通道误码监测 B3	对 VC-3 或 VC-4 进行误码监测
高阶通道信号标记 C2	标示高阶通道（VC-3 或 VC-4）的信号组成
通道状态 G1	将通道终端接收器接收到的通道状态性能回送始端
高阶通道使用者字节 F2、F3	为使用者提供通道单元之间的通信通路
位置指示字节 H4	为净负荷提供一般位置指示
自动保护倒换通路字节 K3	传送高阶通道的自动保护倒换协议
网络运营者字节 N1	提供串联连接监视功能
V5 字节	用于 VC-12 复帧的误码监测、信号标记、通道状态指示
低阶通道踪迹字节 J2	用于低阶通道，作用与段开销中 J0 功能相似
网络运营者字节 N2	提供串联连接监视功能
自动保护倒换通道 K（b1~b4）	为低阶通道传送 APS 协议
保留 K（b5~b8）	低阶通道增强型远端缺陷指示

1.5　指针技术

在 SDH 的映射复用过程中，由于信息流是连续的，只需用指针来记录数据信息 VC-n 在相应的 AU 或 TU 帧中的起点（第一个字节）的位置，就可使信息流在相应的帧中灵活动态地定位，从而方便地进行速率和相位的适配（调准）。即以附加于 VC 上的指针（或管理单元指针）指示和确定低阶 VC 帧的起点在 TU 净负荷中（或高阶 VC 帧的起点在 AU 净负荷中）的位置。在发生相对帧相位偏差使 VC 帧起点"浮动"时，指针值亦随之调整，从而始终保证指针值准确指示 VC 帧起点位置的过程。对于 VC-4，AU-PTR 指的是 J1 字节的位置；对于 VC-12，TU-PTR 指的是 V5 字节的位置。

具体地说指针的作用主要有 3 个。

（1）当网络处于同步工作状态时，指针用来进行同步信号间的相位校准。

（2）当网络失配时，指针用作频率和相位的校准。

（3）指针还可以用来容纳网络中的频率抖动和漂移。

SDH 指针包括 AU-4 指针、TU-3 指针和 TU-12 指针 3 种。

1.5.1 AU-4 指针

AU-4 指针是用来指示 VC-4 在 AU-4 中起点位置的，从而使 AU-4 指针既能容纳 VC-4 和 AU-4 在相位上的差异，又能容纳帧速率上的差别。

1. AU-4 指针的位置

AU-4 指针位于第 4 行的前 9 个字节中，如图 1-16 所示。其中，H1 和 H2 是指针，并且合在一起使用，可以看成一个字码，3 个 H3 字节为负调整机会字节，进行负调整时 H3 传送 VC-4 的字节。

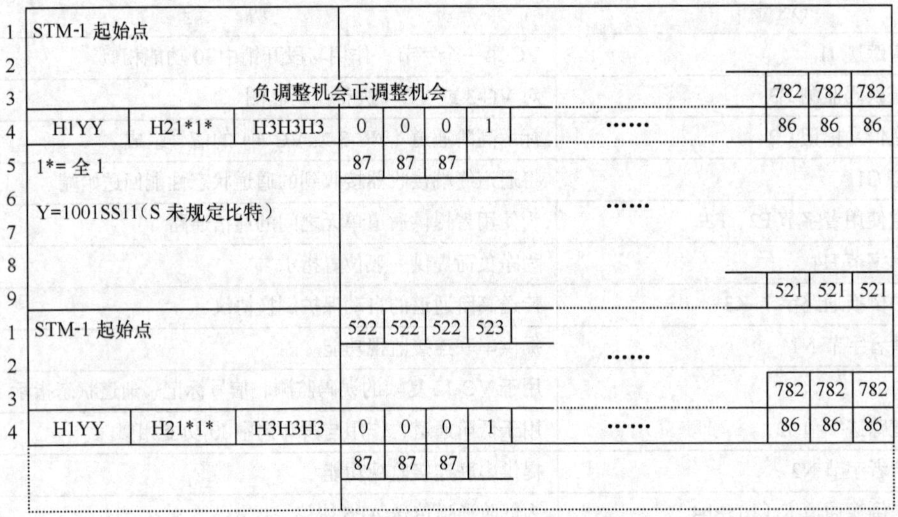

1	STM-1 起始点									782	782	782
2												
3	负调整机会 正调整机会									782	782	782
4	H1YY	H21*1*	H3H3H3	0	0	0	1	······		86	86	86
5	1*= 全 1			87	87	87						
6	Y=1001SS11（S 未规定比特）							······				
7												
8												
9										521	521	521
1	STM-1 起始点			522	522	522	523					
2								······				
3										782	782	782
4	H1YY	H21*1*	H3H3H3	0	0	0	1	······		86	86	86
				87	87	87						

图 1-16 AU-4 指针在 STM-1 中的位置

由于指针值是用来标明装进 AU-4 中的 VC-4 起点（第一个字节）的具体位置，故 STM-1 净负荷区的所有字节就应编号，以便指针正确指示。如图 1-16 所示，在 STM-1 帧中从第 4 行第 10 个字节开始，相邻 3 个字节共一个编号，从 0 编到 782（261×9/3=783），VC-4 的起点可以是 0～782 任一编号处，只要用指针数值（H1 和 H2 字节的后 10 个比特）标明即可。由于 VC-4 可以从 AU 帧内任何一点起始，因此一个 VC-4 未必就在一个 AU-4 帧内装完，往往是在某一帧开始到下一帧才结束。

另外，净负荷区编号为"0"的 3 个字节亦称为正调整机会字节，用于正调整。

2. AU-4 指针正调整

当 VC-4 速率较 AU-4 帧速率低时（相当于物体小、集装箱大），必须周期性地在本该传送信息的净负荷区塞入一些非信息字节(相当于在集装箱内塞入填充物)相对提高 VC-4 速率,使 VC-4 和 AU-4 同步,这个过程称为正调整。具体做法是：正调整时编号为"0"的 3 个正调整机会字节虽然发送,但不装信息,相应地在这之后的 VC-4 信号均向后移 3 个字节,当然下一个 VC-4 的起点也向后移了 3 个字节,起点的编号增加了 1,即指针值增加 1。

3．AU-4 指针负调整

当 VC-4 速率较 AU-4 高时(相当于物体的体积比集装箱中预留装物体的空间还大),只得将 AU-4 帧中本该存放非信息的字节也用于传送信息字节(相当于在集装箱中减少一些填充物而增大空间),相对"减短"VC-4 字节,使 VC-4 和 AU-4 同步,这个过程称为负调整。具体做法是：将 3 个负调整机会字节（H3 字节）用来装 VC-4 的信息字节,这之后的 VC-4 信号均前移 3 个字节,当然这帧之后的 VC-4 起点也前移了 3 个字节,起点编号减少了 1,即指针值减少了 1。

上述正调整或负调整,将根据 VC-4 相对于 AU-4 的速率差进行一次次调整,直到二者同步。但是相邻两次调整至少间隔 3 帧。

4．AU-4 指针值

前面提到 AU-4 指针位于 STM-1 第 4 行的前 9 个字节。指针值包含在 H1 和 H2 中,H3 为负调整机会字节,Y 和 P 填有固定内容,H1 和 H2 可视为一个字码,如表 1-9 所示。前 4 个比特（NNNN）为新数据标志（NDF）,NNNN=0110 时,表示指针正常操作,允许指针调整；当它取反（NNNN=1001）时,表示由于净负荷变化,VC 从一种变化为另一种,指针将有一个全新的值（不是增 1 或减 1 那种意义）。即伴随有新数据标志（NNNN=1001）时的指针值为 VC 的一个新的起始编号；H1、H2 的后 10 比特为指针值,即为 VC-4 起点编号的二进制值。这 10 个比特又分为 I 比特（表示增加比特）和 D 比特（表示减少比特）两类。当 5 个 I 比特全部反转时,表示此帧 AU-4 进行了正调整,正调整机会字节中传送的为非信息字节,其后的帧 AU-4 指针值应该加 1；当 5 个 D 比特全部反转时,代表这帧 AU-4 进行了负调整,此帧中 H3 字节中传送的为信息字节,其后的帧 AU-4 指针值减 1。指针字节 H1 和 H2 的第 5、6 比特为 S 比特,用来指示 AU-n 或 TU-n 的类别。SS=10 时,表示 AU 或 TU 的类型是 AU-4,TU-3。

表 1-9　　　　　　　　　　　　　　　　　AU-4 指针安排

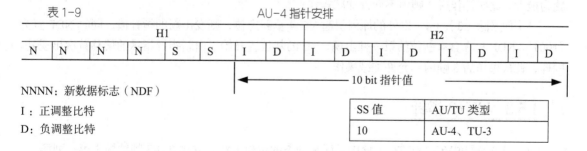

| N | N | N | N | S | S | I | D | I | D | I | D | I | D | I | D |

NNNN：新数据标志（NDF）
I：正调整比特
D：负调整比特

SS 值	AU/TU 类型
10	AU-4、TU-3

负调整时,指针 H1、H2 的 5 个 D 比特全部反转,同一帧的 3 个 H3 字节传送 VC-4 的信息数据,接下来的帧表示 VC 起点的指针值减 1,并至少维持 3 帧；正调整时,指针 H1、H2 的 5 个 I 比特全部反转,同一帧的 3 个 0 字节填充固定塞入比特,接下来的帧表示 VC 起点的指针值加 1,并至少维持 3 帧。

为了帮助理解指针值的调整,这里举一个负调整的例子,其过程如表 1-10 所示。

表 1-10 发送端 AU-4 指针负调整过程

帧 序	指针值	H1	H2
	（十六进制）	NNNNSSID	IDIDIDID
前一帧	81	01101000	01010001
当前帧	负调整	01101001	00100100
下一帧	80	01101000	01010000

调整前指针值为 81，指针 H1、H2 的 5 个 D 比特全部反转，同一帧的 3 个 H3 字节传送 VC-4 的信息数据，接下来的帧表示 VC 起点的指针值减 1，由 81 变成 80，并至少维持 3 帧。接收端根据"择多判决"的原则来判定 5 个 D 比特是否反转（不少于 3 个 D 比特反转，即认为 5 个 D 比特全部反转，反之亦然），如反转，则将 3 个 H3 字节作为数据信息取出处理。

另外，指针字节 H1、H2 的 16 比特还可以作为级联指示（C1）。当需要传送大于单个 C-4 容量的净负荷时，可以将多个 C-4 级联在一起组成一个容量是 C-4 的 X 倍的 VC-4-Xc。在这种情况下，被级联的第一个 AU-4 指针仍然具有正常的指针功能，其后所有的 AU-4 的 H1 和 H2 应设置为级联指示"1001SS1111"，其中 S 比特内容未作规定，有级联指示的 AU-4 实现的指针操作与第一个 AU-4 实现的指针操作相同。

5. AU-4 指针的产生和解释规则

AU-4 指针的产生规则：

（1）在正常运行期间，指针确定 VC-4 在 AU-4 中的起始位置，新数据标帜（NDF）置为"0110"；

（2）指针值只能按（3）、（4）或（5）3 种规则改变；

（3）发送端需要正调整时，调整帧发送现行指针值，但所有 I 比特取反，并且正调整机会字节填充非信息字节，下一帧的指针值加 1。如果先前的指针值处于最大值，则其后的指针值设置为 0。这次操作后 3 帧内不允许进行指针的加减操作。

（4）发送端需要负调整时，调整帧发送现行指针值，但其中的所有 D 比特取反，并且负调整机会字节传送 VC-4 的信息字节。随后的指针值减 1。如果先前的指针值为 0，则其后的指针值设置为最大。此次操作后 3 帧内不允许加减操作；

（5）如果除（3）、（4）以外的原因引起 VC-4 重新定位，则发出新的指针值，同时 NDF 置为"1001"。NDF 只在含有新值的第一帧出现，VC 的新位置开始于由新指针指示的偏移首次出现处。同样，此次操作后 3 帧内不允许加减操作。

1.5.2 TU-3 指针

TU-3 指针提供 VC-3 在 TU-3 帧中灵活和动态的定位方法。它由 TU-3 帧结构中第一列第一、二、三行的 H1、H2、H3 3 个字节组成，其中，H1 和 H2 是合在一起使用的，可以看成一个码字（与 AU-4 指针的 H1 和 H2 相同），H3 字节用于负调整机会（AU-4 指针的负调整机会是 3 个 H3 字节），进行负调整时 H3 字节传送 VC-3 的信息字节。紧接 H3 字节之后的一个字节为正调整机会字节，进行正调整时该位置用非信息字节填充。

从 H3 之后的字节（正调整机会字节）开始，每个字节顺序编号（AU-4 是相邻 3 个字节共一个编号），编号范围（亦即 TU-3 指针值的范围）是 0～764（85×9=765），它们表示指针与 VC-3 的第一字节之间的偏移量。TU-3 指针位置和偏移编号如图 1-17 所示。

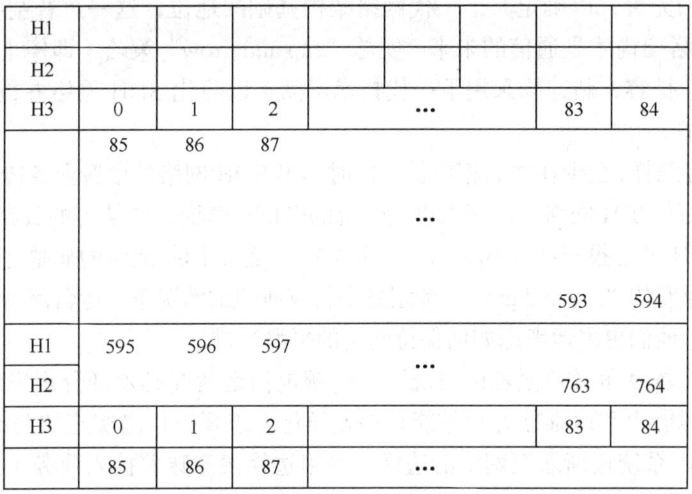

H1							
H2							
H3	0	1	2	...		83	84
	85	86	87				
				...			
						593	594
H1	595	596	597	...		763	764
H2							
H3	0	1	2	...		83	84
	85	86	87	...			

图 1-17　TU-3 指针

TU-3 指针值及其调整、产生和解释规则均与 AU-4 指针相似，在此不再重复。

1.5.3　TU-12 指针

TU-12 指针包含在 TU-12 复帧结构中的 V1、V2、V3 字节中。V1 和 V2 为指针字节（与 AU-4 和 TU-3 指针中的 H1 和 H2 结构、功能相同），可以看成一个字码，V3 字节用于负调整机会，V3 后跟着的那个字节为正调整机会字节，V4 作为预留字节。

TU-12 中各字节的编号如图 1-18 所示，从 V2 后的字节开始按顺序编为 0～139[4×（4×9-1）]，因此，TU-12 指针值范围亦为 0～139。TU-12 指针的调整与 TU-3 相似，在此不再重复。

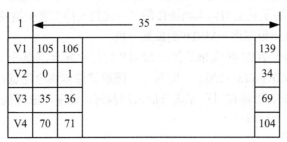

	1		35		
V1	105	106			139
V2	0	1			34
V3	35	36			69
V4	70	71			104

图 1-18　TU-12 指针

1.6　SDH 新业务应用

1.6.1　基于 SDH 的 MSTP 的发展历程

由于传统的 SDH 技术主要为语音业务传送设计，存在包括传送突发数据业务效率低下、保护带宽至少占用 50%的资源、传输通道不能共享，导致资源利用率低、电路须通过网管配置、不能动态地改变带宽等诸多问题。对于 SDH 技术的未来走向，业界有两种声音：一是 SDH 技术需要不断增强和完善，以确定其下一代网络架构基础的地位，这一声音主要来自传统电信运营商；一是 IP 网络架构才是通信的未来，实施"cap and grow"策略（即停止一切新的 TDM 投资，所有的改造、扩容、新建均采用下一代技术产品）以简化 SDH 网络并最终放弃 SDH 网络架构才是明智之举。

但是不管最终怎样，至少在以后相当长一段时间里 SDH 网络的语音业务传送基础地位是不会改变的。因为目前的 SDH 网络已经庞大得让传统的电信运营商无法从容的放弃（据调查我国各类电信运营商对 SDH 的总投资在 2 000 亿人民币左右），经历网络泡沫的痛楚之后，在没有足够的可预见收入能使他们的"cap and grow"计划显得物有所值的情况下，运营商是不会再去一味盲目地追求新技术的，他们更多地考虑如何保持网络的平滑演进。

在今天电信市场竞争日益激烈的情况下，传统电信运营商必须细分客户市场，提供差异化服务，而网络支撑能力和运维能力则是能否将差异化思想真正付诸实施的关键。SDH 系统已被日益成熟的 WDM 系统逐渐逼至网络的边缘，网络边缘便意味着接入业务（信号）的多样性，虽然通过映射、级联等相应技术手段，传统的 SDH 技术可以传输几乎所有的数据格式（IP、ATM 等），然而传统 SDH 技术的带宽是通过集中网管系统指配的，而且以 4 倍带宽增减，这便与数据业务带宽动态的特性相悖。传统电信运营商对增长迅猛的数据业务需求，当务之急便是寻求一种基于 SDH 网络架构的、支持多业务的、高集成度的、高智能化的、标准统一的传输解决方案来同时承载 TDM 和数据业务，动态配置信道带宽，以改进完善既有 SDH 网络，整合分离的 SDH 层、ATM 层和 IP 层，保护现有投资，提高网络生存能力。于是，被称为下一代 SDH 技术的 MSTP 应运而生。

MSTP 技术就是依托同步数字体系（SDH）技术平台，进行数据和其他新型业务的功能扩展。MSTP 构建统一的城域多业务传送网，将传统话音、专线、视频、数据、VOIP 和 IPTV 等业务在接入层分类收敛，并统一送到骨干层对应的业务网络中集中处理，从而实现所有业务的统一接入、统一管理、统一维护，提高了端到端电路的 QoS 能力。伴随着电信网络的发展和技术进步，从 2000 年开始，MSTP 快速经历了从支持以太网透传的第一代到支持二层交换的第二代再到当前支持以太网业务 QoS 的新一代（第三代）MSTP 的发展历程。

中国通信标准协会于 2002 年发布了关于 MSTP 的行业标准，《基于 SDH 的多业务传送节点的技术要求》（编号：YD/T 1238-2002）。同时，中国通信标准协会还制订了《基于 SDH 的多业务传送平台的测试方法》，以便在对厂家设备的入网验证，为多厂家互通性测试方面提供一个行业标准。

1.6.2　MSTP 的概念及其功能模型

1. MSTP 的概念

基于同步数字体系（SDH）的多业务传送平台（MSTP）是指基于 SDH 平台，实现 TDM、ATM 及以太网业务的接入、处理和传送，并提供统一网管的多业务综合传送技术。MSTP 技术的基本特征是通过对以太数据帧和 ATM 信元的封装，实现基于 SDH 的多业务综合传送。是为适应城域综合传送网建设要求，从同步数字系列 SDH 技术发展起来的一种新兴综合传送技术，MSTP

技术是传统 SDH 技术的延续和发扬，它的出现延长了 SDH 技术的应用。

MSTP 技术具有如下几个主要特点：

（1）支持多种业务接口：MSTP 支持话音、数据、视频等多种业务，提供丰富的业务（TDM、ATM、和以太网业务等）接口，并能通过更换接口模块，灵活适应业务的发展变化。

（2）带宽利用率高：具有以太网和 ATM 业务的透明传输和二层交换能力，支持统计复用，传输链路的带宽可配置，带宽利用率高。

（3）组网能力强：MSTP 支持链、环（相交环、相切环），甚至无线网络的组网方式，具有极强的组网能力。

（4）可实现统一、智能的网络管理，具有良好的兼容性和互操作性：可以与现有的 SDH 网络进行统一管理（同一厂家），易于实现与原有网络的兼容与互通。

2．MSTP 功能模型

基于 SDH 的多业务传送节点的 MSTP 设备应具有 SDH 处理功能、ATM 业务处理功能和以太网/IP 业务处理功能，关于 MSTP 设备的功能模型在 YD/T 1238-2002《基于 SDH 的多业务传送节点技术要求》中进行了规定。其整体功能模型如图 1-19 所示。

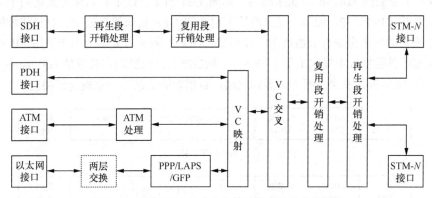

图 1-19　基于 SDH 的多业务传送节点基本功能模型

1.6.3　以太业务在 MSTP 上的传送实现

由于 SDH 技术本身就是为 TDM 业务的传输而优化设计的，所以 MSTP 技术能够对 TDM 业务提供很好的支持，能够满足 TDM 业务的功能和性能要求。迄今为止，MSTP 的 ATM 功能应用较少，本节内容主要分析以太网业务在 MSTP 上的传送实现。

以太网处于 OSI 模型的物理层和数据链路层，遵从网络底层协议。以太网业务是指在 OSI 第二层采用以太网技术来实现数据传送的各种业务。

以太网业务在 MSTP 上的传送实现过程：以太网业务通过 Eth 端口进入，经过业务处理、二层交换、环路控制后，再对其进行封装、映射，然后通过 SDH 交叉连接，加上复用段开销、再生段开销最终形成 STM-N 线路信号发送出去。以太网业务在 MSTP 上的传送过程及每个环节涉及的相关内容如图 1-19 所示。

接下来主要分析 MSTP 承载以太网业务的核心技术，即封装和映射过程中相关的关键技术。

1．封装中的关键技术——通用成帧规程 GFP

以太网业务经过媒体访问控制（MAC）处理后要进行数据封装，大多数数据传输都是基于数据包的。MSTP 技术中的封装作用是把变长的净负荷映射到字节同步的传送通路中。现有的帧封装方法主要有点对点协议（PPP）、SDH 链路接入规程（LAPS）和通用成帧规程（GFP）3 种封装技术。其中，PPP 和 LAPS 封装帧定位效率不高，而 GPF 封装采用高效的帧定位方法，提高了传输效率，是以太网帧向 SDH 帧映射的比较理想的方法。

GFP 封装协议是 ITU-T G.7041 规范的一种通用成帧规程，可透明地将上层的各种数据信号封装映射到 SDH/OTN 等物理层通道中传输。GFP 和传输通道的关系如图 1-20 所示。

GFP 封装协议可以把异步传送的以太网信号适配到同步传输平台 SDH 上。对以太网业务帧的处理是在每个以太网帧结构上增加 GFP-Header（8 bit 长），用以标识以太网帧的长度和类型，用 GFP 空闲帧（4 比特长）填充帧间的空隙。

以太网	IP/PPP	其他载体服务
GFP – 客户相关方面		
GFP– 公共方面		
SDH 通道	OTN ODUK 通道	

图 1-20　GFP 和传输通道关系图

GFP 有两种封装映射方式，其中，帧映射（GFP-F）是面向协议数据单元（PDU）的，透明映射（GFP-T）是面向 8B/10B 块状编码的，如图 1-21 所示。GFP-F 封装方式适用于分组数据，把整个分组数据（PPP、IP、RPR、以太网等）封装到 GFP 负荷信息区中，对封装数据不做任何改动，并根据需要来决定是否添加负荷区检测域。GFP-T 封装方式则适用于采用 8B/10B 编码的块数据，从接收的数据块中提取出单个的字符，然后把它映射到固定长度的 GFP 帧中。映射得到的 GPF 帧可以立即进行发送，而不必等到此用户数据帧的剩余部分完成全部映射。

PLI 2byte	cHEC 2byte	负荷头 4byte	业务数据（PPP、IP、RPR 等） 2byte	FCS 4byte

（a）GFP-F 帧

PLI 2byte	cHEC 2byte	负荷头 4byte	$N\times[536, 520]$块	FCS 4byte

（b）GFP-T 帧

图 1-21　GFP 映射方式

GFP 适用于点到点、环形、全网状拓扑，无需特定的帧标识符，安全性高，可以在 GFP 帧里标示数据流的等级，可用于拥塞处理。具有通用、简单、灵活和高效等特点，标准化程度高，是目前正在广泛应用的、先进的数据封装协议。大多数厂商的 MSTP 产品都采用 GFP 封装方式，中国几大电信运营商组织的多次 MSTP 互通测试已充分验证了其互通性。

2．映射过程中的关键技术——虚级联 VCAT

实际应用时，数据包所需的带宽和 SDH VC 带宽并不都是匹配的。例如 IP 包可能需要高于 VC-12 带宽但又低于 VC-3 的带宽，可行的办法是用级联的办法将 X 个 VC-12 捆绑在一起组成 VC-12-X，在它所支持的净荷区 C-12-X 中建立链路。这种方式容易配置，不要求负载平衡，没有时延差的问题，便于管理，适于支持高速 IP 包传送。

级联方式分为连续级联与虚级联两种：

（1）连续级联：当被级联的各个 VC-n 是连续排列的，在传送时它们被捆绑成为一个整体来考虑，这种级联称为连续级联。级联后的 VC 记为 VC-*n*-*X*c，其中 *X* 表示有 *X* 个 VC-*n* 级联在一起，通常以 VC-*n*-*X*c 中第一个 VC-*n* 的通道开销 POH 作为级联后的 VC-*n*-*X*c 的 POH。

（2）虚级联：当被级联的 VC-*n* 并不连续时，这种级联称为虚级联。级联后的 VC 记为 VC-*n*-*X*v，其中 *X* 也表示被级联 VC-*n* 的数目。虚级联在运用上更为灵活，但组成级联的各个 VC-*n* 可能独立传送，因此各 VC-*n* 都需要使用各自的 POH 来实现通道监视与管理等功能，接收端对组成 VC-*n*-*X*v 的各 VC-*n* 在传送中引入的时延差必须给予补偿，使各 VC-*n* 在接收侧相位对齐。

连续级联和虚级联的示例，如图 1-22 所示。

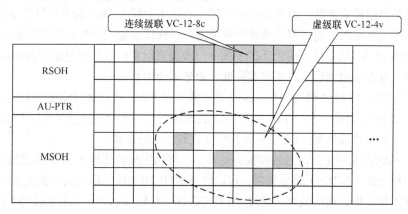

图 1-22　连续级联和虚级联示意图

级联带宽映射效率如表 1-11 所示，从带宽映射效率来看，现有 MSTP 技术中通常采用虚级联方式。

表 1-11　级联带宽映射效率

业务速率	净荷大小（速率）		未采用虚级联时（或连续级联）		采用虚级联时	
	虚容器	速率	虚容器或连续级联	映射效率	虚级联	映射效率
10 Mbit/s	VC-12	2.175 Mbit/s	VC-3	20%	VC-12-5v	92%
100 Mbit/s	VC-3	48.384 Mbit/s	VC-4	67%	VC-3-2v VC-12-46v	100% 100%
200 Mbit/s	VC-4	149.760 Mbit/s	VC-4-4c	33%	VC-3-4v	100%
GE			VC-4-16c	42%	VC-4-7v	95%

虚级联最大的优势在于它可以使 SDH 为数据业务提供大小合适的带宽通道，避免了带宽的浪费。虚级联技术可以以很小的颗粒来调整传输带宽，以适应用户对带宽的不同需求。G.707 中定义的最小可分配粒度为 2 Mbit/s。由于每个虚级联的 VC 在网络上的传输路径是各自独立的，这样当物理链路有一个路径出现中断的话，不会影响从其他路径传输的 VC。

3. 映射过程中的关键技术——链路容量调整方案（LCAS）

虚级联需要改进的地方在于如果虚级联中一个 VC-*n* 出现故障，整个虚级联组将失效；数据传输具有可变带宽的要求：例如每天的每个时段业务量不同，或一个星期中的每一天也会有不同的带宽需求。解决方案是采用虚级联和 LCAS 协议相结合的办法。

LCAS 协议是 ITU-T G.7042 标准规定的处理虚级联失效和动态调整业务带宽的专用协议。它提供了一种虚级联链路首端和末端的适配功能（即只存在于虚级联的发送和接收端适配器中），可用来增加或减少 SDH/OTN 网中采用虚级联构成的容器的容量大小。

LCAS 协议的功能在于：

（1）可以通过网管的控制，增加或者减少 VC 级联组中 VC 的数量，而不影响业务，即可以在线增加或者减少带宽；

（2）可以自动地去掉/增加 VC 虚级联组中出现故障/正在修复的 VC 通道。

LCAS 协议有如下几个优势：

（1）虚级联组（VCG）中部分 VC 成员失效时，可以通过自动去掉失效成员并降低 VCG 带宽，使其他成员仍能传输数据（由于有握手过程，电路不会断），是一种新的数据业务保护机制。

（2）可根据业务需求，通过网管调整链路带宽，并保证带宽变化时数据传输的连续性。

（3）可利用 LCAS 构造端到端的保护（使一个虚级联组中的成员经过不同的物理路径，当部分发生故障时，仅造成数据通道可用带宽降低，业务不会中断）。

举例来说，MSTP 现行分配 46 个 VC-12 的虚级联来承载一个 100Mbit/s 的 FE 业务，如果其中的 6 个 VC-12 出现故障，剩余的 40 个 VC-12 能无损伤地（比如不丢包和无较大延时）将此 FE 业务传送过去；如果故障恢复，FE 业务也相应恢复到原来的配置。

在 MSTP 承载以太网业务的封装和映射过程中，将通用成帧规程（GFP）、虚级联（VCAT）和链路容量调整方案（LCAS）结合起来，可以使 MSTP 网络很好地适应数据业务的特点，具有带宽的灵活性，提高带宽利用效率。通过 GFP+VCAT+LCAS 的结合，城域传输网可以支持全面的数据业务，特别是可以提供带宽连续可调、具有 QoS 保证的两层高质量的以太网专线业务。

1.6.4　MSTP 对 3G 的支持

3G 业务的发展，会对传输网提出越来越高的要求。多业务处理能力、强大的调度功能将是传输设备发展的重要方向。MSTP 设备可实现多种业务在统一传输平台的传送，与 3G 系统传输的结合是其最新的发展之一。

采用 MSTP 构建 3G 传输网，在接入层可以对业务进行透传，保证业务的高质量接入和传输，并实现低成本建网；在核心层、汇聚层通过信元交换进行带宽统计复用，可提高传输网络带宽的利用率；MSTP 设备良好的可扩展性和多业务支持能力可以满足 3G 目前和日后的演进要求。

1. MSTP 对 3G 接入层的支持

在 3G 系统中，在无线网络控制器（RNC）侧，可以由 RNC 提供多个 E1 接口或 STM-1 接口。如果采用 E1 接口，传输系统只需提供简单的 E1 电路传输即可满足要求。3G 的 RNC 处理能力较 2G/2.5G 有显著增强，支持的基站数量可达数百个，但是这意味着中心 RNC 需提供大量 E1 接口，另外需预留大量 E1 端口用于接口扩容，投资费用高；另外多个 Node B 间的带宽无法实现共享，传输带宽需求大。如果 RNC 采用 STM-1 接口，在进入 RNC 前，多个 Node B 业务进行统计复用，可减少 RNC 侧接口的数量和投资费用。接入层 MSTP 设备在选取时应考虑价格低、功能强的设备，同时还需要能提供多样化的接口，满足不同环境条件要求。

2. MSTP 对 3G 汇聚层的支持

有了 MSTP 的汇聚层，城域数据业务可以通过各种接入方式快速开展。由于城域数据业务具备不确定、多样性及难以规划等特点，在发展时，运营商可以直接采用 MSTP 接入设备实现多业务的接入，也可以充分利用已有接入环的空闲带宽，实现中间部分的接力，最末端采用放置在用户端的接入层 MSTP 设备。

MSTP 平台具有 ATM 交换功能，但是这种交换功能非常有限，成本也远远低于 ATM 交换机。目的在于组建 VP-RING 共享环，以提高动态业务的传输效率并进行环网保护，依然属于传输平台范畴，与 3G 业务设备中的 ATM 交换功能没有重叠。

采用 MSTP 平台共享环与采用传统 SDH 平台对数据业务传输的效率明显不同。所谓共享环是指：分配一个固定的带宽给环上的多个节点，环上的节点可以根据需求占用带宽，由于数据业务的突发性和不均衡性，多节点共享的这部分带宽提高了传输效率。

从 3G 的发展情况来看，网络有采用 ATM 架构，并存在着继续向全网 IP 模式演变的可能性。对于采用 MSTP 平台的组网模式，只须更换相关的模块，不必对传输网进行重大改动，因此 MSTP 平台可最大程度地保护运营投资。

采用 MSTP 传输方式比采用传统的 SDH、ATM 组网具有明显的优势。这是因为，3G 业务和相关标准是近年来不断发展起来的，具有兼容目前传输方式（如 SDH、ATM）的特点。与此同时，3G 数据业务具有较大的动态特性，因此需要增加一些 IP 数据接口。MSTP 平台是近年来得到大力发展和完善的系统，它可实现多种业务在统一传输平台的传送，在与 3G 业务组网时，可通过灵活配置相关模块，满足 3G 多种信号的传输要求。

小结

本章内容为同步数字系列（SDH）技术的基础知识。阐述了 SDH 的产生背景、特点、速率等级以及帧结构，SDH 段开销中各开销字节的功能；重点说明了常用 PDH 支路信号映射复用形成 STM-N 的过程、SDH 指针调整技术；最后分析了 ATM、IP 映射入 STM-N 的过程。

1. PDH 的主要缺陷有：（1）国际上现有的 PDH 技术存在三大地区标准，这种局面造成了国际互通的困难；（2）没有世界性标准的光接口规范；（3）上/下支路困难；（4）只能采用异步复接方式；（5）网络管理能力不强。

2. SDH 有如下明显的特点：（1）灵活的分插功能；（2）强大的网络管理能力；（3）强大的自愈能力；（4）标准的光接口规范；（5）兼容性。

3. SDH 速率等级

SDH 按一定的规律组成块状帧结构，称为同步传送模块（STM），它以与网络同步的速率串行传输。同步数字体系中最基本的、也是最重要的模块信号是 STM-1，其速率为 155.520 Mbit/s，更高等级的模块 STM-N 是 N 个基本模块信号 STM-1 按同步复用，经字节间插后形成的，其速率是 STM-1 的 N 倍，N 取正整数 1、4、16、64、256。

4. SDH 帧结构

STM-N 帧结构由 9 行、$270 \times N$ 列（byte）组成，每字节 8 bit，每个字节速率为 64 kbit/s。一帧的周期为 125 μs，帧频为 8 kHz。SDH 帧由净负荷、管理单元指针和段开销 3 部分组成。

5. SDH 段开销

SDH 段开销分为再生段开销（RSOH）和复用段开销（MSOH）。其中再生段开销包括帧定位字节 A1、A2、再生段踪迹字节 J0、STM-1 识别符 C1、再生段误码监视字节 B1、再生段公务通信字节 E1、使用者通路字节 F1、再生段数据通信通道字节 D1、D2、D3。复用段开销包括复用段误码监视字节 B2、数据通信通道字节 D4～D12、复用段公务通信字节 E2、自动保护倒换（APS）通路字节 K1、K2（b1～b5）、复用段远端缺陷指示（MS-RDI）字节 K2（b6～b8）、同步状态：S1（b5-b8）、复用段远端差错指示（MS-REI）字节 M1 等字节。SDH 的 SOH 功能是十分完备的，根据实际情况对接口进行简化，省略一些非必须的字节可以降低设备的成本。

6. 映射和复用过程

将 PDH 信号和各种新业务装入 SDH 信号空间，并构成 SDH 帧的过程称为映射和复用过程。SDH 的基本复用单元包括标准容器（C）、虚容器（VC）、支路单元（TU）、支路单元组（TUG）、管理单元（AU）和管理单元组（AUG）。

（1）映射：是将各种速率的 G.703 支路信号先分别经过码速调整装入相应的标准容器，然后再装入虚容器的过程。

（2）定位：是一种以附加于 VC 上的支路单元指针指示和确定低阶 VC 帧的起点在 TU 净负荷中位置，或管理单元指针指示和确定高阶 VC 帧的起点在 AU 净负荷中的位置的过程。

（3）复用：是一种把 TU 组织进高阶 VC 或把 AU 组织进 STM-N 的过程。

一个 STM-1 帧中可容纳 1 个 140 Mbit/s 的支路信号，或 3 个 34 Mbit/s 的支路信号，或 63 个 2 Mbit/s 的支路信号。需要注意的是，一个 STM-1 帧只能装入单一速率的信号，如 34 Mbit/s 信号和 2 Mbit/s 信号不能混装复用形成一个 STM-1 帧。

7. SDH 指针技术

在 SDH 的映射复用过程中，由于信息流是连续的，只需用指针来记录数据信息 VC-n 在相应的 AU 或 TU 帧中的起点（第一个字节）的位置，就可使信息流在相应的帧中灵活动态地定位，从而方便地进行速率和相位的适配（调准）。

SDH 指针包括 AU-4 指针、TU-3 指针和 TU-12 指针 3 种。

8. 基于同步数字体系（SDH）的多业务传送平台（MSTP）是指基于 SDH 平台，实现 TDM、ATM 及以太网业务的接入、处理和传送，并提供统一网管的多业务综合传送设备。关于 MSTP 设备的功能模型在 YD/T 1238—2002《基于 SDH 的多业务传送节电技术要求》中进行了规定。

9. 在 MSTP 承载以太网业务的封装和映射过程中将通用成帧规程（GFP）、虚级联（VCAT）和链路容量调整方案（LCAS）结合起来，可以使 MSTP 网络很好地适应数据业务的特点，具有带宽的灵活性，提高带宽利用效率。通过 GFP+VCAT+LCAS 的结合，城域传输网可以支持全面的数据业务，特别是可以提供带宽连续可调、具有 QoS 保证的两层高质量的以太网专线业务。

习题

一、填空题

1. SDH 帧结构由_____、_____、_____3 部分构成。

2. SDH 的核心特点是：_____、_____、_____。

3. _____是 SDH 中可以用来传输的最小信息单元，而传送它的实体称为_____。

4. 任何信号进入 SDH 组成 STM-N 帧需经过_____、_____、_____三个步骤。

5. 一个 STM-1 帧中可容纳_____个 140 Mbit/s 的支路信号，或者_____个 34 Mbit/s 的支路信号，或者_____个 2 Mbit/s 的支路信号。

6. SDH 指针包括_____、_____、_____ 3 种。

7. 基于 SDH 的多业务传送节点（MSTP）应具有 SDH 处理功能、_____处理功能、_____业务处理功能。

二、名词解释

1. SDH

2. 段开销

3. 虚容器

4. 管理单元

5. 负调整

6. 映射和复用过程

7. MSTP

8. 级联

三、简答题

1. 段开销分哪几部分？各部分在帧中的位置如何？各起什么作用？

2. E1、E2 字节均可用来公务通信，有什么区别？

3. 比特间插奇偶校验（BIP）是如何进行误码监测的？举例说明。

4. 甲乙两站构成点对点通信，现在乙站收到的 M1 为非零值，请问这说明什么问题？

5. SDH 采用指针技术以后带来了什么利弊？

6. SDH 从传送功能上可划分为哪几层？

7. 在 SDH 复用映射过程中，VC-4 信号滞后于系统的复用器部分，AU-4 指针如何调整？

四、计算题

1. 试求 STM-1 中 RSOH 字节的速率为多少？

2. 某运营商需要在某地新建一个 SDH 本地传输网络。经过业务预测，话音电路容量需开通 200 个 2 Mbit/s 电路，用于大客户专线网的电路容量需开通 8 个 140 Mbit/s 电路。问需要将新建 SDH 本地传输网络定位至哪个速率级别才能有效满足业务需求？

五、分析题

某 SDH 网络的组成如下图所示：

某日维护人员发现：C 站出现 B2 误码，B 站出现 B1 误码，A 站出现 MS-REI 告警。试分析可能的故障区间和可能的故障原因。

第2章

SDH 设备的逻辑组成

【本章内容简介】 本章主要介绍了组成 SDH 设备的基本逻辑功能块的功能，及其监测的相应告警和性能事件；介绍了 SDH 设备的信号流程与告警信号流程；最后介绍了组成 SDH 传输网的常用网元的类型和基本功能。

【学习重点与要求】 重点掌握各基本逻辑功能块的功能，每个功能块所监测的告警和性能事件；SDH 设备的信号流程；SDH 常用网元的类型和功能。难点在于掌握各功能块提供的相应告警维护信号和检测机理，及 SDH 设备的告警流程。

2.1 SDH 设备的功能描述

第 1 章介绍了 SDH 与 PDH 相比较所具有的一系列优势，其中一点就是 SDH 是一个标准化的体制，在世界范围内有统一的规范，使不同厂家的产品能实现横向兼容。为此，ITU-T 采用功能参考模型的方法对 SDH 网元设备进行规范，将设备分解为一系列基本功能模块。对每一基本功能模块的内部过程及输入和输出参考点原始信息流进行严格描述，而对整个设备功能只进行一般化描述。不同的设备由这些基本功能模块灵活组合而成。功能块的实现与设备的物理实现无关，不同的厂家对同一功能的实现方法可能各不相同。

2.1.1 SDH 设备功能描述

SDH 设备的逻辑功能如图 2-1 所示。

SDH 设备主要由传送终端功能（TTF）、高阶通道连接（HPC）、高阶组装器（HOA）、高阶接口（HOI）、低阶通道连接（LPC）、低阶接口（LOI）和一些辅助功能块构成。图 2-1 中的每一小方块实现一个基本功能，不同功能块之间由逻辑点连接。任何一种 SDH 设备都是由图 2-1 中的部分或全部功能模块组合而成。下面对各个功能块进行简单介绍。

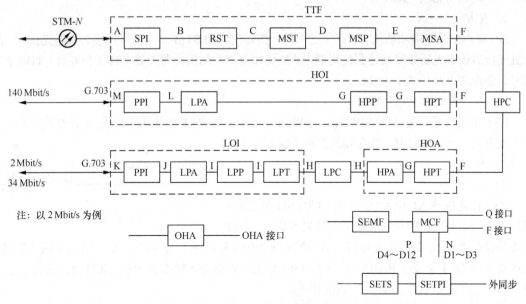

图 2-1　SDH 设备逻辑框图

1. 传送终端功能（TTF）

TTF 如图 2-2 所示，主要功能是实现 VC-4 信号按 SDH 的映射、复用逻辑组装成 STM-N 或相反过程。它主要由 5 个基本功能块组成，线路上的 STM-N 信号从 TTF 的 A 参考点进入，依次经过 A→B→C→D→E→F 被拆分成 VC-4 信号，这个信号流向定义为设备的收方向。相反的，VC-4 信号从设备的 F 参考点进入，最终被组装成 STM-N 信号，这个方向对应设备的发方向。该功能块一般由线路单元来完成。

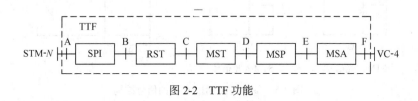

图 2-2　TTF 功能

（1）SDH 物理接口（SPI）

SPI 是设备和线路的接口，主要完成光/电变换、电/光变换，提取线路时钟信号以及相应告警的检测，如图 2-3 所示。

① 收方向 A→B

线路送来的 STM-N 光信号在本功能块中转换成内部逻辑电平信号，同时从 STM-N 中恢复定时信号并通过参考点 T

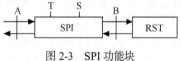

图 2-3　SPI 功能块

将其传给同步设备定时源功能块（SETS）锁相，锁定频率后由 SETS 再将定时信号传给其他功能块，以此作为它们工作的时钟频率。

当 A 点的 STM-N 信号失效时，如收无光或光功率过低、信号传输性能劣化等，SPI 会产生接收信号丢失告警（R-LOS），经过参考点 S 告知同步设备管理功能块（SEMF），同时也传送给下游的再生段终端功能块（RST）。

② 发方向 B→A

SPI 将再生段终端功能块（RST）送来的、携带定时的 STM-N 电信号转换为线路光信号。若此处光接口板激光器故障或达到使用期限，则将相应产生的激光器失效（TF）和寿命（TD）告警信号，经参考点 S 传送给 SEMF。

（2）再生段终端功能（RST）

RST 是再生段开销字节的源和宿，如图 2-4 所示，即 RST 功能块在构成 SDH 帧信号的过程中（发方向）产生 RSOH，并在相反方向（收方向）终结处理 RSOH。

① 收方向 B→C

RST 首先搜寻 A1 和 A2 字节进行帧定位。若连续 8

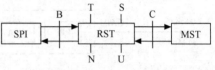

图 2-4　RST 功能块

帧以上无法正确定位帧头，设备进入帧失步状态，RST 功能块通过 S 点向 SEMF 上报接收信号帧失步告警（R-OOF）。在帧失步时，若连续两帧正确定位则退出 R-OOF 状态。R-OOF 持续了 3 ms 以上，设备进入帧丢失状态，RST 上报帧丢失告警（R-LOF），并向 C 点送出全"1"AIS 信号。

若帧定位正确，则 RST 对 STM-N 帧中除 RSOH 第一行字节外的所有字节进行解扰，解扰后提取 RSOH 并进行处理。在解扰前，RST 先进行 BIP-8 计算，并与下一帧的 B1 字节比较。若有误码块出现，则本端产生再生段背景误码块（RS-BBE）性能事件，并上报；RST 同时提取 E1、F1 字节送至开销接入功能块（OHA）处理公务联络电话；提取 D1～D3 传给 SEMF，处理 D1～D3 上的再生段 OAM 命令信息。若 SPI 送来的信号是 R-LOS，则 RST 往下游送全"1"信号。在 A 点、B 点、C 点处的信号帧结构如图 2-5 所示。

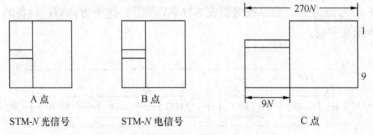

STM-N 光信号　　　　　STM-N 电信号　　　　　C 点

图 2-5　参考点 A、B、C 处的信号结构

② 发方向 C→B

RST 产生相应的 RSOH，并加至来自 MST（复用段终端功能）的信号。RST 从 N 点、U 点接收信息，分别放入 D1～D3 字节和 E1、F1 字节；计算 B1 字节，将上一帧的 BIP-8 计算结果放入 B1 字节；对除 RSOH 第一行字节外的所有字节进行扰码，再加入 A1、A2、J0 字节，构成完整的 STM-N 信号。若从 MST 送来全"1"信号，则产生复用段告警指示信号（MS-AIS）送给 SPI。

（3）复用段终端功能（MST）

MST 是复用段开销字节的源和宿，如图 2-6 所示，在收方向终结 MSOH，在发方向产生 MSOH。

① 收方向 C→D

MST 对信号进行 BIP-24 计算，将结果与上一帧的 B2 字节进行比较，比较结果经 S 点告知 SEMF。若有误块被检测出，则本端设备在复用段背景误码性能事件（MS-BBE）中显示误块数，并在发方向把误块个数放在 M1 字节，向对端发送对告信号——复用段远端差错指示告警（MS-REI）。如果误码过大超过门限值，MST 则产生信号劣化告警信号（SD）送给下游 MSP，并经 S 点上报给 SEMF。

MST 提取 K1、K2（b1～b5）获得 APS 自动保护倒换信息并由 S 点上报 SEMF，以便 SEMF 在发生故障时能发出进行复用段倒换的相关操作命令。同时提取 K2（b6～b8）信息进行处理，若连续 3 帧为"111"，表示从 C 点输入的是全"1"信号，MST 产生复用段告警信号（MS-AIS），并向 D 点的 MSP 送出全"1"；若连续 3 帧为"110"，判定为对端设备回送的对告信号——复用段远端缺陷指示告警（MS-RDI），表示对端设备在接收信号时出现 MS-AIS、B2 误码过大等劣化告警。

此外，MST 还要提取 S1 字节获得的同步质量等级信息，由 Y 点送同步设备时钟源（SETS）；同时提取 M1 字节信息通过 S 点送至 SEMF、D4～D12 字节信息通过 P 点送至 MCF、E2 字节信息通过 U 点送至 OHA。

② 发方向 D→C

MST 将 MSOH 加入来自 MSP 的信号，组成复用段信号。MST 将上一帧的 BIP-24 计算结果放入本帧的 B2 字节中；将从 P 点、Y 点、U 点来的信息分别放入 D4～D12、S1、E2 字节中。

将来自 MSP 的自动保护倒换信息置入 K1、K2（b1～b5）字节中。如前所述 C→D 方向的误码检测结果放入 M1 中，若 C→D 方向误码块数超限或检测到 MS-AIS，则将 K2（b6～b8）中置成"110"（MS-RDI）。D 点处的信号帧结构如图 2-7 所示。当接收 D 点信号为全"1"时，将 K2（b6～b8）置成"111"（MS-AIS）送给对端。

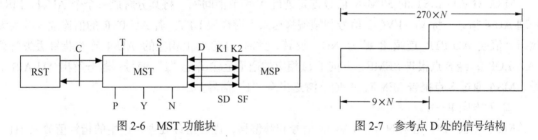

图 2-6　MST 功能块　　　　　　　　　图 2-7　参考点 D 处的信号结构

（4）复用段保护功能（MSP）

MSP 如图 2-8（a）所示，MSP 功能块用于复用段内 STM-N 信号的失效保护，它随时监测 STM-N 信号状态，完成故障信道的信号到保护信道的切换。

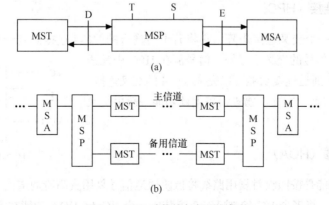

图 2-8　MSP 功能块与复用段保护

① 收方向 D→E

如图 2-8（b）所示，当 MSP 收到 SEMF 送来的倒换命令或者 MST 送来的 SD 告警信号时，MSP 进行保护倒换动作。两端的 MSP 通过 K1、K2 字节进行保护倒换协议（APS）联络，协调倒换动作。倒换完毕后，经 S 点上报给 SEMF。

② 发方向 E→D

E 点的信号流透明地传至 D，D 点处信号结构与 E 点相同。

（5）复用段适配功能（MSA）

MSA 的功能是产生和处理 AU-PTR，以及组合/分解整个 STM-N 帧，如图 2-9 所示。

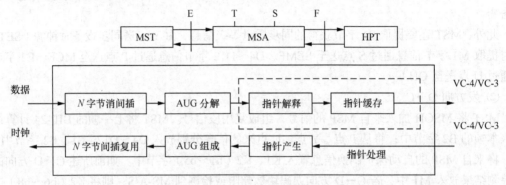

图 2-9 MSA 适配功能

① 收方向 E→F

MSA 对来自 MST 的 STM-N 信号首先进行 N 字节消间插，将其分解成一个个 AU-4。MSA 处理 AU-4 指针，将 VC-4/VC-3 信号和帧偏移送入下游模块 HPT。若 AU-PTR 的值连续 8 帧为无效指针值或 AU-PTR 连续 8 帧为 NDF 反转，此时，MSA 上相应的 AU-4 产生指针丢失告警（AU-LOP），经 S 点报告 SEMF，并向 F 点相应的通道上输出全"1"信号；若分解出 AU-AIS 信号，MSA 通过 S 点报告 SEMF，并向下游送出全"1"信号。

② 发方向 F→E

MSA 接收 HPT 送来的 VC-4/VC-3 信号和帧偏移，进行指针处理，产生的指针值放入 H1、H2 字节映射进 AU，组合为 AUG，产生的指针调整事件（PJE）经 S 点报告 SEMF；N 个 AUG 进行 N 字节的间插复用，形成 STM-N 信号；如果从 HPT 收到全"1"信号，则产生 AU-AIS 告警信号并传送给 MSP，经 S 点报告给 SEMF。

2. 高阶通道连接（HPC）

HPC 的核心是一个交叉连接矩阵，它将若干个输入的 VC-4 连接到若干个输出的 VC-4，如图 2-10 所示。除了信号的交叉连接外，信号流在 HPC 中是透明传输的。通过高阶通道连接功能可以完成 VC-4 的交叉连接、调度，使业务配置灵活、方便。物理设备上此功能一般由交叉单元完成。

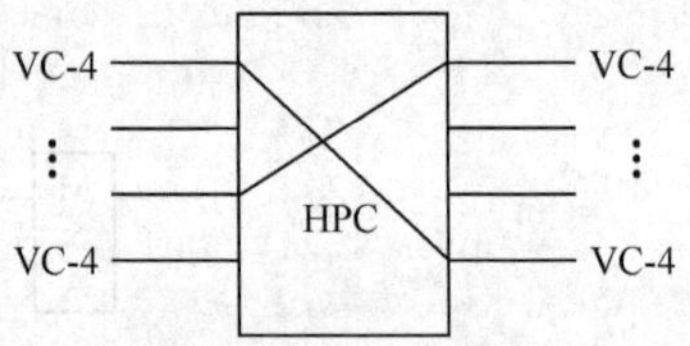

图 2-10 HPC 功能

3. 高阶组装器（HOA）

HOA 的主要功能是按照映射复用路线将低阶通道信号复用成高阶通道信号或作相反处理，如图 2-11 所示。例如，将多个 VC-12 或 VC-3 组装成一个 VC-4。HOA 功能在实际的物理设备上放在支路单元上实现。

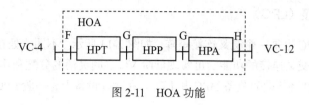

图 2-11　HOA 功能

（1）高阶通道终端（HPT）

HPT 是高阶通道开销的源和宿，即 HPT 产生高阶通道开销，放置在相应的位置上构成完整的 VC-4 信号；或者提取高阶通道开销，恢复 VC-4 的净负荷。

① 收方向 F→G

HPT 提取 HPOH 进行终结处理，校验 B3 字节，产生的差错经 S 点报告给 SEMF；并在本端性能事件高阶通道背景误码块（HP-BBE）中显示检出的误块数，同时将误块数放在 G1 字节（b1～b4），回送对端高阶通道远端差错指示（HP-REI）告警。

读出 J1 和 C2 字节进行监测，若失配（应收的和所收的不一致）则产生踪迹字节失配告警（HP-TIM）和信号标记失配告警（HP-SLM），经 S 点报告 SEMF，并在两帧时间内向 G 点相应的通道送全"1"信号；同时将 G1 的 b5 置"1"，往发端回传一个相应通道的高阶通道远端缺陷指示（HP-RDI）告警。若 C2 字节连续 5 帧为全"0"，则判定该 VC-4 通道未装载，往 G 点输出全"1"信号，HPT 在相应的 VC-4 通道上产生高阶通道未装载（HP-UNEQ）告警。

因 H4 字节的内容包含有复帧位置指示信息，HPT 交由 HPA 功能进行处理。

② 发方向 G→F

如图 2-12 所示，在 G 点，从 HPA 功能块送来的信号有 VC-4 的帧结构、但无通道开销，HPT 进行 BIP-8 计算，将结果放置在 B3 字节，SEMF 产生相应的 J1 和 C2 给 HPT 所有高阶通道开销产生后，HPT 将完整的 VC-4 送给 HPC 功能块。

（2）高阶通道适配（HPA）

HPA 的作用类似 MSA，对 TU-PTR 进行终结，分解整个 VC-4 结构；或作相反处理，将 TU-12 或 TU-3 组成 VC-4。

① 收方向 G→H

图 2-12　G 点的信号帧结构图

从 HPT 来的 C-4 数据和定时信号、经分解后进行 TU-12 或 TU-3 指针处理，恢复出 VC-12 或 VC-3，并将帧偏移送给低阶通道连接功能块（LPC）。

若 HPA 连续 3 帧检测到 V1、V2、V3 全为"1"，则判定为相应通道的支路单元告警指示信号（TU-AIS）；若 HPA 连续 8 帧检测到 TU-PTR 为无效指针或 NDF 反转，则 HPA 产生相应通道的支路单元指针丢失告警（TU-LOP）。这两种情况都将在 H 点使相应 VC-12 通道信号输出全"1"信号。

TU-12 是复帧结构，若连续收不到复帧位置指示字节 H4，则上报复帧丢失告警（TU-LOM）。HPA 将从 HPT 收到的 H4 字节的值与复帧序列中单帧的预期值相比较，若连续几帧不吻合或者 H4 字节的值为无效值（在 01H～04H 之外），也会出现 TU-LOM 告警。

② 发方向 H→G

从 LPC 送来 VC-12 或 VC-3 及它们的帧偏移到达 HPA 后，指针产生部分将帧偏移转化为 TU-12 或 TU-3 指针，若干 TUG 通过字节间插复用构成完整的 VC-4 信号送给 HPT。如果 LPC 送来的某个通道为全"1"信号，则在 H 点相应的支路单元也发全"1"信号（TU-AIS）。

4．低阶通道连接（LPC）

与 HPC 类似，LPC 也是一个交叉连接矩阵，如图 2-13 所示。不同之处在于它完成对低阶 VC 通道（VC-12/VC-3）交叉连接的功能，可实现低阶 VC 之间灵活的分配和连接。一个设备若要具有全级别交叉能力，就必须同时具备 HPC 和 LPC。在物理设备上，一般 LPC 与 HPC 共同由交叉单元实现。

5．高阶接口（HOI）

HOI 由高阶通道终端（HPT）、高阶通道保护（HPP）、低阶通道适配（LPA）和 PDH 物理接口（PPI）等 4 个基本功能块组成。其功能是将 140 Mbit/s 信号映射到 C-4 中，并加上 POH 构成完整的 VC-4 信号；或者作相反处理，即从 VC-4 中恢复出 140 Mbit/s 信号，并终结高阶通道开销，如图 2-14 所示。在物理设备中，这项复接功能一般由支路单元完成。

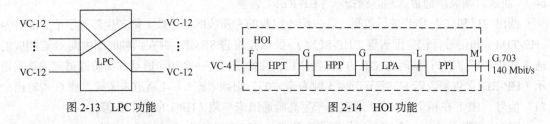

图 2-13　LPC 功能　　　　　　　　　　　　　图 2-14　HOI 功能

（1）PDH 物理接口（PPI）

SDH 设备中 PDH 物理接口功能块与 PDH 设备中的接口电路相同，主要完成把 G.703 标准的 PDH 信号转换成内部逻辑电平信号或作相反处理。

① 收方向 L→M

从 LPA 来的数据和定时信号在此处进行 CMI 编码，形成标准的 G.703 信号送出。

② 发方向 M→L

对来自 PDH 线路的支路信号，PPI 将其 CMI 码转换成便于设备处理的 NRZ 码，同时提取支路信号时钟经过 T 点送至同步设备定时源 SETS。当 PPI 检测到无输入信号时会产生支路信号丢失告警，以全"1"信号替代正常信号（即此支路发 AIS），同时经 S 点报告给 SEMF 功能块。

（2）低阶通道适配（LPA）

LPA 的作用是通过映射将 140 Mbit/s 的 PDH 信号适配进容器 C-4，或把 C-4 中的信号去映射还原成 PDH 信号；如果是异步映射还包括比特速率调整。

① 收方向 G→L

从高阶通道终端送来的 C-4 信号，在 LPA 功能块中去映射，恢复 140 Mbit/s 的 PDH 信号。若 HPT 送来的是全"1"信号（AIS），则 LPA 按规定产生 AIS 送往 PPI。

② 发方向 L→G

将 PPI 功能块送来的 140 Mbit/s 信号映射进 C-4 容器中。

（3）高阶通道终端（HPT）

此处的 HPT 功能块与高阶组装器（HOA）中的 HPT 功能块类似，但此处的 C-4 由 140 Mbit/s 的 PDH 信号直接映射而成，而 HOA 中 HPT 的 C-4 是由 TU-12 或 TU-3 复接而成。

6. 低阶接口（LOI）

LOI 功能块主要将 2 Mbit/s 或 34 Mbit/s 的信号映射到 C-12 或 C-3 中，并加入通道开销构成完整的 VC-12 或 VC-3；或作相反处理。低阶接口是由低阶通道终端（LPT）、低阶通道保护（LPP）、低阶通道适配（LPA）和 PDH 物理接口（PPI）组成的复合功能块，如图 2-15 所示。在实际物理设备中，LOI 一般由支路单元实现。

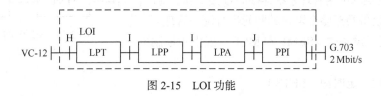

图 2-15　LOI 功能

（1）PDH 物理接口（PPI）

此处 PPI 功能同 HOI 中的 PPI 类似，区别在于码型变换时处理的是 HDB_3 码。当检测 K 点无输入信号时，产生支路信号丢失告警（T-ALOS）。

（2）低阶通道适配（LPA）

此处的 LPA 功能与 HOI 中的 LPA 类似，把 2 Mbit/s 或 34 Mbit/s 的 PDH 信号适配进 C-12 或 C-3 中，或作相反处理。

（3）低阶通道终端（LPT）

LPT 是低阶通道开销（VC-12 开销）的源和宿。

① 收方向 H→I

LPT 依次读出并处理低阶通道开销的每一个字节，同时从低阶虚容器中恢复净负荷 C-12 或 C-3。对于 VC-12，LPT 对 V5 字节（b1～b2）进行 BIP-2 的检验，若检测出 VC-12 的误码块，则在本端性能事件低阶通道背景误码块（LP-BBE）中显示误块个数，同时将 V5 的 b3 置 "1"，向对端设备回送低阶通道远端差错指示（LP-REI）。检测 J2 和 V5 的 b5～b7，若失配，则在本端分别产生低阶通道踪迹字节失配告警（LP-TIM）和低阶通道信号标记失配告警（LP-SLM），此时 LPT 将向 I 点处输出全 "1" 信号，同时把 V5 的 b8 置 "1"，回送对端一个低阶通道远端缺陷指示（LP-RDI），使对端了解本接收端相应的 VC-12 通道信号出现劣化。若连续 5 帧检测到 V5 的 b5～b7 为 "000"，则判定为相应通道未装载，本端产生低阶通道未装载告警（LP-UNEQ）。

② 发方向 I→H

LPT 产生低阶通道开销，加入到 C-12 或 C-3 中，构成完整的 VC-12 或 VC-3 信号。

7. 辅助功能块

除了具备以上介绍的基本功能块之外，SDH 设备还包含一些辅助功能块。这些辅助功能块将携同基本功能块一起完成设备所要求的功能。

（1）同步设备管理功能（SEMF）

SEMF 的主要作用是通过 S 点收集其他功能块的状态信息，进行相应的管理操作，包括：收集各功能块的性能事件和告警，分析和处理收集的参数，并上报给网管；接收网管下发的指令，去控制相关的功能块（向上游和下游的功能块送出维护信号）；通过 DCC 通道向其他网元传送

OAM 信息等。

（2）消息通信功能（MCF）

MCF 的主要任务是完成各种消息的通信功能，如图 2-16 所示，它为 SEMF 与其他功能块以及网管终端之间提供通信接口。MCF 的 N 接口传送 D1～D3 字节（DCCR），建立再生段消息传递通道；P 接口传送 D4～D12 字节（DCCM），建立复用段消息传递通道。MCF 实现网元之间 OAM 信息的互通。此外，MCF 还提供和网络管理系统连接的 Q 接口和 F 接口，使网管能对本设备乃至整个网络的网元进行统一管理。

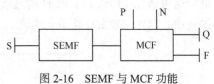

图 2-16　SEMF 与 MCF 功能

在 SDH 网元设备中，SEMF 和 MCF 一般由主控制单元来完成。

（3）同步设备定时源（SETS）

为了确保 SDH 网络的同步和设备的正常运行，SETS 为 SDH 网元乃至 SDH 系统提供各类定时基准信号。

图 2-17 所示：SETS 从外时钟源 T1、T2、T3 和内部振荡器中选择一路基准信号送到定时发生器，由此基准信号产生 SDH 设备所需的各种定时信号，经 T0 点送给除 SPI 和 PPI 之外的其余各基本功能块。来自 T0 或 T1 的另一路时钟信号经 T4 点输出，向其他网络单元提供定时信号。

SETS 时钟信号的来源如下：

① 由 SPI 功能块从线路上的 STM-N 信号中提取的时钟信号 T1，称为线路时钟信号；

② 由 PPI 从 PDH 支路信号中提取的时钟信号 T2，称为支路时钟信号；

③ 由同步设备定时物理接口（SETPI）提取的外部时钟源 T3，称为外部时钟信号，如 2 MHz 方波信号或 2 Mbit/s；

④ 当以上各时钟信号源都劣化后，为保证设备的定时，由 SETS 的内置振荡器产生的时钟。

（4）同步设备定时物理接口（SETPI）

SETPI 为 SETS 与外部时钟源之间提供物理接口，SETS 通过它接收外部时钟信号（T3 接口）或提供外部时钟信号（T4 接口）。

在物理设备上，SETS 和 SETPI 两功能一般由 SDH 网元的时钟单元完成。

（5）开销接入接口（OHA）

OHA 通过 U 点统一管理各相应功能块的开销字节，包括公务通信字节、使用者通路字节、网络运营者字节以及备用或未被使用的开销字节。在物理设备上，此项功能一般由 SDH 网元的开销单元完成。

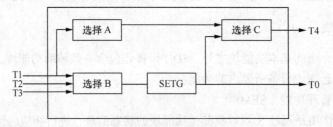

图 2-17　SETS 功能

灵活组合 SDH 设备主要功能块可以构成不同的 SDH 网元。虽然实际的设备来自不同的公司，看上去也千差万别，但万变不离其宗，其基本组成是一样的，一个普通 SDH 网元的物理设备组成如图 2-18 所示。

接线槽							
支路单元（HOI）	支路单元（HOA）（LOI）	交叉单元（HPC）（LPC）	线路单元（TTF）	主控单元（SEMF）（MCF）	时钟单元（SETS）（SETPI）	开销单元（OHA）	电源板
电风扇							

图 2-18　SDH 网元设备的一般配置

2.1.2　SDH 设备信号流程与告警

上一节讲述了组成 SDH 设备的基本功能块，以及这些功能块所监测的告警性能事件及其监测机理。深入了解各个功能块监测的告警、性能事件，及其监测机理，是维护设备时能正确分析、定位故障的关键所在。为了理解和掌握这部分内容，下面将详细给出 SDH 设备各功能块的业务信号和告警信号流程。

SDH 设备信号流程如图 2-19 所示，按照信号在 SDH 设备的传输方向，可分成上行方向（PDH 接口→交叉单元→SDH 接口）和下行方向（SDH 接口→交叉单元→PDH 接口）。对于信号的处理以交叉单元为界，交叉单元和 SDH 接口之间为高阶信号流，交叉单元和 PDH 接口之间为低阶信号流。

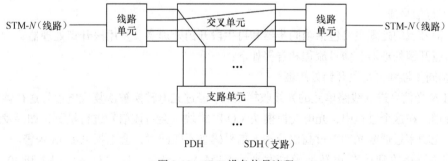

图 2-19　SDH 设备信号流程

（1）高阶信号流

SDH 接口与交叉单元间产生的告警、性能信息是在维护过程中首要焦点。通常情况下，高阶部分产生的告警、性能数据会引起低阶告警、性能数据的上报。例如，STM-1 帧结构中开销字节分为 4 部分：再生段开销、复用段开销、高阶通道开销及指针。其中前两个模块出问题，通常会影响所有的高阶通道；而最后一个模块中的开销字节出问题则是针对某一个高阶通道。高阶信号的处理过程如图 2-20 所示，相应功能块的告警信号流如图 2-21 所示。

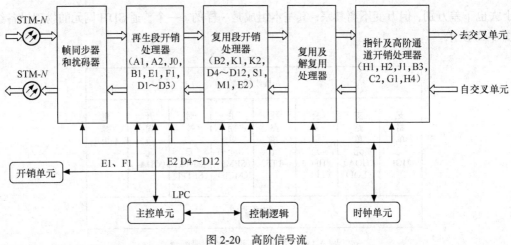

图 2-20　高阶信号流

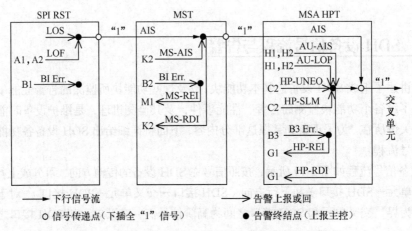

→ 下行信号流　　　→ 告警上报或回
○ 信号传递点（下插全"1"信号）　● 告警终结点（上报主控）

图 2-21　SDH 接口与交叉单元间告警信号产生流程图

① 下行信号流

下行信号流的处理主要包括帧同步器和再生段开销处理器、复用段开销处理器、指针处理器和高阶通道开销处理器。信号流程和告警如下：

● 帧同步器和再生段开销处理器

STM-N 光信号进入线路单元的光接收模块后，经过光电转换被恢复成电信号送往帧同步器和扰码器处理。在这个过程中，光电转换模块（O/E 模块）会对该信号进行检测，如果发现输入信号无光、光功率过低或光功率过高以及输入信号码型不匹配时，会上报 R-LOS 告警。

帧同步器接收到从光/电转换模块发来的 STM-N 信号后，依次对 A1、A2 和 J0 字节进行检测。

再生段开销处理器提取 STM-N 信号中的其他再生段开销字节进行处理，其中最重要的为 B1字节。相关告警信号的产生见上一节的阐述。

● 复用段开销处理器

这部分主要处理与告警、性能相关的复用型开销，有：自动保护倒换通路字节（K1、K2）、复用段误码监视字节（B2）和复用段远端差错指示字节（M1）。相关告警信号的产生见上一节的阐述。

- 指针处理器和高阶通道开销处理器

这部分主要处理高阶指针调整和高阶通道开销，与指针调整有关的字节是 H1、H2、H3，与告警、误码相关的字节有高阶通道踪迹字节（J1）、信号标记字节（C2）、高阶通道误码监视字节（B3）、通道状态字节（G1）以及复帧位置指示字节（H4）。相关告警信号的产生见上一节的阐述。

② 上行信号流

如前所述，在高阶部分下行信号流中主要完成开销字节的提取和终结，而在该部分的上行信号流中主要完成开销字节初始值的生成和向对端站点回送告警信号。信号流程和告警如下：

- 指针处理器和高阶通道开销处理器

高阶通道开销处理器产生 N 路高阶通道开销字节，同 N 路净负荷一起送往指针处理器。指针处理器产生 N 路 AU-4 指针，将 VC-4 适配为 AU-4。

如果在下行信号流中检测到有 AU-AIS、AU-LOP、HP-UNEQ 或 HP-LOM（HP-TIM 和 HP-SLM 可选）告警，则将 G1 字节中 b5 设置为 "1"，送出 HP-RDI 告警回告给对端。如果在下行信号中检测到有 B3 误码，则根据检测的误码值，将 G1 字节 b1~b4 设置为相应的误码值（从 1~8），送出 HP-REI 告警回告给对端。

- 复用段开销处理器

复用段开销处理器完成 MSOH 字节的设置（包括 K1、K2、D4~D12、S1、M1、E2 和 B2）。

如果在下行信号流中检测到有 R-LOS、R-LOF 或 MS-AIS 告警，则设置 K2 字节中 b6~b8 为 "110"，送出 MS-RDI 告警回告给对端。

如果在下行信号流中检测到有 B2 误码，则利用 M1 字节回送 MS-REI 告警给对端。

- 帧同步器和再生段开销处理器

再生段开销处理器完成 RSOH 字节的设置（包括 A1、A2、J0、E1、F1、D1~D3 和 B1）。

帧同步器和扰码器将 STM-N 电信号进行扰码，然后将 STM-N 电信号转换为 STM-N 光信号送出光接口。

（2）低阶信号流

低阶信号的处理过程如图 2-22 所示。不同速率的 PDH 业务所使用的通道开销字节不同，其告警信号的产生稍有不同。如图 2-23 所示，下面先以 2 Mbit/s 业务为例，说明 PDH 接口与交叉单元间告警信号流。

① 下行信号流

- HPA 和 LPT

大部分低阶开销字节在这里处理，是低阶信号流的重点，包括低阶通道指针字节（V1、V2、V3）、V5 字节、低阶通道识别符（J2）。相关告警信号的产生见上一节的阐述。

- LPA 和 PPI

经过上述处理后的的 C-12 数据送到 LPA，恢复用户数据流和相关定时参考信号，并送到 PPI，形成 2 048 kbit/s 信号。

② 上行信号流

- LPA 和 PPI

E1 电信号进入 PPI 后，经过时钟提取和数据再生，送往映射和解映射处理器，同时进行抖动抑制。LPA 完成对数据的适配功能。

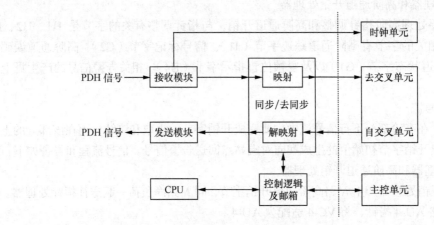

图 2-22　低阶信号流

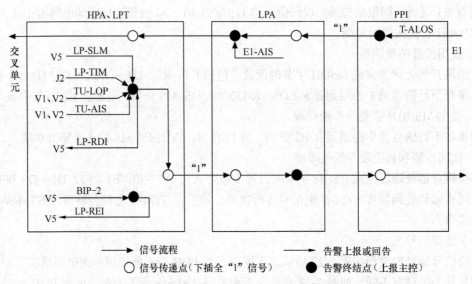

信号流程　　　　　　　　　告警上报或回告

○ 信号传递点（下插全"1"信号）　　● 告警终结点（上报主控）

图 2-23　2 Mbit/s PDH 接口与交叉单元间告警信号产生流程图

- LPA 和 LPT

PDH 接口模块检测并终结 T-ALOS 告警。当检测到 T-ALOS 告警时，将往上一级电路插全"1"信号。

如果在下行信号处理流程中检测到下行数据有"通道终端误码"，则 V5 字节的 b3 比特将在下一帧被置为"1"，产生回告 LP-REI。

（3）SDH 告警综述

图 2-24 给出了一个较详细的 SDH 设备各功能块的告警流程图，表 2-1 为告警信号的列表说明，通过它们可看出 SDH 设备各功能块产生告警维护信号的相互关系，其中的告警维护信号总是遵循以下规律。

① 高阶告警会引起低阶告警。为准确定位故障，高阶告警将屏蔽下游没有必要上报的低阶告警。

②AIS 告警（全"1"告警），向下一级电路送出全"1"，告知该信号不可用，常见的 AIS 告警有 MS-AIS、AU-AIS、TU-AIS 等。

③RDI 告警（远端缺陷指示），指示对端站点检测到 R-LOS（接收信号丢失）、AIS、TIM（踪迹字节失配）等告警后传给本站的对告信号。常见的告警有 MS-RDI、HP-RDI、LP-RDI 等。

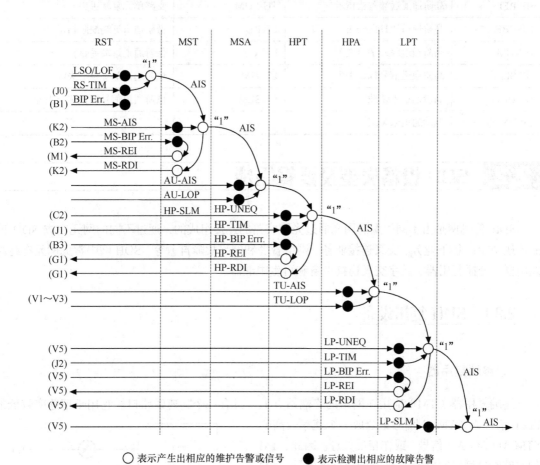

图 2-24 SDH 各功能块告警流程图

表 2-1 告警信号列表说明

告 警 信 号	说 明	告 警 信 号	说 明
LOS	信号丢失	MS-REI	复用段远端差错指示
OOF	帧失步	MS-BBE	复用段背景误码块
LOF	帧丢失	MS-EXC	复用段误码过量
RS-BBE	再生段背景误码块	MS-REI	复用段远端差错指示
MS-AIS	复用段告警指示信号	MS-BBE	复用段背景误码块
MS-RDI	复用段远端缺陷指示	AU-AIS	管理单元告警指示信号
AU-LOP	管理单元指针丢失	TU-AIS	支路单元告警指示信号

续表

告 警 信 号	说　明	告 警 信 号	说　明
HP-RDI	高阶通道远端缺陷指示	TU-LOP	支路单元指针丢失
HP-REI	高阶通道远端差错指示	TU-LOM	支路单元复帧丢失
HP-BBE	高阶通道背景误码块	LP-RDI	低阶通道远端缺陷指示
HP-TIM	高阶通道踪迹字节失配	LP-REI	低阶通道远端差错指示
HP-SLM	高阶通道信号标记失配	LP-TIM	低阶通道踪迹字节失配
HP-UNEQ	高阶通道未装载	LP-SLM	低阶通道信号标记字节失配
LP-UNEQ	低阶通道未装载		

2.2　SDH 设备类型及逻辑组成

SDH 传输网是由不同类型的网元通过光缆线路的连接组成的，通过不同的网元完成 SDH 网的传送功能：上/下业务、交叉连接业务、网络管理和网络故障自愈等。SDH 网中常见网元有终端复用器、分插复用器、数字交叉连接设备和再生中继器。

2.2.1　SDH 复用设备

1．终端复用器

终端复用器（TM）应用在网络的终端站点上，只有一个高速线路口。它用于把速率较低的
PDH 信号或 STM-N 信号组合成一个速率较高的
STM-M（$M>N$）信号，或作相反处理。因此，TM
的支路端口可以输出/输入多路低速支路信号。TM
的一般模型如图 2-25 所示。

图 2-26 给出了一种 TM 的功能块组成图，因为
具有 HPC 和 LPC 功能块，所以此 TM 有高、低阶
VC 的交叉复用功能。例如，可将支路的一个 STM-1
信号复用进线路上的 STM-16 信号中的任一 STM-1

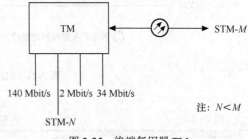

注：$N<M$

图 2-25　终端复用器 TM

位置上，或将支路的 2 Mbit/s 信号复用到一个 STM-1 中 63 个 VC-12 的任一 STM-1 位置上去。

2．分插复用器

分插复用器（ADM）是 SDH 网上最重要的一种网元，在链形网、环形网和枢纽形网中应用十分广泛。ADM 用于 SDH 传输网络的转接站点处，如链的中间结点或环上结点。ADM 主要完成在无需分接或终结整个 STM-N 信号的条件下，分出和插入任何支路信号。ADM 一般模型如图 2-27 所示。

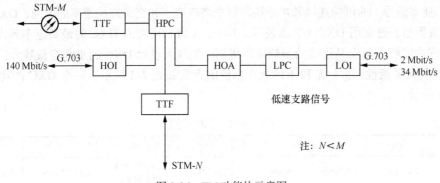

图 2-26　TM 功能块示意图

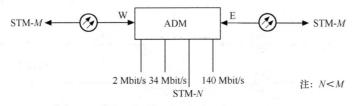

图 2-27　分插复用器（ADM）

ADM 是一个三端口的器件，包括两个高速线路口和一个支路端口，为了描述方便将其分为西（W）向、东向（E）两个线路端口。除了将低速支路信号交叉复用进东/西向线路上去，或从东/西向线路端口接收的线路信号中拆分出低速支路信号。另外，ADM 还可将东/西向线路端的 STM-N 信号进行交叉连接，例如，将东向 STM-16 中的第 3 个 STM-1 与西向 STM-16 中的第 4 个 STM-1 相连接。一个 AMD 的功能块组成如图 2-28 所示。

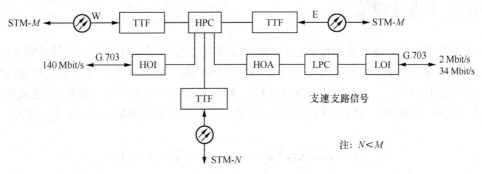

图 2-28　ADM 功能块示意图

2.2.2　数字交叉连接设备

数字交叉连接设备（DXC）是 SDH 网络的重要网络单元。DXC 主要完成 STM-N 信号的交叉连接功能，具有多端口。DXC 实际上相当于一个交叉矩阵，完成各个信号间的交叉连接，如图 2-29 所示。

DXC 可以完成任何端口之间接口速率信号

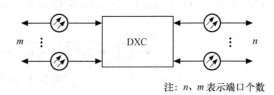

注：n、m 表示端口个数

图 2-29　数字交叉连接设备（DXC）

（包括其子速率信号）的可控连接和再连接。根据端口速率和交叉连接速率的不同，DXC 可以有不同的配置类型，通常用 DXC *X/Y* 来表示。其中，*X* 表示可接入 DXC 的最高速率等级，*Y* 表示在交叉矩阵中能够进行交叉连接的最低速率级别。*X* 越大表示 DXC 的承载容量越大，*Y* 越小表示 DXC 的交叉灵活性越大。*X* 和 *Y* 的相应数值的含义如表 2-2 所示。一个 DXC 的功能块组成如图 2-30 所示。

表 2-2　　　　　　　　　　　　　　*X*、*Y* 数值与速率对应表

X 或 Y	0	1	2	3	4	5	6
速率	64 kbit/s	2 Mbit/s	8 Mbit/s	34 Mbit/s	140 Mbit/s 155 Mbit/s	622 Mbit/s	2.5 Gbit/s

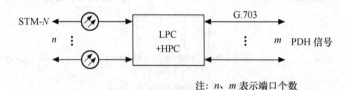

注：*n*、*m* 表示端口个数

图 2-30　DXC 功能块示意图

近年来出现了 MADM 网元，它可以看成是多个 ADM 的组合。除实现 ADM 的所有功能外，还可以完成 MADM 中不同 ADM 间的交叉连接。MADM 是组建复杂网络的核心单元，常应用于环带链、环相交、环相切、枢纽形拓扑结构中的中心节点。

2.2.3　再生中继器

由于光纤存在着传输衰耗和传输色散，数字信号经过光纤长距离传输后，光脉冲幅度会减小，形状会畸变。要进一步延长传输距离，必须采用再生中继器（REG）。再生中继器的功能就是接收经长途传输后衰减了的、有畸变的 STM-*N* 信号，然后对其进行均衡放大、识别、再生成规则的信号后发送出去。如图 2-31 所示，REG 是双端口器件，只有两个线路端口——W 向、E 向。

图 2-31　再生中继器（REG）

REG 的作用是将 W/E 侧的光信号经 O/E、抽样、判决、再生整形、E/O 后，再次在 E/W 侧发出。REG 没有支路端口，REG 只需处理 STM-*N* 帧中的 RSOH，且不需要交叉连接功能（W—E 直通即可），REG 的逻辑功能组成如图 2-32 所示。

图 2-32　REG 功能块示意图

小结

为了在世界范围内有统一的规范，SDH 网元设备的规范采用功能参考模型的方法，将设备分解为一系列基本功能模块。对每个模块的内部过程及输入和输出参考点原始信息流进行严格描述，而对整个设备功能只进行一般化描述。这些功能块包括 SDH 物理接口（SPI）、再生段终端（RST）、复用段终端（MST）、复用段保护（MSP）、复用段适配（MSA）、高阶通道连接（HPC）、高阶通道终端（HPT）、高阶通道保护（HPP）、高阶通道适配（HPA）、低阶通道连接（LPC）、低阶通道保护（LPP）、低阶通道适配（LPA）、PDH 物理接口（PPI）和一些辅助功能块。通过这些基本功能块的灵活组合，可以构成各种 SDH 网元设备。

SDH 网元设备是构成光同步数字传输网的重要组成部分，分为终端复用器（TM）、分插复用器（ADM）、再生中继器（REG）和数字交叉连接设备（DXC）。

终端复用器的主要任务是将 PDH 各低速支路信号和 SDH 的 155 Mbit/s 电信号纳入 STM-1 帧结构中，并经电/光转换为 STM-1 光线路信号，或上述过程的逆过程。终端复用器作为 SDH 传输网络的端点，主要应用于链形网、星形、树形、环带链等场合。

分插复用器是网络中应用最为广泛的网元形式，这主要是因为它将同步复用和数字交叉连接功能综合于一体，具有灵活地分插任意支路信号的能力。

再生中继器的功能主要是完成信号的再生、放大与中继传输功能，与 TM、ADM 相比，它在站点上没有上、下业务的功能，主要用于各种类型网络的中长距离信号再生。

习题

一、填空题

1. 传送终端功能块由_____、_____、_____、_____、_____组成。

2. 当线路信号丢失时，SDH 物理接口 SPI 基本功能块产生_____告警。

3. 高阶组装器由_____、_____、_____组成。

4. 若再生段 RST 收到 R-LOS 告警信号，则其往下游送_____信号。

5. 再生段是指在两个设备_____之间的维护区段，复用段是指在两个设备_____之间的维护区段。

6. 若 AU-PTR 的值连续 8 帧为无效指针值或 AU-PTR 连续 8 帧为 NDF 反转，此时 MSA 上相应的 AU-4 产生_____告警。

7. HPC 实际上相当于一个交叉矩阵，它完成对_____进行交叉连接的功能。

8. _____功能块为 SDH 网元提供定时信号。

9. 当 PPI 检测到无输入信号时，会产生_____告警。

10. _____是高阶通道开销的源和宿，形成和终结高阶虚容器。

二、名词解释

1. HOI

2. SEMF

3. TTF

4. ADM

5. DXC

6. MS-AIS

7. RST

三、简答题

1. 在复用段适配功能块中可能会产生哪些告警和性能参数？

2. 复用段终端功能块 MST 检测到 MS-AIS，可能会是哪些原因引起的？此时 MST 功能块往远端和下游分别送什么信号？

3. 引发 HP-RDI 的可能告警有哪些？

4. DXC 4/1 的含义是什么？

5. 同步设备定时物理接口（SETPI）的作用是什么？请分析：一个网元设备使用 SDH 线路时钟时，网元设备的 SETPI 损坏对业务的影响。

6. 终端复用设备（TM）和分插复用设备（ADM）有何区别？分别应用于什么场合？

实验一　光纤通信机房整体认知

【实验目的和要求】

1. 了解华为 Optix 155 SDH 光传输系统组网方式
2. 掌握华为 Optix 155 SDH 光传输系统机柜结构、单板功能及指示灯识别
3. 了解 ODF、DDF 机架结构，掌握其连接操作

【实验仪器和设备】

华为 Optix 155 SDH 光传输系统，列头柜，ODF 机架，DDF 机架

【实验内容和步骤】

1. 画出华为 Optix 155 SDH 光传输系统组网图

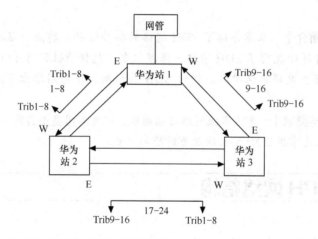

2. 华为 Optix 155 SDH 光传输设备的硬件系统
（1）机架介绍
（2）单板功能介绍
3. 传输机房其他设备介绍
（1）光纤配线架（ODF）
（2）数字配线架（DDF）
4. 设备之间的连接
（1）DDF 与 SDH 设备之间
（2）SDH 设备与 ODF 架之间
（3）ODF 架之间

第3章

SDH 网络

【本章内容简介】 本章介绍了 SDH 网络的拓扑结构、特点、层次及我国传输网络的构成，同时详细说明了 SDH 网络的保护机制，包括线性网络 1+1 和 1:n 保护方式、通道保护环和复用段保护环。针对 SDH 线形网、环形网给出了业务时隙配置的方法。

【学习重点与要求】 重点掌握网络自愈原理，以及不同类型自愈环的特点、容量和适用范围；难点是掌握 SDH 环形网业务时隙的配置。

3.1 SDH 网络结构

3.1.1 SDH 网络拓扑结构

网络拓扑结构是指网络的物理形状，即网络节点与传输线路组成的几何排列，反映了实际的网元连接状况。网络拓扑结构与网络的有效性（信道的利用率）、可靠性和经济性密切相关，因此组网时应根据通信容量和地理条件选用合适的物理拓扑结构。

SDH 网络由 SDH 网元设备通过光缆互连而成，其基本拓扑结构有链形、星形、树形、环形和网孔形。

1. 点到点链形网

图 3-1 所示为一个最典型的 SDH 链形网，其中链状网络两端点配备 TM，在中间节点配置 ADM 或 REG。网中的所有节点——串联，首尾两端开放。

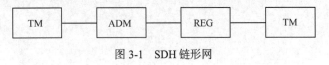

图 3-1 SDH 链形网

此网络拓扑结构的特点是：简单经济，一次性投入少，容量大；通常采用线路保护方式，多应用于 SDH 初期建设的网络结构，如专网（铁路网）或 SDH 长途干线网不易施工建设部分。

2．星形网

星形网选择网络中某一网元作为枢纽节点与其他各节点相连，其他各网元节点互不相连，网元各节点间的业务需要经过枢纽节点转接。如图 3-2 所示，在枢纽节点配置 DXC（或 MADM），在其他节点配置 TM。

枢纽节点的作用类似交换网的汇接局，可将多个光纤终端统一合成一个终端，从而通过分配带宽来节约成本。这种网络拓扑结构简单，但存在枢纽节点的安全保障和处理能力的潜在瓶颈问题，多用于业务集中的本地网（接入网和用户网）。

3．树形网

树形拓扑网络可看成是链形拓扑和星形拓扑的组合，如图 3-3 所示，3 个方向以上的节点应配置 DXC（或 MADM），其他节点配置 ADM 或 TM。

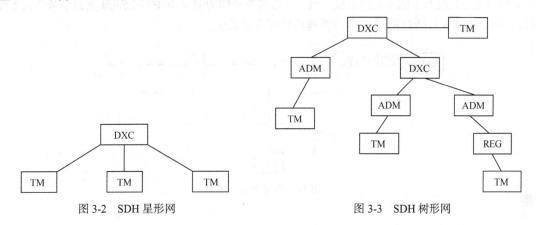

图 3-2　SDH 星形网　　　　　　　　　图 3-3　SDH 树形网

这种网络拓扑适合于广播业务，而不利于提供双向通信业务，同时也存在枢纽节点可靠性不高和光功率预算等问题。

4．环形网

环形网络拓扑实际上是指将链形拓扑首尾相连，从而使网上任何一个网元节点都不对外开放的网络拓扑形式。如图 3-4 所示，通常在各网络节点上配置 ADM，也可采用 DXC（或 MADM）。

环形网是当前使用最多的网络拓扑形式，其结构简单且具有较强的自愈功能，网络生存和可靠性高，是组成现代大容量光纤通信网络的主要基本结构形式，常用于本地网、局间中继网。

5．网孔形网

网孔形网将所有网元节点两两相连，是一种理想的网络结构，如图 3-5 所示。每个节点需配置 DXC，为任意两网元节点间提供两条以上的传输路由。

这种网络的可靠性更强，不存在瓶颈问题和失效问题。但由于 DXC 设备价格昂贵，若网络都采用此设备进行高度互连，会导致投资成本增大且结构复杂，系统的有效性降低。因此一般在业务量大且密度相对集中的节点之间采用网孔形网连接，例如国家一级干线网。

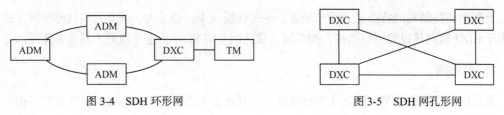

图 3-4   SDH 环形网   图 3-5   SDH 网孔形网

3.1.2   复杂网络的拓扑结构

当前用得最多的网络拓扑是链形和环形，通过它们的灵活组合，可构成更加复杂的网络。本节将介绍几种在组网中常用的拓扑结构，以 2.5 G 系统为例讲述各种网络的特点。

1．T 形网

T 形网络拓扑实际上属树形网。如图 3-6 所示，干线速率为 STM-16，支路速率为 STM-4。网元 A 成为支路系统与干线系统的汇接节点，支路的业务作为网元 A 的一路低速支路信号接入干线系统；而干线系统可通过网元 A 分出低速信号到支路系统。

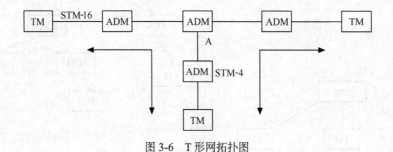

图 3-6   T 形网拓扑图

2．环带链网

环带链网是由环网和链网两种基本拓扑形式组成。如图 3-7 所示，链在网元 A 处接入环，链的 STM-4 业务作为网元 A 的低速支路业务，并通过网元 A 的分/插功能上/下环。

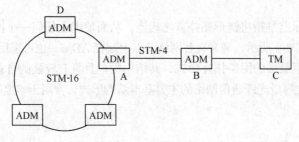

图 3-7   环带链网

3．环形子网的支路跨接网络

如图 3-8 所示，两个环网通过 A、B 两网元的支路部分连接在一起。两环中任何两个网元都可通过 A、B 之间的支路相互通信，可选路由多，系统冗余度高。但两环间互通的业务都需经过

A、B 两网元的低速支路传输，存在一个低速支路的安全保障问题。

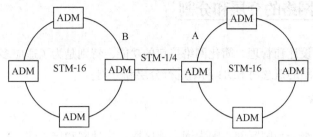

图 3-8　环形子网的支路跨接网络

4．相切环网

相切环网如图 3-9 所示，3 个环网相切于公共节点网元 A，通过网元 A，环间业务可以任意互通。这种组网比支路跨接环网具有更大的业务疏导能力，业务可选路由更多，系统冗余度更高，但存在重要节点（网元 A）的安全保护问题。

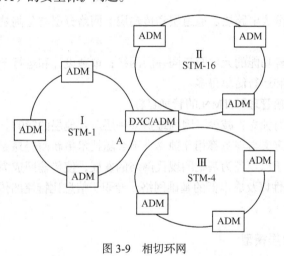

图 3-9　相切环网

5．相交环网

为避免单一的重要节点失效，可将相切环扩展为相交环，如图 3-10 所示。这种组网方式更增大了系统的冗余度，提供了更多可选的路由。

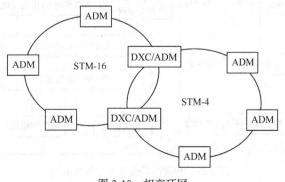

图 3-10　相交环网

3.1.3 SDH 网络的分层和分割

为了便于网络的设计和管理，简化网络接口的功能，特别是为了适应多运营商网络的开发和互联互通，用现代网络的概念将 SDH 网络进行分层和分割。

1．网络分割

从地理上将网络细分为国际网、国内网、地区网、本地网和接入网。网络分割的优点在于：

（1）由于每一层网络可能覆盖很大范围，采用分割使范围缩小便于管理。

（2）引入分割，可以规定管理界限。例如，当 n 个网络运营商联合提供端对端的通信，使用分割概念就可以规定管理界限。

（3）可以对独立的选择区域规定边界。

2．网络分层

从垂直方向将网络分成电路层、通道层和传输层。网络分层与分割是相互垂直的关系。网络分层的优点在于：

（1）可以将实现同样功能的元件归于同一层网络；单独设计和运行于每一层网络要比将整个网络作为单个实体设计和运行简单得多。

（2）可简化确定电信管理网 TMN 的管理目标。

（3）每一层网络相对独立，减少了因为维护某一层对其他层的影响。

（4）每一层网络的定义与规范都相互独立，不会随技术更新而轻易更换。

网络分层十分适合于以业务为基础的现代网络的发展，使传输网成为一个独立于业务和应用的动态灵活、高度可靠性以及成本低的基础网络，专职于信息比特流的传送，而与业务形式和种类无关。

3．SDH 传送网分层模型

SDH 传送网分层模型如图 3-11 所示，其中电路层是面向业务的，严格意义上不属于传送层网络。传送网分为两层，即通道层和传输媒质层网络。

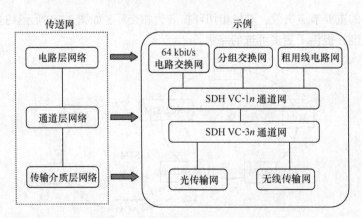

图 3-11　传送网的分层概念模型示例

（1）电路层网络

电路层网络面向公用交换业务，并向用户直接提供通信业务，如电路交换业务、分组交换业务和租用线路业务。其主要节点设备有交换机和用于租用业务的交叉连接设备以及 IP 路由器等。

（2）通道层网络

通道层支持一个或多个电路交换业务，为电路层网络节点（如交换机）提供透明的通道（即电路群）。通道层网络又进一步划分为高阶通道（VC-4）和低阶通道（VC-11、VC-12、VC-2、VC-3）。通道的建立由带交叉连接功能的设备完成，可提供较长的保持时间。由于 SDH 网直接面向电路层服务，简化了电路层交换，使网络应用十分灵活方便。

（3）传输介质层网络

传输介质层网络与传输介质有关，它支持一个或多个通道层网络，为通道层网络节点（如 DXC）间提供合适的通道容量。一般用 STM-N 表示传输介质层网络的标准等级容量。

传输介质层网络可进一步划分为段层网络和物理介质层网络（简称物理层），其中段层网络涉及为通道层提供节点间信息传递的所有功能，而物理层涉及具体的支持段层网络的传输介质，如光缆、微波。

在 SDH 网中，段层网络还可细分为复用段层网络和再生段层网络，其中复用段层网络为通道层提供同步和复用功能，并完成复用段开销的处理和传递；再生段层涉及再生器之间或再生器与复用段终端之间的信息传递，如定帧、扰码、再生段误码监视以及再生段开销的处理和传递。

物理层网络主要完成光电脉冲形式的比特传送，与开销无关。图 3-12 给出了一个完整的 SDH 传送网分层模型。

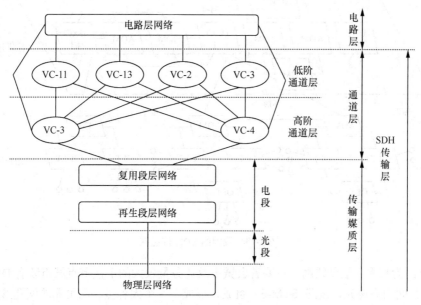

图 3-12　SDH 传送网完整的分层模型

3.1.4　我国的 SDH 传送网络结构

同 PDH 相比，SDH 具有巨大的优越性，但这种优越性只有在组成 SDH 网时才能完全发挥出来。传统的组网概念中，提高传输设备利用率是第一位的。为了增加线路的占空系数，在每个节点都建立了许多直接通道，致使网络结构非常复杂。而随着现代通信的发展，最重要的任务是简化网络结构，建立强大的运营、维护和管理（OAM）功能，降低传输费用并支持新业务的发展。

按照上述思想，根据传送网的分层、分割模型，我国的 SDH 网络结构分为 4 个层面，如图 3-13 所示。

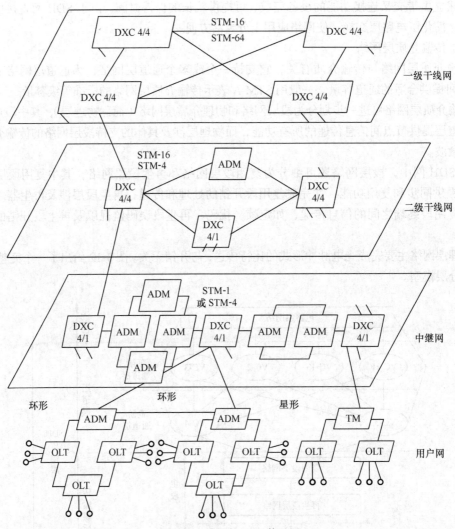

图 3-13　我国的 SDH 传送网

最高层面为长途一级干线网。主要省会城市及业务量较大的汇接节点城市装有 DXC 4/4（或 MADM），其间由高速光纤链路 STM-64 组成，形成了一个大容量、高可靠的网孔形国家骨干网结构，并辅以少量线形网。

第二层面为二级干线网。主要汇接节点装有 DXC 4/4（MADM）或 DXC 4/1，其间由 STM-64/STM-16 组成，形成省内网状或环形骨干网结构并辅以少量线性网结构。

第三层面为中继网。可以按区域划分为若干个环，由 ADM 组成速率为 STM-64/STM-16 的自愈环，也可以是路由备用方式的两节点环。这些环具有很高的生存性，又具有业务量疏导功能。

　　最低层面为用户接入网。由于处于网络的边界处，业务容量要求低，且大部分业务量汇集于一个节点（端局）上，因而通道倒换环和星形网都十分适合于该应用环境。所需设备除 ADM 外还有光线路终端（OLT）。速率为 STM-1/STM-4，接口可以为 STM-1 光/电接口，PDH 体系的 2 Mbit/s、34 Mbit/s 或 140 Mbit/s 接口，普通电话用户接口，小交换机接口，2B+D 或 30B+D 接口以及城域网接口等。

　　用户接入网是 SDH 网中最庞大、最复杂的部分，它占整个通信网投资的 50%以上，用户网的光纤化是一个逐步的过程。通常所说的光纤到路边（FTTC）、光纤到大楼（FTTB）、光纤到家庭（FTTH）就是这个过程的不同阶段。

3.2　SDH 网络保护

3.2.1　网络保护和恢复

　　为提高网络传输的可靠性和 SDH 网络的生存能力，SDH 网络通常采用一定保护机制，包括设备保护、路径保护和网络恢复。

　　设备保护针对的是网络节点的保护，可以通过提供额外的硬件设备来实现。当工作单板出现故障时，备用单板可以迅速取代工作单板继续工作。对于网络的关键节点，设备保护显得尤为重要。

　　路径保护主要是对传输线路以及网元节点的线路终端接口的保护，而不保护网元节点本身的故障。当工作系统的性能劣化到一定程度时或者线路传输中断时，路径保护利用节点之间预先分配好的容量提供一条额外的路径传输信号。由于事先安排好了保护路径，其倒换速度非常快，在 50 ms 以内完成。一定的主用容量需要一定的备用容量来保护，因此备用容量无法在网络上实现共享。当网络容量有限、结构复杂时，就需要网络恢复措施了。

　　当链路或节点失效时，网络恢复利用节点之间任意可用的容量，重新配置一条路径恢复业务，其中包括节点的快速交换、路由的重新分配等，一般由网络中的交叉连接设备完成。如图 3-14 所示，站 A 与站 B 开通了 10 个 2 Mbit/s 业务，通过线路 1 直接通信。当线路 1 发生故障时，站点 A 的 DXC 立即根据站点 C 和站点 D 当前可用的冗余容量，将这 10 个 2 Mbit/s 业务重新进行分配：将 3 个 2 Mbit/s 业务通过 A→C→B 路由传送，将剩下 7 个 2 Mbit/s 业务通过 A→D→B 路由传送，从而完成网络恢复。网络恢复提高了网络容量的利用率，节约了网络资源，但由于复杂的倒换控制，业务的恢复较保护所需的时间更长，保护动作的完成一般需要数秒到数十秒。

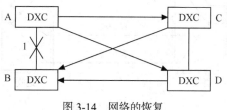

图 3-14　网络的恢复

3.2.2 SDH 线形网络保护

SDH 线形网采用与传统 PDH 网络近似的线路保护倒换方式，可分为 1+1 保护和 1:n 保护。

1．1+1 保护

1+1 的保护结构，即每一个工作系统都配有一个专用的保护系统，两个系统互为主备用。如图 3-15 所示，在发送端，SDH 信号被同时送入工作系统和保护系统，接收端在正常情况下选收工作系统的信号。同时接收端复用段保护功能（MSP）不断监测收信状态，当工作系统性能发生劣化时，接收端立即切换到保护系统选收信号，使业务得到恢复。

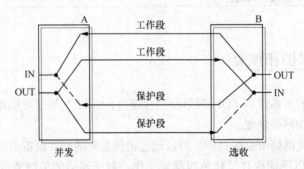

图 3-15　1+1 保护

这种保护方式采用"并发优收"保护策略，不需要自动保护倒换协议（APS）。工作系统的发端永久地桥接于工作段和保护段，保护倒换由收端根据接收信号的好坏自动进行。因此 1+1 保护简单、快速而可靠。但由于是专用的保护，1+1 不提供无保护的附加业务通路，信道利用率较低。

2．1:n 保护

1:n 的保护方式中，n 个工作系统共享 1 个保护系统。如图 3-16 所示一个 1:n 的特例 1:1 的情形。正常情况下，工作系统传送主用业务，保护系统传送服务级别较低的附加业务。当复用段保护功能（MSP）监测的主用信号劣化或失效时，额外业务将被丢弃，发端将主用业务倒换到保护系统上，而收端也切换到保护系统选收主用业务，主用业务得到恢复。

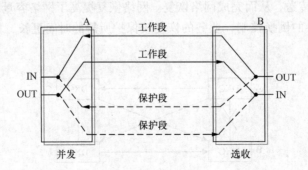

图 3-16　1:1 保护

这种方式需要自动保护倒换协议（APS），其中 K1 字节 b5～b8 的"0001"～"1110"（1～14）指示要求倒换的工作系统的编号，因此 n 的值最大为 14。相对于 1+1 保护方式，1:n 保护倒换速率慢一些，但信道利用率高。

总体而言，线性网络保护机制简单而快速，但其仅仅保护线路，因而多应用于点到点的保护；此外，一般主用光纤和备用光纤是同沟同缆铺设的，一旦光缆被切断，这种保护方式就无能为力了。

3.2.3　SDH 环形网络保护

随着人们对带宽需求的不断增长，网络容量不断扩充，网络的生存能力和安全性能愈加重要。SDH 环网最大的优点之一是具有网络自愈性，因此 SDH 环形拓扑结构常常应用在重要的中继网和长途骨干网中。

1.　自愈环

所谓自愈是指在网络出现故障（如光纤断）时，无需人为干预，网络能自动地在极短的时间内（ITU-T 规定为 50 ms 以内）恢复业务，使用户几乎感觉不到网络出了故障。SDH 环形网就具备自愈的特点，被称为自愈环。实现自愈的前提条件包括网络的冗余路由、网元节点的交叉连接功能等。需要注意的一点是，自愈针对的是短时间内的业务恢复，而非网络设备或线路等实际故障的恢复。具体故障还需人员到位才能解决，如断了的光纤还需人工熔接。

2.　自愈环的分类

根据保护业务的级别，自愈环可以分为通道倒换环和复用段倒换环。对于通道倒换环，业务量的保护以通道为基础，倒换与否由环中某一通道信号质量的优劣而定，通常可根据是否收到 TU-AIS 来决定该通道是否倒换。而对于复用段倒换环，业务量的保护以复用段为基础，倒换与否由每一对节点之间的复用段信号质量的优劣来决定，当复用段有故障时，故障范围内整个 STM-N 或 1/2 STM-N 的业务信号将切换到保护回路。复用段保护倒换的条件包括 LOF、LOS、MS-AIS、MS-EXC 告警信号。

通道倒换环通常使用专用保护，在正常情况下保护信道也传输主用信号，保护时隙为整个环专用，类似 1+1 保护方式，信道利用率低；而复用段倒换环使用共享保护，正常情况下保护信道传输额外业务，保护时隙由每对节点共享，类似 1:1 保护方式，信道利用率高。

根据环上业务的传输方向，自愈环可分为单向环和双向环。若环中节点收、发信息的传送方向相同（均为顺时针或逆时针），则为单向环；如果环中节点收、发信息的传送方向为两个方向（即相反），则为双向环。

根据网元节点间连接的光纤数量，自愈环还可分为二纤环（一对收/发光纤）和四纤环（两对收/发光纤）。

3.　二纤单向通道保护环

在任意两节点之间由两根光纤连接，构成两个环，其中一个为主环（S），另外一个为保护环（P）。网元节点通过支路板将业务同时发送到主环 S 和保护环 P，两环的业务相同但传输方向相反。正常情况下，目的节点的支路板将选收主环 S 下支路业务。对同一节点来说，正常时发送出的信号和接收回的信号均是在 S 上沿同一方向传送的，故称为单向环。

如图 3-17（a）所示，环网中 A、C 节点互通业务。正常情况下，A 至 C 的业务（AC）和 C 至 A 的业务（CA）都被并行发送到 S 环（逆时针方向）和 P 环（顺时针方向）。在 S 环，AC 经过 D 点直通达到 C 点，CA 经过 B 点直通达到 A 点；在 P 环，AC 经过点 B 直通达到 C 点，CA 经过 D 点直通达到 A 点。正常情况下，A 点从 S 环上选收业务 CA，C 点从 S 环上选收业务 AC。

当 B—C 光缆段的光纤同时被切断，注意此时网元 A 的支路单元仍旧并发业务到 S 和 P 环。如图 3-17（b）所示，AC 业务被同时送至 S 环和 P 环传输，其中业务沿 S 环经过 D 点直通安全达到 C 点，而沿 P 环的业务因 BC 之间断纤而无法达到，但这并不影响 C 点从主环 S 中选收信号，因而 C 点不发生保护倒换。

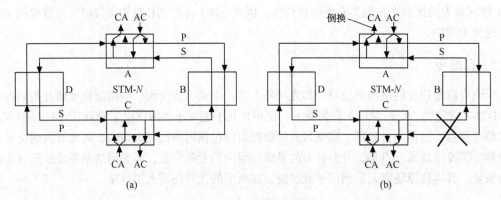

图 3-17　二纤单向通道保护环

CA 业务被同时送至 S 环和 P 环传输，由于 BC 之间断纤，业务无法沿 S 环传输经过 B 到达 A 点。这时 A 点将收到 S 环上的 TU-AIS 告警信号，A 点立即倒换到保护环 P 的选收 CA 业务，从而使 CA 业务得以恢复。这就是通常所说的"并发优收"。

网元节点发生了通道保护倒换后，支路单元同时监测主环 S 上业务的状态，当连续一段时间（华为的设备是 10 min 左右）未发现 TU-AIS 时，发生倒换网元的支路单元将切回到主环接收业务，恢复成正常时的默认状态。

二纤单向通道保护环倒换不需要 APS 协议，速度快，但网络的业务容量不大，多适用于环网上某些节点业务集中的情况。二纤单向通道环多用于 155M、622M 系统。

4. 二纤单向复用段保护环

如图 3-18（a）所示，正常情况下，主环 S 传输主用业务，保护环 P 传输额外业务，与通道环的 1+1 专用保护相比这里实施的是 1：1 保护。例如，网元 A 与 C 之间互通业务，A 点的主用业务通过 S 环传输至 C 点，A 点的额外业务通过 P 环传输至 C 点；C 点选择从 S 环收主用业务，从 P 环收额外业务。图中只标明了收发主用业务的情况。

当 B—C 节点间的两根光纤被同时切断时，如图 3-18（b）所示，节点 B、C 靠近故障侧的倒换开关利用 APS 协议执行环回功能。例如，A 到 C 的主用业务首先被送入 S 环，送到故障端点站 B 处后环回到 P 光纤上，这时 P 光纤上的额外业务被清掉改传 A 到 C 主用业务，经 A、D 网元直通，由 P 光纤传到 C 点，并经过 C 节点的倒换开关回到 S 环上分出落地。而 C 到 A 的主用业务传送路径不变。

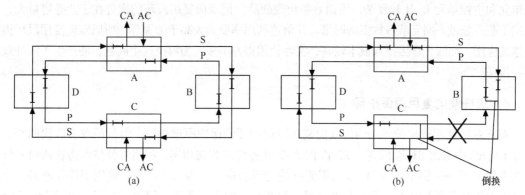

图 3-18　二纤单向复用段保护环

至此，故障段的业务得到恢复，网络实现自愈。当网络故障被排除后，故障点的倒换开关复原。

二纤单向复用段环业务容量与二纤单向通道保护环相差不大，只是正常时备环 P 上可传额外业务，而倒换速率比二纤单向通道环慢，因此优势不明显，在组网时不应用。

5. 四纤双向复用段保护环

四纤双向复用段保护环有 4 个环，包括两个主环 S1、S2 和两个保护环 P1、P2。其中主环 S1 与 S2 的业务传输方向相反（双向环），而 P1 和 P2 分别形成与 S1 和 S2 反方向的两个保护环。

如图 3-19（a）所示，正常时，节点 A 到 C 的主用业务经 S1 环从 B 点到 C 点，而节点 C 到 A 的主用业务经 S2 环从 B 点到 A 点（双向环）。节点 A、C 之间的额外业务分别通过 P1 和 P2 光纤传送。

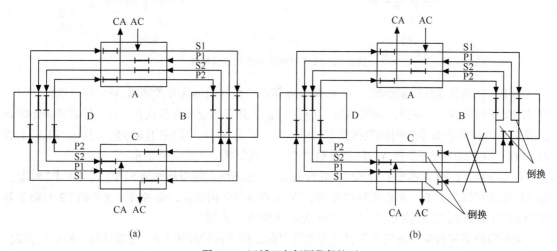

图 3-19　四纤双向复用段保护环

当 B—C 节点间的光缆中断时，故障两端的节点 B 和 C 的倒换开关在 APS 协议的控制下执行环回功能，如图 3-19（b）所示。在节点 B，S1 和 P1 环回，S2 和 P2 环回；节点 C 也完成类似动作。A 到 C 的主用业务沿 S1 传到 B 点处，通过环回转至 P1 环上传输，而 P1 环上的额外业务被中断，经节点 A、D 直通（其他网元执行直通功能）传到目的节点 C；最后在 C 点，P1 上的业务又通过环回回到 S1 上（故障端点的网元执行环回功能）分出落地。

和通道环相比，复用段环的保护倒换涉及 APS 协议，参与倒换的单板较多（包括线路单元、交叉单元和主控单元），比较复杂，因而容易出现故障。但双向复用段环的优势在于业务容量大，多适用于业务分散、网元节点数多的网络，其信道利用率要大大高于通道环，所以双向复用段环得以普遍的应用。而四纤环因投入成本较高，实际使用得并不多。为解决这个问题，便产生了双纤双向复用段保护环。

6. 双纤双向复用段保护环

双纤双向复用段保护环与四纤双向复用段保护环的保护原理相似，但采用双纤取代四纤。从图 3-19（a）中看出 S1 和 P2 环，S2 和 P1 环的业务传送方向相同，利用时分技术将这两对光纤合成为两根光纤——S1/P2、S2/P1。每根光纤的全部容量一分为二，一半容量用于业务通路，剩下一半容量则用于保护通路，且保护的是另一根光纤上的主用业务。例如，S1 纤一半容量传业务，一半容量保护 S2 上的业务，故称为 S1/P2 纤。同理另一根纤称为 S2/P1 纤。

如图 3-20（a）所示，A、C 两节点之间通信，正常时，S1/P2 纤的 S1 时隙用于传输 A 到 C 的业务，P2 时隙用于传输额外业务。而 C 到 A 的业务则置于 S2/P1 纤的 S2 时隙传输，额外业务置于 P1 时隙。

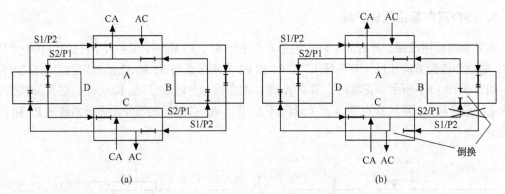

图 3-20 双纤双向复用段共享保护环

当 B—C 间光缆段被切断时，B、C 两节点靠近中断侧的倒换开关利用 APS 协议执行环回，将 S1/P2 纤和 S2/P1 纤桥接，如图 3-20（b）所示。A 到 C 的业务自节点 A 入环，沿着 S1/P2 纤到达节点 B 后，节点 B 利用时隙交换技术，将 S1/P2 纤上 S1 时隙的主用业务转移到 S2/P1 纤上的 P1 时隙，沿 S2/P1 纤经节点 A、D 直通到达 C 点，经倒换开关后分路出来。

在 C 节点，C 到 A 的业务沿 S2/P1 光纤的 S2 时隙送出，随即环回至 S1/P2 光纤的 P2 时隙，沿 S1/P2 光纤经节点 D、A 直通到达 B 点；在 B 点执行环回功能，将 S1/P2 光纤的 P2 时隙业务环到 S2/P1 光纤的 S2 时隙上去，经 S2/P1 光纤传到 A 节点落地。

双纤双向复用段保护环的业务容量为四纤双向复用段保护环的 1/2，是常见的一种组网方式。多应用于业务分散的网络，主要用于速率在 622M 及以上的系统。

以上几种自愈环各具特点，归纳如表 3-1 所示。

表 3-1   自愈环的比较

	二纤单向通道保护环	二纤单向复用段保护环	四纤双向复用段保护环	二纤双向复用段保护环
节点数	K	K	K	K
线路速率	STM-N	STM-N	STM-N	STM-N

续表

	二纤单向通道 保护环	二纤单向复用段 保护环	四纤双向复用段 保护环	二纤双向复用段 保护环
业务容量	STM-N	STM-N	STM-$N \times K$	(STM-$N \times K$)/2
成本（集中业务）	低	低	高	中
成本（分散业务）	高	高	中	中
APS	无	有	有	有
系统复杂度	简单	一般	一般	高
应用场合	接入网		中继网 长途网	中继网 长途网

3.3 SDH 网业务时隙配置

选择好网络结构之后，需要根据实际情况确定各站之间的业务量，并用业务矩阵作简单直观的表示。当业务矩阵确定后，每个网元需要进行业务时隙配置，可以通过时隙配置图来完成。业务时隙配置是 SDH 网络非常重要的一个环节，只有对每个网元正确地配置时隙，每一个业务才能够在相应的通道上流畅地传输，从一个网元到另外一个网元，最终到达接收端。

3.3.1 线形网的时隙配置

一般 SDH 网元的业务时隙配置分成支路单元和线路单元两部分来进行。在支路单元上，需要分配支路业务信号所占据的支路端口，包括发送端口和接收端口。在线路单元上，需要分配低阶通道（VC-12/VC-3）在高阶通道（VC-4）中的位置。

值得注意的是，在实际组网时，线路单元有东向和西向之分，网元之间的也是东向与西向连接。因此，线路单元的时隙分配需要区分东、西向。此外，对于直通的网元由于没有上、下支路业务，仅需要配置线路单元的时隙。下面以支路 2 Mbit/s 信号、线路 STM-1 信号为例进行配置说明，每个支路单元有 16 对 2 Mbit/s 端口。

线形网络拓扑如图 3-21 所示。其业务矩阵如表 3-2 所示，TM1 和 AMD 之间开通 10 个 2 Mbit/s，AMD 和 TM2 之间开通 8 个 2 Mbit/s，TM1 和 TM2 之间开通 6 个 2 Mbit/s；同时每个站上下业务的总量也一目了然。

```
[TM1] ——— [ADM] ——— [TM2]
```

图 3-21 线性网络拓扑

表 3-2 　　　　　　　　　　SDH 业务矩阵 　　　　　　　　　单位 2 Mbit/s

站　　点	TM1	ADM	TM2	总　　计
TM1		10	6	16
ADM	10		8	18
TM2	6	8		14
总计	16	18	14	48

业务矩阵给出了每个站点与其他站点之间的业务容量，据此可将线性网的时隙按图 3-22 进行分配。

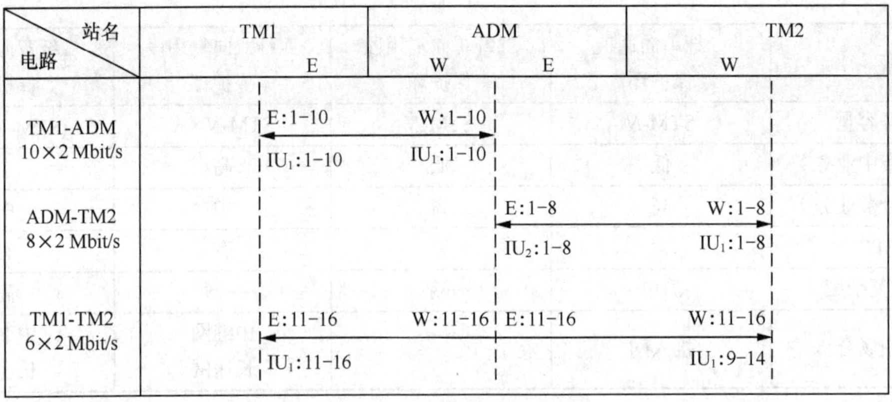

站名电路	TM1		ADM		TM2	
	E		W	E		W
TM1-ADM 10×2 Mbit/s	E:1-10 IU₁:1-10		W:1-10 IU₁:1-10			
ADM-TM2 8×2 Mbit/s				E:1-8 IU₂:1-8		W:1-8 IU₁:1-8
TM1-TM2 6×2 Mbit/s	E:11-16 IU₁:11-16		W:11-16	E:11-16		W:11-16 IU₁:9-14

图 3-22　SDH 线性网业务时隙配置

图 3-25 说明如下：

① 线路单元东（E）、西（W）方向互连；

② 图中的 IU 表示支路单元，下标表示插入的槽道；

③ 上图配置所有业务均为双向业务。

3.3.2　环形网的时隙配置

（1）单向环

单向环网如图 3-23 所示，二纤单向通道保护环的主环方向为东发西收，保护环方向则相反。此处只需要配置主环的业务时隙，保护环的时隙配置可由系统另外生成。表 3-3 给出此环的业务矩阵。

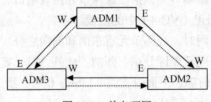

图 3-23　单向环网

表 3-3 　　　　　　　　　　　　　　SDH 业务矩阵 　　　　　　　　　　　单位 2 Mbit/s

站　　点	ADM1	ADM2	ADM3	总　　计
ADM1		8	4	12
ADM2	8		6	14
ADM3	4	6		10
总计	12	14	10	36

SDH 单向环网业务时隙配置如图 3-24 所示。

图 3-24 说明如下：

① 单向环配置一个通道的收、发经过不同方向的线路单元；

② 一个业务通道只占有一个支路端口；

③ 线路单元配置时需注意上"↑"、下"↓"和直通"→"的标记，以防出错；

④ 配置保护电路采用反方向传输，支路单元不变，线路单元时隙需要另外配置。

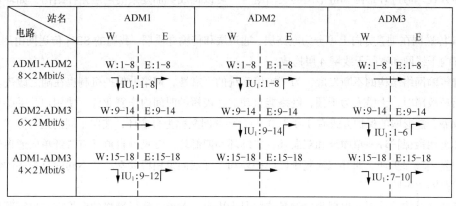

图 3-24　SDH 单向环网业务时隙配置

（2）双向环

双向环网络结构如图 3-25，环内业务矩阵同表 3-3，时隙配置如图 3-26 所示。

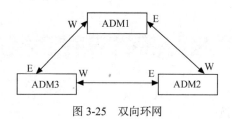

图 3-25　双向环网

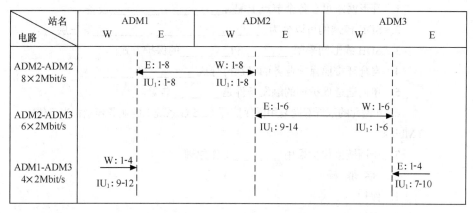

图 3-26　SDH 双向环网业务时隙配置

小结

网络拓扑是指网络节点与传输线路组成的几何排列。基本拓扑结构有链形网、树形网、环形网、星形网和网孔形。环形网因其良好的自愈性使其成为传输系统中最常见的组网方式。通过环形网和链形网的灵活组合，可以构成更加复杂的网络拓扑结构，如环带链、相切环等。

SDH 传送网在垂直方向上可分为电路层、通道层和传输介质层。我国的 SDH 传送网由用户网、中继网、省内干线网和省际干线网 4 层构成。

随着传输网络结构的不断发展，为了确保系统的可靠性，网络的保护机制也在随之改进。自愈是在网络出现故障时，无需人为干预，网络能自动地在极短的时间内恢复业务，使用户几乎感觉不到网络出了故障。链形网的保护方式有 1+1 和 1∶n。环形网又称为自愈环，按照不同的划分方式，有通道保护环和复用段保护环，单向环和双向环，二纤环和四纤环。常见的自愈环有二纤单向通道保护环、二纤单向复用段保护环、四纤双向复用段保护环和二纤双向复用段共享环。不同的自愈环的特点、容量和适用范围也不同。

网络拓扑结构的选择应根据当地的具体情况来决定。此外，环形网络的保护方式也需要根据实际需求来决定。当选定环形网络的自愈形式之后，就应根据业务流向对每个网元的业务时隙进行分配，这是进行网络配置的一个重要环节。

习题

一、填空题

1. 环形网络可在各个节点上配置_____、_____设备。
2. SDH 传送网可以分为_____、_____、_____等三层。
3. SDH 线形网采用_____和_____的保护方式。
4. 自愈环按照保护业务的级别可分成_____和_____。
5. 单向通道保护环的触发条件是_____告警。
6. 4 网元的双纤双向复用段保护环（2.5 G 系统）的业务容量相当于传输_____个 2 Mbit/s。
7. 子网链接保护采用_____工作原理。

二、名词解释

1. 保护
2. 恢复
3. 自愈环
4. 双向环
5. 子网连接保护

三、简答题

1. 简述线形网的两种保护倒换方式的区别。
2. 简述我国 SDH 传送网络的分层。
3. 通道保护环和复用段保护环有什么差异？
4. 简析双纤双向复用段保护环的工作原理。
5. 自愈环一般分为几种？它们的容量、应用范围有什么不同？

四、作图题

以下给出一个单向通道保护环的业务矩阵，设支路单元有 32 路接口，插入第 2 槽道，请以 STM-1 为例画出业务时隙分配图。

站 点	ADM1	ADM2	ADM3	ADM4	总 计
ADM1		10	5	10	25
ADM2	10		5	10	25
ADM3	5	5		6	16
ADM4	10	10	6		26
总计	25	25	16	26	92

实验一 T2000 网管系统 SDH 业务配置

【实验目的和要求】

掌握 SDH 系统业务配置时隙分配图的画法，能够利用 T2000 网管进行 SDH 业务配置

【实验仪器和设备】

1. 华为 OptiX 155/622 光传输设备
2. 华为 OptiX iManager T2000 网管系统

【实验内容和步骤】

1. 根据组网情况画时隙配置图

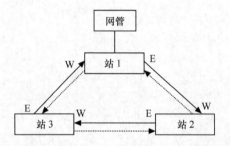

由 3 套华为 OptiX 155/622 设备构成的二纤单向通道保护环，线路速率为 155 Mbit/s，每个站点配置一块具有 16 路接口的支路板。现在给站 1、站 2 和站 3 之间分别相互开 8 个 2 Mbit/s 业务，画出业务时隙配置表。

2. 在华为 OptiX iManager T2000 网管系统中配置 SDH 业务

第4章

SDH 支撑网

【本章内容简介】 电信管理网是收集、处理、传送所存储的有关电信网维护、操作和管理信息的支撑网，其目标在于提高全网运行质量和充分利用网络设备。SMN 是管理 SDH 网元的 TMN 子网，遵循和继承了 TMN 的结构。数字时钟同步网是电信网络的重要支撑网。本章系统介绍电信管理网的结构和功能，SMN 的组织模型及管理功能，数字同步网的同步方式与结构，SDH 设备定时工作方式。

【本章重点难点】 重点掌握电信管理网的结构、SMN 的组网分层结构和管理功能，数字同步网的同步方式与结构，SDH 设备定时工作方式。

4.1 电信管理网与 SDH 管理网

随着电信网络的迅速发展和日趋完善，对电信网络管理的需求也日渐强烈。而电信管理网（TMN）正是 ITU-T 提出来的关于网络管理系统化的解决方案，是实现电信网管理功能的一个支撑网。TMN 在概念上是一个独立于被管理对象的网络，它是包括一系列标准接口（协议和消息规定等）的统一的体系结构，使得各种不同类型的操作系统能够与电信设备互连，从而实现电信网的自动化和标准化的运行、维护和管理（OAM）。TMN 提供了大量的管理功能，可以提高电信网的运行效率和可靠性，降低 OAM 成本，促进网络及业务的发展。

TMN 是一个综合的、智能的、标准化的电信管理系统，由操作系统（OS）、工作站（WS）、数据通信网（DCN）和网元（NE）组成，如图 4-1 所示。其中操作系统和工作站组成网管中心，对整个电信网进行管理；网元是指网络中的设备，可以是交换设备、传输设备、信令设备等；数据通信网则提供传输网管数据的通道。TMN 采用开放系统互连（OSI）的管理概念和工具，可以看作是应用 OSI 概念来进行电信服务和电信管理的网络。

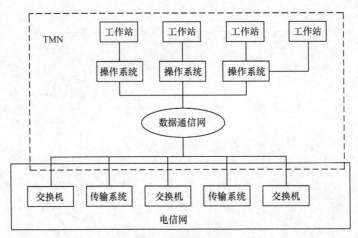

图 4-1　TMN 的组成

SDH 管理网（SMN）是 SDH 传送网的一个支撑网。它是 TMN 的子集，专门负责管理 SDH 的 NE。SMN 又可细分为一系列的 SDH 管理子网（SMS），这些管理子网由各自独立的嵌入控制通路（ECC）和有关的站内数据通信链路将 SDH NE 连接起来；ECC 在 NE 之间提供逻辑操作通路，并以数据通信通路（DCC）作物理层，构成可操作的数据通信控制网，或成为 TMN 中的一个 SDH 特定的本地通信网（LCN）。具有智能的 NE 和采用 ECC 通信是 SMN 的显著、重要的特点，这种结合使 TMN 信息的传送和响应时间大大缩短，由于 NE 有智能性，故可将网管功能或修改增补的新版本软件经 ECC 下载给 NE，代理管理应用功能，从而实现 TMN 或 SMN 的分布式管理。这正是 SDH 具有强大的有效网管能力的原因。

4.1.1　TMN 的结构

TMN 是一种开放的通用电信管理系统，其结构可划分为 3 个基本方面：功能结构、信息结构和物理结构。

1. 功能结构

TMN 的功能结构主要描述 TMN 内的功能分布，其基础是功能块。各功能块之间应用数据通信功能（DCF）来传递信息，并由参考点（两个功能块之间进行信息交换的点）隔开。图 4-2 所示为 TMN 功能块与参考点的关系。

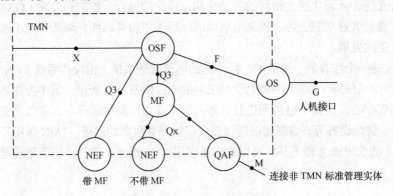

图 4-2　TMN 功能块与参考点

TMN 的基本功能块有 5 种：操作系统功能（OSF）、网元功能（NEF）、Q 适配器功能（QAF）、工作站功能（WSF）和协调功能（MF）。

（1）OSF 的主要功能是处理用于 TMN 方面的数据，通过处理这些数据，实现 TMN 中定义的管理功能，在实现管理功能的基础上提供各种管理业务。

（2）从 TMN 的角度来看，NEF 是对通信网设备的一个抽象。NEF 有一部分在 TMN 的域内，提供网管系统和被管理通信设备之间的接口；有一部分在 TMN 的域外，提供该通信设备的通信功能。对于 TMN 而言，主要关心 TMN 域内的功能。

（3）QAF 的主要功能是提供非 TMN 标准的管理实体的接口，在通信网中，由于各种原因，会有一些设备不能提供标准的 TMN 接口。采用 TMN 的目的之一就是要对全网进行统一和综合的管理，即能够进行端到端的管理，因此，必须有手段对不能提供标准 TMN 接口的设备进行管理，QAF 的功能就是对这些不具备 TMN 标准接口的设备提供接口适配功能。

（4）WSF 的功能可以从两个层次上理解。从 TMN 提供管理业务的角度来理解，WSF 的主要功能是提供管理业务的接入手段，网管系统的使用人员通过 WSF 来使用 TMN 提供的管理业务。从 TMN 作为一个网络管理系统提供网络管理功能的角度来理解，WSF 的主要功能是人机界面，网管系统的使用人员通过 WSF 来使用 TMN 提供的网络管理功能。

（5）MF 介于 OSF 与 NEF（或 QAF）之间起协调作用，它按 OSF 的要求对来自 NEF 或 QAF 的信息进行适配、过滤和压缩处理。根据具体应用的不同，MF 可以在单一的设备上实现，也可作为网元（NE）的一部分实现。

在 TMN 的接口系列中，Q3 接口是用于管理的接口，但由于各种原因，有的通信设备不能提供 Q3 接口，而只能提供 Qx 接口。在 TMN 的体系结构中，为了支持 OSF 实现与具体通信设备的无关性，OSF 支持的管理接口只能是 Q3 接口。为了支持 OSF 的这个性质，在 TMN 中，专门安排 MF 做 Qx 到 Q3 的转换。

TMN 功能块可以进一步由功能元件组成。功能元件是 TMN 的基本结构件，可分为以下 7 种。

（1）管理应用功能元（MAF）：其主要功能是完成除安全管理以外的管理功能，即完成性能管理、故障管理、配置管理和账务管理。

（2）安全管理功能元（SP）：其主要功能是安全管理。

（3）数据库管理功能元（DSF）：其主要功能是提供网络上的数据库管理功能，其功能、性能等应基于 X.500。

（4）数据库访问功能元（DAF）：其主要功能是为基于 DSF 的数据库提供数据库的访问功能，其功能、性能等应基于 X.500。

（5）用户接口支持功能元（UISF）：其主要功能是处理 WSF 所需的数据。

（6）工作站支持功能元（WSSF）：其主要功能是提供用于 WSF 的数据存取和管理。

（7）信息转换功能元（ICF）：其主要功能是提供不同数据模式之间的转换。

为了处理复杂的电信管理网，可以把管理功能分成几个逻辑层。TMN 的逻辑分层结构包括网元管理层、网络管理层、服务管理层和商务管理层，如图 4-3 所示。商务管理层是最高的逻辑管理层，负责总的服务和网络方面的事务，主要涉及经济方

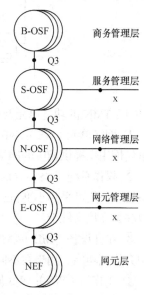

图 4-3 操作系统功能结构参考模型

面；服务管理层主要处理一个或多个网络的服务项目并执行用户接口功能；网络管理层负责网络的管理；而网元管理层主要是对单个网元进行管理。

2．信息结构

TMN 的信息结构主要描述各功能块之间交换的不同类型的管理信息。为便于管理和操作，按 TMN 管理功能分层的原则，信息结构或模型又分为管理层模型（分为网元管理、网络管理、服务管理、事务管理 4 层）、信息模型（面向管理目标或对象 MO）、组织模型（M 和 A 的任务及相互关系）和通信模型（TMN 实体间的信息交换、接口、规约和消息）。

管理信息模型是一种规定管理系统和目标之间接口的手段，其基本作用是将网络资源转换为概念上的管理目标并规定目标类别、属性及其数据。信息模型定义了可用标准方式进行交换的信息的范围，涉及到存储信息、检索信息和处理信息等一系列管理功能。

3．物理结构

TMN 的物理结构确定为实现 TMN 的功能所需要的各种物理配置的结构。根据 ITU-T 的 M.3010 建议书，TMN 的基本物理结构如图 4-4 所示。

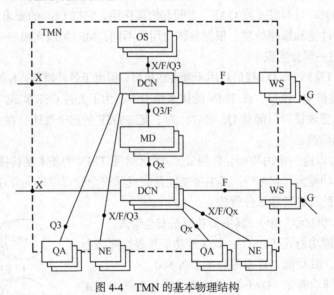

图 4-4 TMN 的基本物理结构

（1）TMN 的功能单元及其基本功能。

① 网络单元（NE）：NE 是由执行 NEF 的电信设备（或者是其一部分）和支持设备组成。它为电信网用户提供相应的网络服务功能，如多路复用、交叉连接以及交换等。

② 操作系统（OS）：OS 属于 TMN 构件，它处理用来监控电信网的管理信息，是执行 OSF 的系统，一般可采用小型机或工作站实现。用于性能监测、故障检测、配置管理的管理功能模块可以驻留在该系统上。

③ 中介设备（MD）：MD 是 TMN 的构件，是执行 MF 的设备，主要用于完成 OS 与 NE 间的中介协调功能，用于在不同类型的接口之间进行管理信息的转换。

④ 工作站（WS）：WS 属于 TMN 的构件，是执行 WSF 的设备，主要完成 f 参考点信息与 q 参考点显示格式间的转换功能。它为网管中心操作人员进行各种业务操作提供进入 TMN 的入口，

这些操作包括数据输入、命令输入以及监视操作信息。

⑤ 数据通信网（DCN）：DCN 属于 TMN 构件，它为其他 TMN 部件提供通信手段。DCN 是 TMN 内支持数据通信功能（DCF）的通信网，可以提供选路、转接和互通功能，主要实现 OSI 参考模型的低三层功能，而不提供第 4 到第 7 层功能。DCN 可以是不同类型的通信网（如分组交换网、DDN、城域网、局域网等）或是各种子网（如 X.25 或 DDN 等）互连而成。

（2）TMN 的接口。

尽管 TMN 的体系结构讨论了节点、功能块、接口和参考点，但大量的标准还是与接口有关。因为管理系统之间、管理系统与网络单元之间的交互方式受接口的制约，只要有标准化的接口和协议，就能使各节点的互连互通具有可能性，管理应用就可以进行相互操作。

TMN 的物理结构就是描述 TMN 内的物理实体及其接口。

TMN 网络接口类型如下。

① Q3 接口：Q3 接口具有 OSI 全部 7 层功能，是实现 OSF 与 NEF 或 OSF 与 MF 之间的接口。Q3 接口是一个非对称接口，主要由通信协议栈、网络管理协议和管理信息模型组成。通信协议栈定义于 Q3 接口的通信协议；网络管理协议确定了网管数据处理、文件传输、存储等数据信息的管理方式；管理信息模型定义了网络管理的对象，它可以是具体的物理资源（如交换机、传输设备、电路板等），也可以是逻辑资源（如软件、号码、日志等）。

② Qx 接口：Qx 接口是简化的 Q3 接口，它只具有 OSI 以下 3 层功能，它仅采用 Q3 接口的通信协议和网络管理协议，没有采用标准的管理信息模型，适用较简单的网元。

③ F 接口：F 接口提供 WSF 与 OSF 功能之间的物理构件接口，以实现通过人机界面对 TMN 的访问，并提供相应的网络管理功能。

④ X 接口：X 接口是两个 TMN 之间的互连接口点，通过 X 接口实现 TMN 与 TMN 之间的互连，或实现 TMN 与具有 TMN 接口的其他管理网络之间的连接。

4.1.2　TMN 的功能

TMN 主要提供 5 大管理功能：性能管理、故障管理、配置管理、安全管理和账务管理。

1. 性能管理

性能管理的主要作用是收集网络、网元的通信效益和通信设备状况等各种数据，进行监视和控制，分析、评估性能和服务水平。其主要任务是实行性能监视（包括业务量状态监视和性能监视）、性能控制（主要是业务量控制和管理，如网管数据库的建立与更新等）和性能分析。当网络没有产生故障，或没有产生能让故障管理进行处理的故障时，由于种种原因导致网络质量或服务质量下降，就要使用性能管理。

性能管理主要具有以下功能。

（1）性能数据采集：性能数据的采集为性能的分析提供依据，由网元中的代理对性能参数进行数据采集，管理者定时向网元中的代理发采集性能的命令。

（2）性能门限的设置：管理者可以设置网元设备的各项性能参数门限值，一旦设定的性能参数门限被突破，网元中的代理将自动产生超门限事件报告给管理者。管理者收到后在用户界面上进行表示。

（3）性能数据屏蔽：管理者可以设置对网元的某些性能参数不检测。

（4）性能数据统计分析：用户能根据组合条件对性能数据进行统计分析。统计结果以报表、直方图等多种形式表示。

2．故障（或维护）管理

故障管理负责对设备以及子网运行中的故障进行检测，并给出告警指示。故障管理要能对传输系统进行故障诊断、故障定位、故障隔离、故障校正以及路径测试。故障管理的过程是：检测故障信号—收集故障信号—识别故障信号—故障定位—告警。采取的步骤如下。

（1）网元设备将告警信息传送到工作站（WS）或工作站分析得出了某网元发生了故障。

（2）记录告警信息，写入数据库，记录的内容包括告警时间、来源、属性及告警等级等，其中有的内容可在以后步骤完成。

（3）识别告警，对告警进行过滤，确认告警的来源及属性等，同时做出相应的操作并进行记录。

（4）判断告警类型及严重等级，并给出可闻、可视告警指示。

告警级别可分为如下 5 级：

① 紧急告警：是指使业务中断并需要立即进行故障检修的告警；

② 主要告警：指影响业务并需要立即进行故障检修的告警；

③ 次要告警：指不影响现有业务，但需要进行故障检修以防止恶化的告警；

④ 警告告警：指不影响现有业务，但有可能成为影响业务的告警，可视需要进行故障检修；

⑤ 清除。

3．配置管理

配置管理主要实施对 NE 的控制、识别和数据交换，实现对传送网进行增加或撤销 NE、通道、电路等调度功能。实际上配置管理是完成对 NE 的状态进行监视和控制，对 NE 进行配置、检查和测试等功能。它包括如下内容。

（1）网络拓扑管理：创建、删除网元；创建、删除网元间的连接；描述网络拓扑；系统支持自动发现被管设备；自动处理被管设备，即从网络拓扑中移入和移出被管设备。

（2）网元安装配置：设置网元属性；设置各网元中各独立的功能模块；网元安装配置状态报告；单板安装状态配置报告（拔、插板）、单板类型等。

从网络运行的角度，配置管理分为两个阶段：网络（或设备）初次运行的初始配置管理（通常称为网络指配，也称为网络预配置）和网络（或设备）正常运行时的工作配置管理（通常称为配置控制）。但从网络管理的角度，初始配置管理和工作配置管理进行的活动内容都是相同的，不同的仅是配置管理活动的数量和频度。

4．安全管理

安全管理有两层含义：一层含义是对管理对象（即通信网）进行安全管理，保证通信网的安全；另一层含义是网管系统本身的安全管理。

在基于 TMN 的网管系统中，对通信网的安全管理有以下特点。

（1）通信网和网管系统有网络管理接口，网管系统对通信网的管理是通过网络管理接口进行的。

（2）基于 TMN 的网管系统是一个开放的体系结构，各种管理接口也是开放的。

根据以上原因，对通信网的安全管理主要是对管理接口的接入进行管理。对于网管系统本身的安全管理，主要也是保证接入的安全性。因此，在基于 TMN 的网管系统中，要保证任何用户只允许在自己的权限范围内进行管理操作。一切未经授权的人不得进行 TMN 网管系统或分系统的管理操作，否则将发生安全告警。

安全管理的主要内容如下。

（1）用户管理：系统只允许合法的用户对系统进行操作。具体地讲，包括；创建用户、删除用户、查询用户信息、更改用户标识、设定用户有效期、失效提示。

（2）口令管理：对任一用户，都有唯一确定的口令，可以对用户口令进行设置、更改和清除。

（3）操作权限管理：对任一用户，都有确定的操作级别。可以对操作级别进行设置、查询和修改。用户登录时将对用户的操作级别进行验证，并根据权限级别赋予其相应的操作权限。

（4）操作日志管理：系统记录用户所进行的有影响的操作。

5. 账务管理

主要收集网络服务的账目记录和设立计费参数，实现计费与资费管理。

TMN 管理层次、管理功能和管理业务关系如图 4-5 所示。

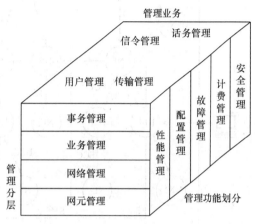

图 4-5　TMN 管理层次、管理功能和管理业务关系

4.1.3　SMN 的组织模型

SMN 和 TMN 一样采用多层分布式管理法。SMN 是 TMN 的子集，负责管理 SDH NE，SMN 又是由若干个 SMS 组成，SMN，SMS 和 TMN 之间的关系如图 4-6 所示。

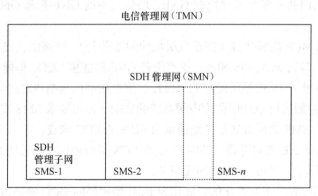

图 4-6　SMN、SMS 和 TMN 之间的关系

一个 SDH 管理子网是以数据通信通路（DCC）为物理层的嵌入控制通路（ECC）互连的若干网元（NE），其中至少应有一个网元具有 Q 接口，并可以通过此接口与上一级管理层互通，这个能与上级互通的网元称为网关（GNE）。图 4-7 所示为 SMN、SMS 和它们在 TMN 范围内的连接情况的一个示例，图中 NNE 表示非 SDH NE，GNE 表示网关，经 Q 接口与 OS 或 MD 相连，SMN

内部各个 NE 经 ECC 互连，局站内也可用本地通信网（LCN）互连。

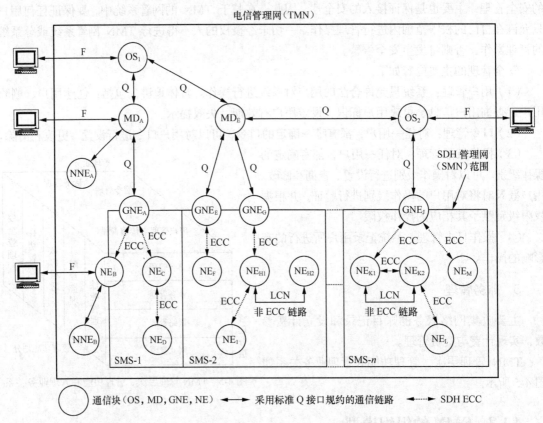

图 4-7　SMN、SMS 和 TMN 具体应用示例

由图 4-7 可知，GNE 与 TMN 各部分的连接可通过一系列的标准接口（Q3、Qx、F）实现，故 SMS 的接入总是利用 GNE 功能块实现。在 SMS 结构上的特点如下。

（1）在同一局站内会有多个可寻址的 GNE，例如图中的 GNE-E 和 GNE-G 就配置在同一局站内。

（2）SDH NE 的 MCF 能够终接（在较低层规约的意义上）、选路由，或用其他方法处理 ECC 上的消息，或经 Q 接口与 MD、OS 相连。要求所有 GNE 都能接 ECC，即能执行 OSI 中称为终端系统的功能。也可要求 SMS 按照已储存的路由控制信息在端口与端口之间安排 ECC 的路由（执行选路由功能），即应能执行 OSI 中称为中间系统的功能。还可要求 SMS 支持 Q 接口和 P 接口。

（3）不同局站的 SMS 之间的通信链路通常由 SDH 的 ECC 构成。

（4）同一局站内的 NE 之间可通过站内 ECC 或 LCN 进行通信。如采用 LCN 作为站内数据通信网时既可为 SMS 服务，又可为 SDH 网元服务。

由于实际的网络配置是千变万化的，故作为 ECC 物理层的 DCC 能通过多种拓扑形式（如总线形、星形、环形或网状形）实现互连。每个 SMS 都必须至少有一个 GNE 可与 OS/MD 相连，以便与 TMN 相通。GNE 能为送至 SMS 中任一终端系统的 ECC 消息提供中间系统网络的选路由功能，还能支持统计复用功能，执行规约转换、消息转换和地址映射等功能。所谓中间系统常为汇接的业务执行选路由的任务。终端系统则仅处理本地业务，因而不具备统计复用功能、选路由功能。

4.1.4　SMN 的结构

SMN 可像 TMN 那样粗分为 3 层进行分层管理，从上至下为网络管理层（NCL）、网元管理层（EML）和网元层（NEL），如图 4-8 所示。

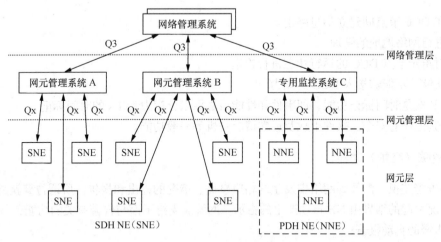

图 4-8　SMN 的分层结构

1．网络管理层

NCL 负责对所辖管理区域进行管理与监控，应具备 TMN 所要求的主要管理应用功能，并要求能同不同厂家的网元管理者通信，包括通过 MD 与 SDH 系统的网元通信。一条数千公里跨越几个省的长途干线光缆通信系统应配置 NCL。

2．网元管理层

EML 应提供配置管理、故障管理、性能管理和安全管理等功能，还可提供一些附加管理软件包以支持计费、维护分析等功能。每个省中心应配置成 EML，长途干线所经过的较大枢纽站也可配置成 EML。

3．网元层

在实现分布式管理的情况下，要求 NE 有相当高的智能。在一些特定的管理区域，某个网元担任网元管理者的主要功能会带来很大的灵活性。NE 应包含配置、故障、性能等基本管理功能，这样网络响应各种事件的速度快，尤其是为保护目的而进行的通路恢复显得更加重要。给 NE 更高的智能，实现分布式管理是网管的发展趋势。长途干线所经过的局站都是 NEL。

4.1.5　SMN 的功能

SMN 是 TMN 的子集，故 SMN 的管理功能和 TMN 的功能是一致的，不过 SMN 有一套起码的管理功能，可按 ITU-T 建议 M.3400 的分类形式进行如下分类。

1．通用功能

（1）主要是 ECC 管理功能。为了 SNE 间进行通信，必须对其通信链路 ECC 进行有效管理。主要的管理功能如下。

① 对网络参数的检索，如数据分组规格、时限、服务质量、窗口规格等的检索要确保能兼容工作。

② 在 DCC 节点间建立消息路由。

③ 进行网络地址的管理。

④ 对给定节点 DCC 的运行状态进行检索。

⑤ 能够、不能够接入 DCC 的能力。

（2）其次是时间标记功能，即事件和性能报告标以分辨力为 1 s 的时间标记。

（3）其他还有安全、软件下载及远端请求联机等一般功能。

2．故障（维护）功能

（1）告警监视。涉及到网络中发生的相应事件、情况的检出和报告。所谓告警就是作为某一事件、情况引起的结果由 NE 自动产生的指示。网管应支持下面与告警有关的功能；

① 告警的自动报告；

② 请求报告所有告警；

③ 所有告警报告；

④ 允许或禁止自动告警报告；

⑤ 对所要求的告警报告的允许或禁止状态的报告。

表 4-1 所示为 SDH 告警指示。

表 4-1　　　　　　　　　　　　　　　　SDH 告警指示

事件/状态	PPI/LPA	SPI	RS	MS	通道		同步设备定时源（SETS）/其他
					HVC	LVC	
发送故障（TF）	R	R					
信号丢失（LOS）	R	R					
帧丢失（LOF）	R		R				
指针丢失（LOP）				R	R	R	
远端接收失效（FERF）				R	R	R	
信号劣化（SD）				R			
追踪识别符失配（TIM）			O	O	O		
信号标记失配（SLM）					O	O	
复帧丢失（LOM）					R	O	
告警指示（AIS）				R	R	R	
比特误码率（BER）				O			
定时输入丢失（LTI）							R
支路丢失（LOT）							R
保护转换（PS）				R			

（2）告警历史管理。告警历史指涉及告警的记录。通常将告警历史数据保存在 NE 的寄存器内，每个寄存器包含有告警消息的所有参数，并应能周期地读出或按请求读出。当寄存器填满后，操作系统应能决定是停止记录、删去部分记录、还是清零。

3. 性能管理

（1）性能数据采集。性能数据采集是指涉及 ITU—T 建议 G.826 中所规定的有关误码性能参数的事件数的采集及应用的采集。应用表 4-2 中的性能原语获得性能事件。表 4-3 给出了性能事件。

表 4-2　　　　　　　　　　　　　　　SDH 性能原语

损 害 类 型	性 能 原 语	RS	MS	通　　道	
				HVC	LVC
奇偶检验	误码组（EP）	A	R	R	R
违例（BIP）	缺陷（Defect）	R	R	R	R

A：特定应用（如无中继设备时将不要求）

有些应用场合可能还需要 FEBE。

表 4-3　　　　　　　　　　　　　　　性能事件

性 能 原 语	性 能 事 件	RS	MS	通　　道	
				HVC	LVC
EB	背景误码组（BEE）	A	R	A	A
EB.Defect	误码秒（ES）	A	R	A	A
	严重误码秒（SES）	O	R	A	A

（2）性能监视历史。性能监视历史数据可进行故障的区段定位和分析传输系统的近期性能。对于每个性能监视实体的每个性能参数，网元提供两种寄存器。15 min 寄存器：积累 15 分钟内性能事件数据；24 h 寄存器：积累 24 小时内性能事件数据。每一种寄存器又可分如下。

① 当前寄存器：当前 15 min 寄存器或当前 24 h 寄存器（均为一个）用来在当前监视周期内累计性能数据，它在监视周期内是变化的。

② 历史寄存器：历史 15 min 寄存器或历史 24 h 寄存器是个先进先出的队列，若历史寄存器已满则覆盖存储了最早的历史数据的寄存器。

（3）门限设置。在 NE 中可通过 OS 为各种性能事件设置门限值，OS 应能检索和改变这些门限。门限未突破时不必报告，以减轻 OS 的负担，一旦突破，NE 将自动产生门限突破通知、报告给 OS。表 4-4 所示为门限的最大值。

表 4-4　　　　　　　　　　　　　　　性能事件门限值

窗　　口	性能事件（应可编辑）	门　限　值
15 分钟	ES 和 SES 事件	900
	VC-12 到 VC-4 通道	BBE 为 $2^{16}-1$
	VC-4-n_4 通道（$n \leqslant 16$）和 STM-N（$N \leqslant 16$）	BBE 为 $2^{24}-1$
24 小时		

（4）性能数据报告。OS 可以将存放在 NE 中的性能数据收集起来进行分析，对启动合适的维护行动和故障报告都很有用。只要 OS 需要，性能数据就能经 OS/NE 接口报告。数据收集可周期

性地进行以支持趋势分析，以预测未来可能发生的失效或劣化。当 OS 要求时，指定端口的性能数据能周期上报。一旦性能事件门限突破，可通过 NE/OS 接口自动报告给 OS。

（5）不可用时间内的性能监视。在不可用时间内，性能事件计数应该禁止。不可用事件的起始和结束必须有时间标记并保存在 NE 的寄存器中。要求寄存器在一天至少能存 6 个不可用时间段，还应至少被 OS 读取一次。

（6）附加监视事件。附加监视事件有帧失步秒（OFS）、保护转换计数（PSC）、保护转换时间（PSD）、不可用秒（UAS）、连续严重误码秒计数（CSES）和指针调整事件（PJE）。它们都是任选项，视实际需要而定。

4．配置管理

按照 TMN 功能，配置管理主要实施对 NE 的控制、识别和数据交换，实现对 NE 的调度功能以及 NE 状态和控制功能。其中一个重要的手段是实施保护转换，以控制、保护线路传输的业务不中断。

5．安全管理

同 TMN 一样，安全管理涉及注册、口令和安全等级等方面。防止未经许可与 SNE 通信，保证安全地接入 SNE 的数据库。

SMN 管理目标之一是实现横向、纵向兼容性，其实质是对面向目标的网络信息模型进行管理，而管理的实现又取决于管理信息的传送。如何有效、快速、可靠地传送管理信息则依赖于各种接口功能（包括规约、规约栈）的实现。在 SMN 中需要开发符合 ITU-T 的建议的规约栈有 4 种：NE 之间通信用的 ECC 规约栈；NE 与 WS 之间的 F 接口；GNE 与 OS 之间的 Q3 接口；NE 与 MD 之间的 Qx 接口。

SMN 的主要操作运行接口有：网络管理接口（Q 接口）、工作站接口（F 接口）和本地终端接口（f 接口）。

（1）Q 接口。SMN 的 SMS 将通过 Q 接口与 TMN 相连并通信，所用 Q 接口应符合 ITU-T 建议 Q.811 和 Q.812 中相关规约栈的规范。

（2）F 接口。F 接口是提供网元与工作站 WS 连接的物理接口。

（3）f 接口。f 接口是与本地终端连接的物理接口，对本地维护终端提供设备的本地维护能力，其管理能力符合有关网元的管理功能，运营者可根据自己的需要，决定本地维护终端（LCT）是否具有远端接入功能。

4.2 时钟同步网

随着现代通信网在我国的迅速发展和新技术、新业务的大量采用，通信网中 SDH 传输设备、数字交换设备（TS、LS）、七号信令系统（SS7）、综合业务数字网（ISDN）、会议电视系统（MCU）等通信设备都在时钟同步方面提出了要求。设备是否能被同步及同步信号的质量如何，将直接影响通信业务的质量。

同步是指通信网中运行的所有数字设备的时钟在频率或相位上保持某种严格的特定关系。就是它们相对应的有效瞬间以同一平均速率出现，但允许有一定的预先确定的容差范围。

模拟通信网的同步是传输系统中两端载波机间的载波频率的同步，其目的是为了保证在音频通路中端到端的频差不超过 2 Hz，从而满足模拟网中传输各类业务的要求。

数字通信网中传递的是对信息进行编码后得到的 PCM 离散脉冲，若两个数字交换设备之间的时钟频率不一致，或者由于数字比特流在传输中经受损伤，叠加了相位漂移和抖动，就会在数字交换系统的缓冲存储器中产生码元的丢失或重复，导致在传输的比特流中出现滑动损伤。

滑动的产生是由于设备输入信号的速率由对端决定，在其进入数字交换网络之前需转换为本地交换设备的时钟速率，称为"再定时"，通过缓冲存储器来实现。从输入信号中提取时钟作为缓冲存储器的写时钟，以此时钟速率将数字信号写入缓冲存储器中，然后用接收设备的时钟（本地时钟）作为读时钟从缓冲器中将数据读出，这样就将输入信号的速率转换为本地时钟的速率。当写时钟和读时钟的频率不一致时，会导致缓冲存储器的上溢或下溢，造成重读或漏读一组比特，这种现象称为"滑动"。为了降低滑码率，减少滑动损伤对各种业务的影响，使到达网内各交换节点的数字码流都能实现有效的交换和传输，就要有效地控制滑动，使网内各数字设备使用某个共同的基准时钟频率，即实现时钟间的同步。因此，数字通信网的同步是网内各数字设备内时钟间的同步。

同步不良在 PDH 网中会造成滑动，而在 SDH 网中，同步不良并不会导致滑动。因为在 SDH 网中，净荷是异步传输的，发端与收端的速率不同会造成指针调整。但是，指针调整会使输出信号产生抖动和漂移，过大的抖动会造成失帧（丢失帧同步），过大的漂移会造成终端设备数字码的滑动。在 SDH 网中，同步的目的是限制和减少网元指针调整的次数。

4.2.1　时钟同步网的同步方式

数字通信的网同步是由时钟同步网络来实现的，数字时钟同步网是电信网络的一个支撑网，它支撑各种业务网（包括公用电话交换网、数据交换网等）同步，同样也支撑 SDH 传输网的同步。时钟同步网络是指能够提供参考定时信号的网络。一个同步网络的结构包括了由同步链路所连接的同步网络节点，而同步网络节点是指在某个直接被节点时钟定时的单一物理位置中的一组设备。

基本的同步控制方法主要有如下 4 种。

1. 准同步方式

准同步方式是指在网内各个节点上，都设立高精度的独立时钟，这些时钟具有统一的标称频率和频率容差，各时钟独立运行，互不控制。虽然各个时钟的频率不可能绝对相等，但由于频率精度足够高，产生的滑动可以满足指标要求。

准同步方式的优点是简单、灵活，缺点是对时钟性能要求高，成本高，存在周期性的滑动。采用这种同步方式的数字网称为准同步网。

2. 主从同步方法

主从同步方式是指在网内设置基准时钟和若干从时钟，以主基准时钟控制从时钟的信号频率。主从同步方式又分为直接主从同步方式和等级主从同步方式，在等级主从同步网中，定时信号从基准时钟向下级从时钟逐级传送，各从时钟直接从其上级时钟获取同步信号。同步信号可以从传送业务的数字信号中提取，也可以使用专用链路传送定时信号。从时钟使用锁相技术将输出信号的相位锁定到输入信号的相位上，正常锁定时，其输出信号只有与基准信号相同的精度。如图 4-9 所示。

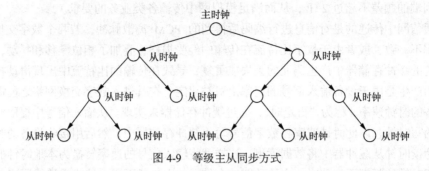

图 4-9 等级主从同步方式

主从同步的优点是，正常情况下不存在周期性滑动，且对从时钟性能要求低，建网费用低。其缺点是传输链路的不可靠会影响时钟传送，同时存在产生定时环路的可能。

在主从方式的同步网中，从时钟的主要功能就是将本地时钟的相位与主时钟锁定，以保证系统的同步。在实际运行过程中，根据从时钟电路所处的工作状态不同，可将其分为正常、保持和自由运行 3 种工作模式。

（1）正常工作模式。正常工作模式又称为跟踪模式或锁定模式。此时，从时钟的振荡频率与同步链路送来的基准时钟信号处于锁定状态，使从时钟与外来基准时钟保持同步。这种工作模式属于正常业务条件下的工作方式。

（2）保持工作模式。当从时钟所同步的时钟链路都出现故障时，定时基准时钟丢失，从时钟进入保持模式。此时从时钟利用定时基准时钟信号丢失之前所存储的频率信息作为其定时的基准而工作。从时钟一般采用高稳定性的石英晶体时钟，其振荡频率慢慢会有一些偏移，与当前的基准时钟不完全相同，在 SDH 中会造成指针调整事件发生，但仍能正常工作一段时间，有时长达数天。

（3）自由运行模式。从时钟不仅丢失所有外部基准时钟，而且也失去基准定时记忆或根本没有保持模式，这时从时钟只能采用内部振荡器工作于自由振荡方式，这种工作方式称为自由运行模式。在电信网中，正常运行的设备不工作于此状态，而在设备的安装或调测过程中，才工作于此状态；同步网络出现故障时，网内设备也会暂时工作于此状态。对于 SDH 网络，如果通过指针调整能正常工作时，不列入故障状态。

目前同步网络中普遍使用的时钟类型主要有 3 种：铯原子钟、石英晶体振荡器、铷原子钟。

（1）铯原子钟。铯原子钟利用铯原子的能量跃迁现象构成的谐振器来稳定石英晶体振荡器的频率。这是一种长期频率稳定度和精确度很高的时钟，其长期频偏优于 1×10^{-11}，可以作为全网同步的最高等级的基准主时钟。无故障工作时间约 5～8 年。

（2）铷原子钟。铷原子钟的稳定度和精确度介于上述两种时钟之间，价格也适中。频率可调范围大于铯原子钟，长期稳定度低一个量级左右，寿命约 10 年。铷原子钟适于作某个同步区的基准时钟。

（3）石英晶体振荡器。石英晶体振荡器造价低廉，可靠性高，寿命长，频率稳定性范围很宽。其缺点是长期频率稳定度不好，一般高稳定度的石英晶体振荡器可以作为长途交换局和端局的从时钟。

3. 互同步方式

互同步方式是指网内不存在主基准时钟，每个时钟接受其他节点时钟送来的定时信号，将自身频率锁定在所有接收到的定时信号频率的加权平均值上，各时钟相互作用。当网络参数选择合适时，全网的时钟就将趋于一个稳定的系统频率，实现网内时钟同步。如图 4-10 所示。

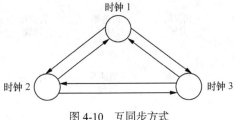

图 4-10　互同步方式

互同步方式的优点是具有较高的可靠性，且对时钟性能要求不高。但其稳定频率取决于网络参数，难以事先确定，且整个网络是一个复杂的反馈系统，网络参数的变化容易引起系统性能变化甚至进入不稳定状态。

4. 混合同步方式

主从同步方式当定时相互传送距离很长时，因传输链路和外界干扰引起的信号质量劣化和可靠性降低使得网络性能降低。混合同步方式将全网划分为若干个同步区，在区内设置主基准时钟，各同步节点配置从时钟，同步区内为主从同步网，同步区间为准同步方式。这样可以减少时钟级数，缩短定时信号传送距离，改善同步网性能。当同步区主基准时钟精度较高时，区间链路的周期性滑动很少，满足指标要求。

根据《数字同步网的规划方法与组织原则》规定，现阶段我国数字同步网采用混合同步方式，全网包括多个基准时钟，各基准时钟之间为准同步，每个基准时钟控制的同步区内为等级主从同步，对网络内各节点划分等级，节点之间是主从关系，只允许较高等级的节点向较低等级或同等级的节点传送定时基准信号。

4.2.2　时钟同步网结构

1. 同步网的构成

为了满足各种通信设备对时钟同步的要求，从 1993 年开始，我国开始了数字时钟同步网的建设，到目前已基本建成了全国数字同步骨干网和各省的省内数字同步网。

数字同步网是既依附数字业务网（主要是数字传输网），又与通信业务网相对独立，它是用来为通信设备提供定时信号的专门系统。数字同步网由基准时钟、同步信号单元 SSU、传输链路及网管监控系统 4 个基本部分组成。

数字同步网的基本功能是准确地将同步信息从基准时钟向同步网的各下级或同级节点传递，从而建立并保持全网同步。原有同步网是建立在 PDH 环境下，在同步网的节点上采用大楼综合时钟供给设备（BITS）或同步供给单元（SSU），在节点间通过 PDH 传递定时，近年由于 SDH 网络的成熟和稳定，PDH 已经退网，时钟信号已转为由 SDH 网络传递，为保证传送时钟的稳定，不受指针调整影响，要求采用 STM-N 线路信号传递时钟。我国数字同步网分为 3 级，采用等级主从同步方式。数字同步网的构成如图 4-11 所示。同步供给单元（SSU）是数字同步网的节点从时钟，具有频率基准选择、处理和定时分配的功能。SSU 跟踪上游时钟，滤除传输损伤，重新产生高质量的定时信号。同步供给单元可以是独立型同步设备（SASE），如大楼综合定时系统（BITS），也可以是依附于其他相关设备的一种功能单元，这些相关设备包括数字程控交换设备和 SDH 交叉连接设备 DXC，或分插复用设备 ADM 等。

但在实际工程建设中，由于采用了 GPS 技术，使原有的二级 A 类时钟升级为区域基准时钟

（LPR）。实际的同步网络结构如图 4-12 所示。

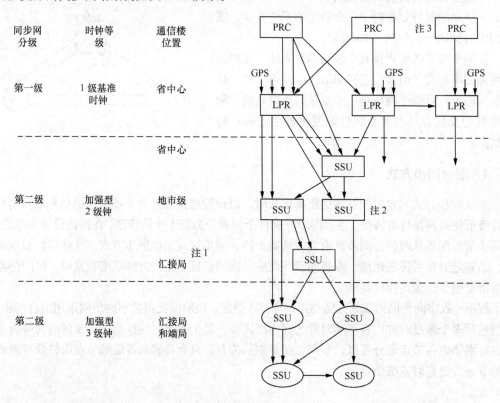

注1：汇接长途话务量大而且具有多种业务要求的重要汇接局。
注2：同步供给单元 SSU 具有频率基准选择、处理和分配的逻辑功能。
注3：PRC 设置的数量应至少为 3 个。

图 4-11　数字同步网的构成示意图

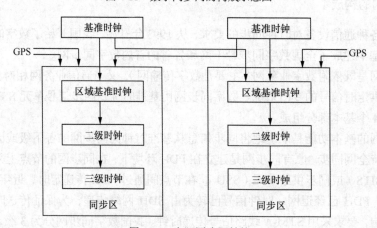

图 4-12　实际同步网结构

由于我国地域广阔，又是多电信运营商经营，如果采用全同步网，则在定时基准信号的传递、维护和管理等方面都存在不便。为了便于规划、维护管理及提高同步性能和可靠性，按地域将同步网划分为若干个同步区，同步区是同步网的最大子网，可以作为一个独立的实体对待。LPR 可以接收与其相邻的另一个同步区的 LPR 的同步，一个同步区内的某些时钟可以接收与其相邻的另一同步区提供的基准作为备用。

2．同步网的时钟等级

数字同步网时钟可分为 3 级，各级节点的时钟等级和设置位置如表 4-5 所示。

表 4-5　　　　　　　　　　　　　　同步网的时钟等级和设置

同步网分级	时 钟 等 级	时 钟 标 准	设 置 位 置
第一级	1 级基准时钟	G.811 标准	设置在各省、自治区和直辖市的各长途通信楼
第二级	加强型 2 级时钟	G.812 Ⅱ型标准	设置在地市级长途通信楼和汇接长途话务量大且具有多种业务要求的重要汇接局
第三级	加强型 3 级时钟	G.812 Ⅲ型标准	设置在本地网内的汇接局和端局

（1）一级节点的时钟。一级节点设置 1 级基准时钟。同步网内使用的 1 级基准时钟如下。

① 全国基准时钟（PRC）。它是由铯原子钟组成或铯原子钟与全球定位系统 GPS（或其他卫星定位系统）构成。它产生的定时基准信号通过定时基准传输链路送到各省、自治区、直辖市（以下简称省中心）。

② 区域基准时钟（LPR）。它是由同步供给单元和全球定位系统 GPS（或其他卫星定位系统）构成。其同步供给单元既能接收 GPS 的同步，也能接收 PRC 的同步。原则上，每个同步区应有一个 LPR，并为加强可靠性，有条件时可以设置主、备用两个 LPR，且两者之间应有一定距离（至少应相距 50 km）。

数字同步网以 PRC 产生的定时基准信号经由定时基准传输链路送到各省作为根本的保证手段。对于来自 GPS 的定时基准信号优先利用，但不能仅依靠它。考虑有时由 PRC 到各同步区的定时基准传输链路较长，定时基准信号传输质量较差等情况。各区域基准时钟可以首先同步于 GPS 定时信号。在 GPS 信号不可用时，则同步于来自 PRC 的定时基准信号，以 PRC 作为同步网定时基准的根本保证。

（2）二级节点的时钟。二级节点设置 2 级节点时钟。各省中心的长途通信楼内应设置 2 级节点时钟，在地、市级长途通信楼和汇接长途话务量大的、重要的汇接局（例如，有图像业务、高速数据业务七号信令转发点等）亦应设置 2 级节点时钟。

（3）三级节点的时钟。三级节点设置 3 级节点时钟。在本地网内，除采用 2 级节点时钟的汇接局以外，其他汇接局应设置 3 级节点时钟。在端局根据需要，如有高速数据业务、SDH 设备等时应设 3 级节点时钟。

4.2.3　SDH 网同步方式

SDH 网的同步方式和数字同步网的同步方式、运行状态以及工作环境有关。可以有 4 种同步方式，即同步方式、伪同步方式、准同步方式和异步方式。SDH 网的传输性能也因不同的同步方式而受到影响。

1．同步方式

网络中的所有时钟都能跟踪到唯一的基准时钟（PRC）。在这种运行方式中，SDH 指针调整只是由同步分配过程中不可避免的噪声引起的，呈随机性。该方式是数字同步网的正常工作方式。

2．伪同步方式

当网络中有两个以上都遵守 G.811 建议要求的基准时钟（PRC）时，网络中的从时钟可能跟踪于不同的基准时钟（PRC），形成几个不同的同步网。由于各个基准时钟的频率之间会有一些微小的差异，因而在不同同步区边界的网元会出现频率或相位差异，从而引起指针调整。这是国际网络之间或分布式同步网中多个基准时钟控制的全同步网之间或不同的经营者网络之间的正常运行方式。如目前我国数字同步网采用跟踪卫星传送频率标准的多个主时钟作为地区性的基准时钟，因而不同同步区之间类似于伪同步方式。

3. 准同步方式

当网络中有 1 个节点或多个节点时钟的同步路径和替代路径都不能使用时，节点时钟将进入保持模式或自由运行模式。如果丢失同步的网络节点是执行异步映射功能的 SDH 输入网关，该节点时钟频率偏差和频率漂移将会导致整个 SDH 网络持续地进行指针调整；如果丢失同步的网络节点是 SDH 网络连接的最后一个网元，或者是倒数第 2 个网元，而最后一个网元处于被控制状态（例如包含一个环路定时复用器），则 SDH 网络仍将发生指针调整；如果丢失同步的是中间网元，只要输入网关仍然处于与 PRC 保持同步状态，中间网元的指针移动将被该连接中下一个仍处于同步状态的网元校正，从而在最后的输出网关不会产生净指针移动。

4. 异步方式

当网络节点时钟出现大的频率偏差时，则网络工作于异步方式。如果节点时钟频率准确度低于 G.813 建议的 SEC 要求时，SDH 网络不再维持正常业务，而将发送 AIS 告警。

4.2.4 定时基准的传递

定时基准的分配结构按网络应用场合分为局内定时分配和局间定时传递两类。

1. 局内定时分配

当局内设有相当于 G.812 级别时钟，例如大楼综合定时供给系统（BITS），并以此时钟为局内最高质量时钟时，局内定时分配采用星形拓扑结构，如图 4-13 所示。

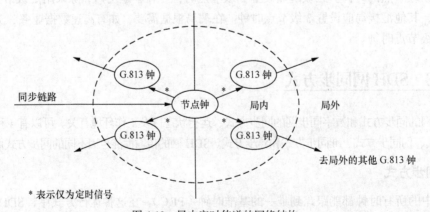

图 4-13　局内定时传递的网络结构

即局内所有较低级网络单元时钟都直接从该局内最高质量的时钟获取定时，局内只有该最高质量的时钟是从来自局外节点的同步分配链路中提取的定时，并能直接或间接接收基准时钟同步。局内定时分配的网络结构如图 4-14 所示。其中，SSU 跟踪上游时钟，滤除传输损伤，重新产生高质量的定时信号，通过 2 Mbit/s 或 2 MHz 专线同步局内设备，例如交换机、数字交叉连接设备和复用设备等，使得局内设备接收数字同步网定时。

图 4-14　局内定时分配的网络结构

2. 局间定时传递

局间定时传递采用树形拓扑结构，各级时钟间关系如图 4-15 所示。为使这种结构的同步网能正确运行，低等级的时钟只能接收更高等级（或同一等级）时钟的定时信号，并避免形成定时环路。为确保各级时钟间的这种关系，设计同步分配网络时，应考虑到即使在故障情况下只有真正的较高等级基准信号才能送到较低等级时钟上。

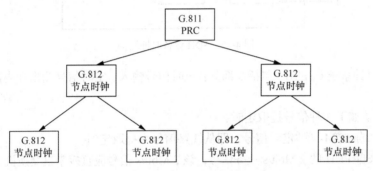

图 4-15　局间定时传递的网络结构

上级时钟通过定时链路将定时信息传递给下游时钟。在 PDH 环境下，现在采用的定时链路主要有如下两种。

（1）2 Mbit/s 业务定时链路。来自 SSU 的定时信息通过交换机送至传输系统，随业务信息一起传递给下游时钟，下游时钟通过跨接方式提取定时信号。

（2）2 Mbit/s 专线定时链路。SSU 的定时信息送至传输系统，通过不带业务的 2 Mbit/s 专线传递给下游时钟，下游时钟采用终结方式提取时钟信号。

在 SDH 环境下，定时信号通过 STM-N 线路信号传递，SDH 设备网元时钟（SEC）成为同步网的组成部分。为防止 TU 指针调整引起的抖动和漂移影响时钟的性能，一般不能用在 TU 内传送的基群信号（2 048 kbit/s）作局间同步分配定时信号，而应直接采用 STM-N 信号传送的定时信息作为定时信号。

4.2.5　SDH 设备定时工作方式

1. SDH 设备时钟性能要求

SDH 网元既包含 DXC 和 ADM 这样复杂的设备，又包含光终端和再生器这样比较简单的设备。这些网元在 SDH 网中的地位是不一样的，因而其对时钟的要求也是不同的。

（1）线路复用设备。线路复用设备包括终端复用器（TM）和分插复用器（ADM）。其时钟性能应符合建议 G.813。其最低频率准确度为±4.6 ppm。

（2）线路再生设备。线路再生器一般不作为网元考虑，对其定时要求较低，只要求内部定时源的最低频率准确度为±20 ppm。

（3）数字交叉连接设备（DXC）。DXC 主要处于业务量高度集中的通信楼内，并担负着网络的保护/恢复功能，因此其时钟要求比较严格，一般配备 G.812 标准的 2 级或 3 级时钟，也可配备 G.813 时钟。

2．SDH 设备时钟结构和功能

SDH 设备时钟（SETS）结构如图 4-16 所示。

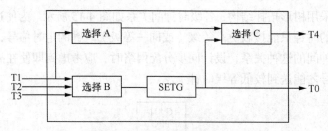

图 4-16　SDH 设备时钟结构

SDH 设备时钟系统（SETS）包括 3 部分：定时信号输入、定时信号输出和内部定时信号发生器（SETG）。

SETS 可以从如下 3 种信号提取定时：

（1）T1：来自 STM-N 的定时信号，即从线路信号中提取定时。

（2）T2：来自 PDH 的 2 Mbit/s 业务信号，该 2 Mbit/s 信号应直接来自交换机，即未经过 SDH 传输的 PDH 信号。

（3）T3：来自外同步基准信号，即直接来自外部时钟源的信号，包括 2 Mbit/s 和 2 MHz 信号。

定时信号输出包括：

（1）T4：外时钟输出口，为其它设备提供定时。包括 2 Mbit/s（应具备 SSM 功能）和 2 MHz 信号；

（2）T0：为本设备各功能块提供定时，并可以将定时信息承载在 STM-N 信号上，传递给下游。

其中，外时钟输出口（T4）可以有以下 3 种工作方式：

（1）直接从线路信号（STM-N）中提取定时，不经过内部时钟。从 T1 口直接提取定时信号，经选择开关 A 和 C 直接送至 T4 口；

（2）选择开关 B 从 T1、T2、T3 口提取定时，去锁定内部时钟源（SETG），产生定时信号，再经选择开关 C 送至外时钟输出口 T4；

（3）当 T1、T2、T3 均丢失时，利用 SETG 自由振荡产生的时钟信号工作，一般在设备安装或调试时多用这种方式。

3．定时接口要求

在 SDH 网中传送定时要通过下列接口：

（1）STM-N 接口；

（2）2 048 kbit/s 接口；

（3）2 048 kHz 接口。

在 SDH 网元之间采用 STM-N 接口；在 SSU 和 SDH 网元之间采用 2 Mbit/s 或 2 MHz 接口，首选 2 Mbit/s 接口。

4．SDH 设备时钟工作方式

在 SDH 网中，根据 SDH 设备在网中的不同应用配置，SETS 可以有下述 6 种不同的定时工作方式。这些工作方式根据需要可以自动或人工地转换。

（1）直接锁定的外定时方式

直接锁定的外定时方式如图 4-17 所示，SETS 直接接收 SSU 提供的定时。

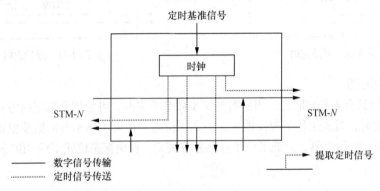

图 4-17　外同步定时方式

即图 4-16 中的选择开关 B 直接指向 T3，从外时钟信号中提取定时，向各个方向传送。通常处于定时链路开始的 SDH 网关设备采用这种定时方式。

（2）从 STM-N 导出的外定时方式

随着 SDH 网的发展 STM-N 定时源接口的类型将逐渐增多，从而有条件采用这种接口输入。首先 SETS 从 STM-N 信号中提取定时，通过外同步输出口 T4 去同步 SSU，SSU 过滤掉抖动和漂移等损伤，再通过外时钟输入口 T3 去驱动 SETG，产生时钟信号，送至内部时钟口 T0，向各个方向发送。在定时链路中间设置的 SSU 就是采用这种定时方式，如图 4-18 所示。

（3）线路定时

从承载业务的某个 STM-N 的线路信号中提取定时，SDH 设备所有输出的 STM-N 和 STM-M 信号的发送时钟都将同步于从该 STM-N 信号中提取的定时信号，如图 4-19 所示。

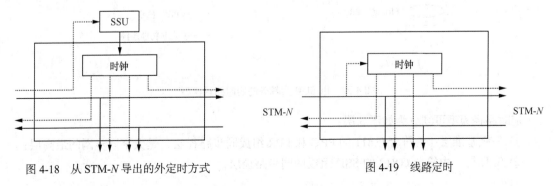

图 4-18　从 STM-N 导出的外定时方式　　　　图 4-19　线路定时

（4）环路定时

这是线路定时的一个特例，如图 4-20 所示。SDH 设备输出的 STM-*N* 信号的发送时钟从相应的 STM-*N* 接收信号中提取。本方式只适用于终端复用器（TM）。

（5）通过定时

SDH 设备输出的 STM-*N* 信号的发送钟从同方向终结的 STM-*N* 输入信号中提取，即每个传递出去的 STM-*N* 中提取定时，如图 4-21 所示。再生器只能使用这种方式，ADM 可以使用这种方式。一般情况，当 ADM 中无 SSM 时，采用这种方式。当 ADM 中有 SSM 时，不采用这种方式。

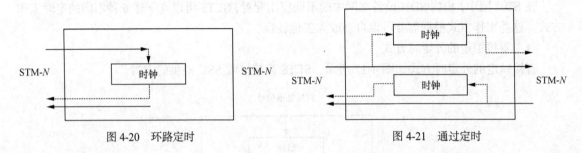

图 4-20　环路定时　　　　　　　　图 4-21　通过定时

（6）内部定时源

SDH 设备都具有内部定时源，当所有外同步源都丢失时，可使用内部定时方式。当内部定时源具有保持功能时，首先工作于保持模式，失去保持后，还可工作于自由振荡模式。当内部定时源无保持功能时，如再生器，只能工作于自由振荡模式。自由振荡模式下的 SEC 输出频率准确度应优于 4.6×10^{-6}。

5．SDH 网传送定时的方法

（1）SDH 定时路径模型

SDH 定时路径由 SDH 设备时钟（SEC）和数字同步网节点时钟（SSU）组成。由于 SDH 定时路径结构非常复杂，因此引入定时路径模型的概念，如图 4-22 所示。

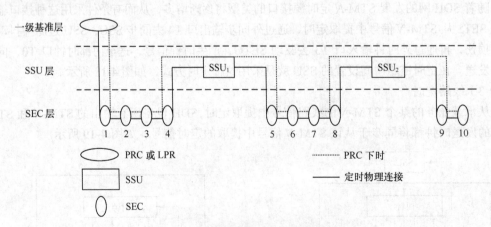

图 4-22　以 SDH 为基础的定时路径模型

定时路径模型可划分为如下 3 层：

① 一级基准层：由符合 G.811 的 PRC 和 LPR 组成同步路径层，是数字同步网的最高层；

② SSU 层：由符合 G.812 的 SSU 组成的同步路径层；

③ SDH 时钟层：由符合 G.813 的 SDH 时钟组成的同步路径层。

自 PRC（或 LPR）来的定时信号，经过定时分配路径传递到各 SEC 时钟，SEC 将定时承载到 STM-N 上，再传递给下游 SEC 或 SSU。

同步状态信息（SSM）随同步信号传递下去，SEC 和 SSU 读取 SSM 值，对本节点时钟进行操作，并将新的 SSM 传递下去。

正常情况下，定时路径上所有 SEC 和 SSU 都跟踪至 PRC（或 LPR）。

（2）定时路径结构和定时传递方法

根据定时所依赖的物理网，可将定时路径分为下列 3 种：

① 经过 PDH 网的定时路径；

② 经过 SDH 网的定时路径；

③ 经过 PDH 和 SDH 的混合定时路径。

根据我国 SDH 网结构和同步网结构，主要规定经 SDH 线形网和 SDH 环状网提供的基本定时路径的定时传递方法，其他的网络结构所提供的定时链路可以看作是基本定时链路的组合。因此，典型的定时路径可分为经过线形网和经过环状网的情况。

① 经过链状网的定时路径结构和定时传递方法。链状网定时路径由 SDH 设备时钟（SETS）和 SSU 串接组成，如图 4-23 所示。

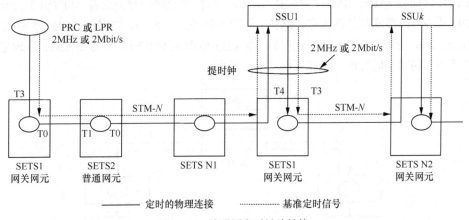

图 4-23 线形网定时链路结构

在 SETS 间由业务线相连，传送 STM-N 信号；在 SSU 和 SETS 间由专线相连，传送 2 Mbit/s 信号或 2 MHz 信号。由 PRC 至 LPR 间的定时传递就采用这种结构。SDH 网为线形网时，由 LPR 至 SSU 的定时传递也采用这种结构。由上图可见，定时路径始端的网关网元采用直接锁定的外定时方式，SETS 通过 2 Mbit/s 或 2 MHz 专线（首选 2 Mbit/s）直接接收 PRC（或 LPR）定时。

定时路径中间的网关网元采用从 STM-N 导出的外定时方式。SETS 从 STM-N 中提取定时，通过外时钟输出口（T4）送给 SSU，SSU 过滤掉链路上积累的损伤（主要为抖动和漂移），重新产生高质量时钟送给 SETS 外时钟输入口（T3），继续向下传递。定时基准传输链的长度受一定限制，链路越长对定时的损伤就越大。

定时路径末端的网关网元采用从 STM-N 导出的定时方式，并将定时信号传送给 LPR（或 SSU）。定时路径中间的一般网元根据需要和 SDH 设备类型，分别采用线路定时方式或通过定时方式，首选线路定时方式。在定时路径中必须采用 STM-N 传递定时，不得采用支路信号传递定时。

经过链状网的定时传递是线形网定时传递的一个特例，如图 4-24 所示。与定时路径相连的同步网设备（SSU）只从路径上提取定时，不再将定时反馈给定时路径。此时，定时路径中间的网关网元采用线路定时方式。

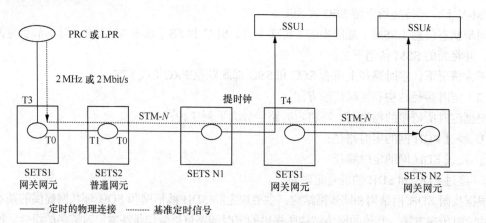

图 4-24　链状网定时链路结构

② 经过环形网的定时路径结构和定时传递方法。定时路径经过环形网时，在定时信号进入和离开 SDH 环网处都配有 SSU。在定时进入 SDH 环处配有 SSU1，形成网关设备 SETS1；在定时离开 SDH 环处配有 SSUk，形成网关设备 SETSn。以接收定时的网关设备（SETS1）为起点，在一个 SDH 环中可以形成两条链状定时路径。如图 4-25 所示。图中，顺时针方向经过 SDH 时钟至网关网元 SETSn，形成定时路径 1。逆时针方向经过 SDH 时钟至网关网元 SETSn，形成定时路径 2。这两条地理路径不同的定时路径可以互为主备用。

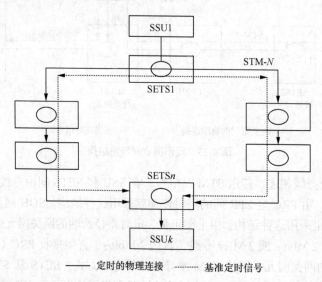

图 4-25　经环状网的定时链路结构

经过 SDH 环实际形成两条线形定时路径。网关网元 SETS1 采用直接锁定的外定时方式，通过 STM-N 分别向定时路径 1 和定时路径 2 传送定时。网关网元 SETSn 采用线路定时方式，正常情况下采用定时路径 1 的定时为主用，定时路径 2 的定时为备用。当定时路径 1 故障时切换到定时路径 2。定时路径上的普通网元采用线路定时或通过定时，首选线路定时。

③ 经过线形网和环形网混合连接时的定时路径结构和定时传递方法。定时路径经过线状网和

环状网，中间通过 ADM 和 TM 使两网相连，如图 4-26 所示。这种结构常见于骨干网与省内网相连的情况。

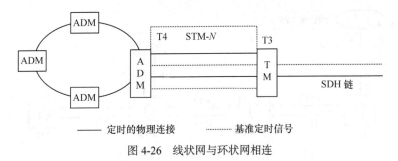

图 4-26　线状网与环状网相连

定时经过环状网和线状网时分别按照各自网络方式传递。在两种网的连接处，ADM 和 TM 间定时传递可以采用下列两种方式：

① 通过 ADM 和 TM 间的业务线传递定时；

② 通过连接 ADM 和 TM 的外时钟输入/输出口传递定时。

当 SDH 系统中有 SSM 功能，且在外时钟输入/输出口也支持 SSM 功能时，首选第 1 种方式。此时，第一个网元 ADM 采用从 STM-N 导出的定时方式。当 SDH 系统中有 SSM 功能，但在外时钟输入/输出口不支持 SSM 功能时，首选第 1 种方式。此时，两个网元都采用线路定时方式。

在实际 SDH 网中常采用背靠背 TM 替代 ADM 功能，如图 4-27 所示。当定时路径经过上述结构的 SDH 网时，两个 TM 间的定时传递方式有如下两种：

① 通过 TM 和 TM 间的业务线传递定时；

② 通过连接 TM 和 TM 的外时钟输入/输出口传递定时。

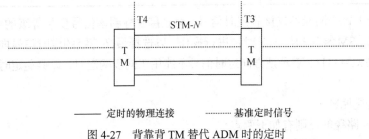

图 4-27　背靠背 TM 替代 ADM 时的定时

当 SDH 系统中有 SSM 功能，且在外时钟输入/输出口也支持 SSM 功能时，首选第 2 种方式。此时，第 1 个 TM 采用从 STM-N 导出的定时方式。当 SDH 系统中有 SSM 功能，但在外时钟输入/输出口不支持 SSM 功能时，首选第 1 种方式。此时，两个 TM 都采用线路定时方式。

（3）SSM 在定时路径上的传递

同步状态信息（SSM）也称为同步质量信息，用于在同步定时传递链路中直接反映同步定时信号的等级。若具有 SSM 功能，则在同步传递链路中的每一个节点时钟都能在接收到从上游节点来的同步定时信号的同时，接收到 SSM 信息。根据这些信息可以判断所收到同步定时信号的质量等级，以控制本节点时钟的运行状态。如继续跟踪该信号，或倒换输入基准信号，或转入保持状态等。如果在数字同步网中每个节点时钟都能收到上游节点送来的 SSM，以控制本身时钟处于正确的工作状态，并能在向下游节点输出同步定时信号的同时也送出反映该同步定时信号质量等级的 SSM，则整个数字同步网内各级节点时钟都处在一种同步定时信号质量预知的监控状态下，从而可以大大提高全网同步运行的质量。SSM 传递链路如图 4-28 所示。

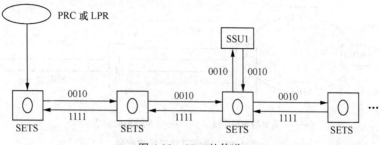

图 4-28　SSM 的传递

在 ITU-T G.707 建议中规定了 STM-*N* 接口的 SSM 编码方式，用复用段开销字节 S1 的 5、6、7、8 比特表示，这 4 个比特可有 16 种不同的编码，反映 16 种同步质量等级。目前，已启用了 6 种编码，4 种是 ITU-T 已规定的同步等级，另两种分别是"同步质量不知道"和"不应用作同步"，其余均预留待用，如表 4-6 所示。

表 4-6　　　　　　　　　　　　　　　　　S1 字节 b5～b8 的安排

S1 的 b5～b8	时　钟　等　级
0000	质量未知
0010	G.811 基准时钟
0100	G.812 Ⅱ 型转接局从时钟
1000	G.812 Ⅲ 型本地局从时钟
1011	G.813 同步设备定时源（SETS）
1111	不可用于时钟同步

在定时路径上每个网元不仅接收定时信号，而且接收标明该信号质量等级的 SSM 编码，SDH 网元根据相应的 SSM 算法和规则对时钟进行操作，以选择最高等级的定时信号向下游传送，并向相反方向发送 SSM = 1111，表示该方向定时信号不能用于同步网定时，以避免定时环路，如图 4-28 所示。

（4）定时传递原则

① 选择定时路径的原则有如下两点。

• 当 PDH 和 SDH 共存时，首选 PDH 链路。

• 当 SDH 系统内不支持 SSM 功能时，不能采用该系统传递定时。

② 设计定时路径的原则有如下 9 点。

• 实际的定时路径结构非常复杂，从 PRC 或 LPR 至末端时钟（4 级）的一条定时路径，可能多次经过链状网、环状网或 PDH/SDH 混合网。在选择设计定时路径时，应按各基本网络结构进行分段设计。

• 数字同步网定时路径的设计和 SDH 网自身的同步设计统一考虑。两者有矛盾时应考虑调整 SDH 网同步设计，以适应传递同步的需要。

• 每个数字同步网节点 SSU 至少接收两路定时信号。

• 当 SDH 系统中有 SSM 时，在每条定时路径上，每个 SDH 网元可以接收多个方向的定时信号，根据 SSM 编码和定时信号的优先级，选择跟踪同步等级最高的定时信号。

- 由于链路越长，对定时的损伤越大，因此定时路径应尽量短，串接时钟个数应尽量少。在一条定时路径上 SSU 的个数最多不超过 10 个；在两个 SSU（PRC，LPR）间的 SETS 个数最多不超过 20 个；同时，在一条定时路径上 SETS 的个数最多不超过 60 个。
- 在定时链路上不应串入 DXC 设备，即不应由 DXC 设备向其他被同步通信设备提供定时。
- 同步定时路径在局内采用星形结构，局间采用树形结构。不应在网内任何点间形成定时环路。
- 在局内通过 SSU 分配定时，采用 2 Mbit/s 或 2 MHz 专线，首选 2 Mbit/s。
- 在局间必须采用 STM-N 传递定时。

（5）SDH 定时传送网的可靠性

① 网元定时的保护倒换。为了提高同步定时传送网的可靠性，通常要求所有节点时钟和网元时钟都至少可以从两条同步路径获取定时，原有路径出故障时，从时钟可重新配置从备用路径获取定时。此外，不同的同步路径最好由不同的路由提供。

对于具有一个以上的定时基准输入的网络节点或 SDH 网络单元，当所选定的定时基准丢失后，SDH 设备应能自动倒换到另一定时基准。判别是否应进行倒换的准则有两种，即定时基准设备失效准则（定时基准接口信号丢失或所选定时接口出现 AIS）和定时偏离准则（定时基准信号偏离劣化至某一不正常水平）。前者为必备准则，后者为任选性准则。采用定时基准设备失效准则时，定时倒换的触发点可以在检出定时基准信号丢失或定时接口出现 AIS 后的 3 s 之内，这期间，SDH 钟的精度仍保持。如果选择的定时基准是 STM-N 信号，则只有当 STM-N 的可用保护倒换和其终端电路已不能恢复 STM-N 信号时才能倒换至另一定时基准。当定时基准出现倒换时，由于基准定时源的变化会引起频率跃变现象。因此，同步设备定时源（SETS）还应能对基准定时源的变化所引起的频率跃变进行平滑滤波，频率跃变现象一般出现在下述 3 种情况中：

- 从一个基准时钟源倒换至另一个；
- 从基准时钟源倒换至内部振荡器；
- 从内部振荡器倒换至基准时钟源。

SDH 网元还应具备基准定时的自动恢复能力和手动恢复能力。当优选的失效基准定时传送链路恢复正常后，应经过 10～20 s 时间完成自动恢复。例如，定时路径发生如图 4-29 所示的故障情况。

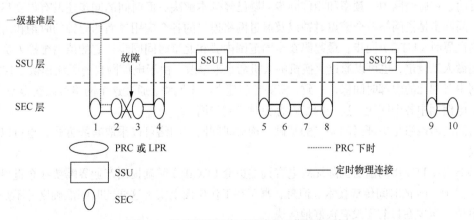

图 4-29　故障情况下定时链路的工作状态示例

当 SEC2 和 SEC3 之间中断后，定时路径中可能出现两种定时：

- PRC 定时，即断点前的时钟接收 PRC 定时；
- SEC 定时，即 SEC3 进入保持，断点后的时钟接收 SEC3 定时。此时出现低级时钟同步高级时钟的现象。所谓低级时钟同步高级时钟是指在一条定时路径上，当只有定时信号的传递，没有同步状态信息（SSM）的传递时，一旦上游发生故障，链路上的定时信号无法追踪至 PRC，断点的 SDH 时钟进入保持或自由运行，下游的 SSU 在短时间内无法发现上游时钟的变化，继续跟踪链路上的定时信号，就会出现低级时钟（G.813）同步高级时钟（G.812）的现象。目前，解决这种现象的方法是加强对定时路径的监测，及时发现故障，进行人工恢复。

② 定时恢复。在有 SSM 的情况下，SDH 系统根据 SSM 的算法和规则进行自动恢复。首先进行主备用定时路径自动倒换。

经链状网时，当发现主用定时路径 SSM≠0010 时，确定定时信号不能追踪 PRC（或 LPR），立即启动另一 SDH 系统的备用定时路径传递定时。

经环状网时，当发现主用定时路径 SSM≠0010 时，确定定时信号不能追踪 PRC（或 LPR），网管系统立即启动另一侧的备用定时路径传递定时。然后进行定时路径上 SDH 时钟和 SSU 的定时恢复，如图 4-30 所示，故障点后的 SSU1 进行保持，故障点后的时钟接收 SSU1 同步。

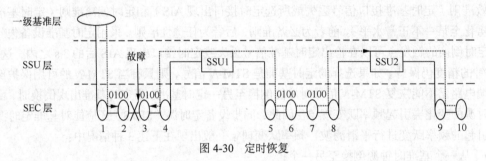

图 4-30　定时恢复

4.2.6　时间同步网

1. 时间同步的必要性

目前，在通信网中，频率和相位同步问题已经基本解决，而时间的同步还没有得到很好的解决。时间同步是指网络各个节点时钟以及通过网络连接的各个应用界面的时钟的时刻和时间间隔与协调世界时（UTC）同步，最起码在全国范围内要和北京时间同步。它的值由维护人员根据北京时间做人工设定，也可以通过交换机的人机命令来修改。由于电信网自身无法提供 UTC，为使电信网中各网元的内部时间保持一致，需要专门建立一个网络，通过这个网络可以获得 UTC 实时地送给电信网中各个网元。这个网络就称为时间同步网。

时间同步网络是保证时间同步的基础，构成时间同步网络可以采取有线方式，也可以采取无线方式。

1988 年，ITU-R 的前身国际无线电咨询委员会（CCIR）明确提出产业界需要在全世界范围内准确度优于 1 μs 的时间传输技术。但是，真正在工作层面上实现这样的时间准确度并不是一件容易的事情，至少目前还没有很好地解决。

表 4-7 所示为一些典型的应用对时间准确度的要求（这里所谈的时间准确度是应用界面时间相对于协调世界时的误差）。

表 4-7　　　　　　　　　　　　　　　典型应用对时间准确度要求

应　　用	时间准确度要求
用于银行、证券、股票和期货交易的计算机和服务器	1 s
电力线故障诊断	1 μs
交换机及计费系统	1 s
CDMA2000 和 TD-SCDMA	10 ms
网管系统	500 ms
七号信令监测系统	1 ms

2．时间同步网络技术

目前有若干种时间同步技术，每一种技术都各有特色，不同技术的时间同步准确度也有较大差异，如表 4-8 所示。

表 4-8　　　　　　　　　　　　　　各种常用的时间同步技术

时间同步技术	准　确　度	覆盖范围
短波授时	1～10 ms	全球
长波授时	1 ms	区域
GPS	5～500 ns	全球
电话拨号授时	100 ms	全球
互联网授时	1～50 ms	全球
SDH 传送网授时	100 ns	长途

（1）GPS 时间同步技术。

GPS 时间同步技术是当前比较成熟并在国际上广泛使用的时间同步技术。但是，该技术存在 3 个问题：第一，GPS 系统受美国军方控制，其 P 码仅对美国军方和授权用户开放，民用 C/A 码的时间同步精度比 P 码低两个数量级，而且其安全性没有保障；第二，GPS 信号通过无线方式传输，易受外界干扰；第三，GPS 接收机的时刻信号是通过标准接口（如 RS-232 接口）输出的，很多网上在用设备（如交换机）并没有这种专用接口。与 GPS 技术类似的还有俄罗斯的 GLANASS 系统和我国的"北斗"系统。GLANASS 系统由于经济原因，健康星的数量有限，稳定性和可靠性无法保障。"北斗"系统目前已经形成有效覆盖亚太区域、军民共用的网络，在不久的将来，我国可实现用此系统替换 GPS 系统。

（2）短波授时和长波授时时间同步技术。

利用无线电发播信号授时已有至少 80 年的历史，其覆盖范围广，接收和发送设备相对简单，价格相对低廉。与互联网授时技术相比，该技术最大的优点是可以实时地校准本地时钟。一般这种接收设备都具有 IEEE-488、RS-232 等标准接口，以便于连接。目前国内只有中科院陕西天文台使用短波信号授时。国际上，长波授时主要使用罗兰-C 系统，国内发射台设在沿海地区，主要用于军用和导航，尚不适合民用。

（3）电话拨号时间同步技术。

电话拨号授时（ACTS）使用的设备相对简单，只需要电话线、模拟调制解调器、普通的个人计算机和简单的用户端软件即可。同时，ACTS 还提供反馈技术，它可以部分地抵消电话线的传输时延。目前这种技术主要用于校准个人计算机时间，若想用来校准其他本地设备时钟还需要进一步开发设备的接口硬件以及相应的软件。电话拨号授时不具备实时性，通常是免费的，用户端软件也可以通过互联网免费下载。在国内，中国计量科学研究院和中科院陕西天文台都提供这种授时服务。

（4）互联网时间同步技术。

使用互联网同步个人计算机的时间是十分方便的，目前国内外都免费提供这种服务。微软公司已将网络时间协议（NTP）嵌入到 Windows XP 操作系统中，只要计算机能连到互联网，就能进行远程计算机时钟校准。标准的 NTP 采用的是 RFC 1350 标准，简化的网络时间协议（SNTP）采用的是 RFC 1769 标准。NTP 协议包含一个 64 bit 的协调世界时间戳，时间分辨率是 200 ps，并可以提供 1～50 ms 的时间校准精度。NTP 也可以估算往返路由的时延差，以减小时延差所引起的误差。但实验表明这种技术在洲际间的时间校准精度只能达到几百毫秒，甚至只能达到秒的量级。其准确度和 NTP 服务器与用户间的距离有关，一般在国内或区域内可以获得 1～50 ms 的时间校准精度。目前国际上有几百台一级时间服务器提供这种时间同步服务，其中以美国国家标准技术研究院（NIST）的性能最好。

另外，还有两个相对简单的、低精度的互联网时间协议：Time 协议（RFC 868）和 Daytime 协议（RFC 867），可以提供 1 s 校准精度的广域网时间同步。

（5）SDH 网络时间同步技术。

早在 10 年前，国际上刚开始大规模建设 SDH 网络时，人们就提出利用 SDH 网络传送高精度时间编码信号。ITU-R S7 组随后正式立项研究，美国、欧洲、日本等国家和地区也进行了大量相关的研究。这种技术的主要原理是把与铯钟同步的时间编码信号嵌入到 SDH 或 SONET STM-N 的复用段开销（MSOH）的空闲字节，信息长度为 5 bit，其帧结构符合 ITU-T G.708 建议。因此，只要不阻断 MSOH 信息，就可以实现长距离传输。该信息可以通过再生段，但是不能通过复用段。用 SDH 的 STM-N 信号传送时间频率信息的优点是对抖动的过滤能力强，不受支路指针调整的影响，因此，可以在 STM-N 端口之间实现时间信息的透明传输。

利用 SDH 网络传送标准时间的方法有单向法、双向法和共视法。图 4-31 所示为共视法的原理图。共视法是将各节点的时钟同时和标准时钟进行比较，节点时钟之间的时刻值误差通过随后的数据交换进行比较和修正。

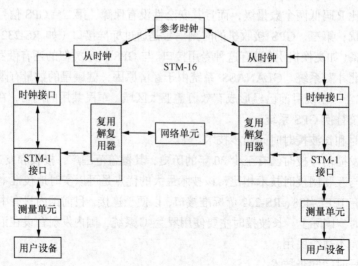

图 4-31　共视法的原理图

STM-N 传输时钟信号具备稳定性，其中，2 000 km 的时间传送准确度小于 100 ns，50 km 的时间传送准确度是 10～50 ps。但是，它的弱点是不能得到广泛应用。

如何在 2.048 Mbit/s 端口实现时间信息传输需要进一步的研究，关键要克服复用和解复用过程中指针调整对时间信息的影响。指针调整是以单个字节为单位，一次调整会对支路信号产生 8 UI 的相位跃变，这样的支路信号在通过解同步电路后便会产生相位过渡过程，因而产生了支路单元输出抖动。随着 SDH 技术的逐步完善，可以采用自适应比特泄漏技术，使由指针调整产生的输出相位抖动得到较大程度的抑制。

3．建立全球或区域时间同步网存在的问题

建立时间同步网的主要问题是用户端设备（如交换机、基站控制器等）没有合适的接口电路，致使用户和 GPS 接收机、无线电授时接收机、NTP 协议等无法相连。目前，已有一些制造商和运营商在研究交换机的接口电路，但由于交换机的制式繁多，进一步的改造尚需时日，而且对在用设备进行改造的成本也非常高。

时间同步网络的标准化也是急需解决的问题，它和现有的同步网标准一样包括网络的技术指标、设备的技术指标以及接口的技术指标等。

基于计算机和工作站的时间同步在技术上已经没有太大问题，如计费的后台处理系统、网管系统等，可以通过互联网的 NTP 方式进行时间同步，值得注意的是网络的安全性问题，适当的软件升级必不可少。

小结

TMN 是一个综合的、智能的、标准化的电信管理系统，其结构可划分为 3 个基本方面：功能结构、信息结构和物理结构。TMN 的基本功能块有 5 种：操作系统功能（OSF）、网元功能（NEF）、Q 适配器功能（QAF）、工作站功能（WSF）、协调功能（MF）；TMN 的信息结构主要描述各功能块之间交换的不同类型的管理信息，为便于管理和操作，按 TMN 管理功能分层的原则，信息结构或模型又分为管理层模型、信息模型、组织模型和通信模型；TMN 的物理结构确定为实现 TMN 的功能所需要的各种物理配置的结构，TMN 的功能单元有：网络单元（NE）、操作系统（OS）、中介设备（MD）、工作站（WS）、数据通信网（DCN），TMN 网络接口类型有：Q3 接口、Qx 接口、F 接口和 X 接口。

TMN 主要提供 5 大管理功能：性能管理、故障管理、配置管理、安全管理和帐务管理，这些功能主要是指网络层和网元层的管理。

TMN 是一个统一的管理网，对各种类型的电信网进行管理，SDH 管理网（SMN）负责对 SDH NE 进行管理，它是 TMN 的一个子网。SMN 又由 SDH 管理子网（SMS）组成，一个 SMN 可以包含多个 SMS。SDH 管理网采用多层分布管理，从上至下为网络管理层（NCL）、网元管理层（EML）和网元层（NEL）。

SMN 的管理功能分为通用功能、故障（维护）功能、性能管理、配置管理和安全管理。SMN 管理目标之一是实现横向、纵向兼容性，其实质是对面向目标的网络信息模型进行管理，而管理的实现又取决于管理信息的传送。

本章还介绍了为 SDH 传输网络提供时钟同步的支撑网——时钟同步网。主要阐述了网同步的基本概念，同步网的同步方式，从时钟电路的工作模式，节点时钟类型，同步网结构，SDH 设备定时工作方式，SDH 网传送定时的方法，SDH 定时传送网的可靠性，最后简要介绍了时间同步的必要性、实现技术和面临的问题。

1. 一个同步网络的结构包括了由同步链路所连接的同步网络节点，而同步网络节点是指在某个直接被节点时钟定时的单一物理位置中的一组设备，基本的同步控制方法主要有 4 种：（1）准同步方式；（2）主从同步方式；（3）互同步方式；（4）混合同步方式。

2. 在实际运行过程中，根据从时钟电路所处的工作状态不同，可将其分为正常、保持和自由运行 3 种工作模式。正常工作模式又称作跟踪模式或锁定模式。此时，从时钟与外来基准时钟保持同步。当从时钟所同步的时钟链路都出现故障时，定时基准时钟丢失，这时从时钟进入保持模式。此时，从时钟利用定时基准时钟信号丢失之前所存储的频率信息作为其定时的基准而工作。从时钟不仅丢失所有外部基准时钟，而且也失去基准定时记忆或根本没有保持模式，这时从时钟只能采用内部振荡器工作于自由振荡方式，这种工作方式称为自由运行模式。

3. 目前网络中普遍使用的时钟类型主要有 3 种：铯原子钟、石英晶体振荡器、铷原子钟。铯原子钟是一种长期频率稳定度和精确度很高的时钟，其长期频偏优于 1×10^{-11}，可以作为全网同步的最高等级的基准主时钟；石英晶体振荡器频率稳定性范围很宽，一般高稳定度的石英晶体振荡器可以作为长途交换局和端局的从时钟；铷原子钟的稳定度和精确度介于上述两种时钟之间，铷原子钟适于作某个同步区的基准时钟。

4. 同步网的基本功能是准确地将同步信息从基准时钟向同步网的各下级或同级节点传递，从而建立并保持同步。将全国的同步网划分为若干个同步区，同步区是同步网的最大子网，可以作为一个独立的实体对待。LPR 可以接收与其相邻的另一个同步区的 LPR 的同步，一个同步区内的某些时钟可以接收与其相邻的另一同步区提供的基准作为备用。

5. 数字同步网时钟可分为 3 级，一级节点设置 1 级基准时钟（符合 G.811 标准）。同步网内使用的 1 级基准时钟有全国基准时钟（PRC）和区域基准时钟（LPR）。二级节点设置 2 级节点时钟。各省中心的长途通信楼内、在地、市级长途通信楼和汇接长途话务量大的、重要的汇接局应设置 2 级节点时钟（G.812 Ⅱ 型标准）。三级节点设置 3 级节点时钟（G.812 Ⅲ 标准）。在本地网内，除采用 2 级节点时钟的汇接局以外，其他汇接局应设置 3 级节点时钟。在端局根据需要设 3 级节点时钟。

6. SDH 网的同步方式和数字同步网的同步方式、运行状态以及工作环境有关。可以有 4 种同步方式，即同步方式、伪同步方式、准同步方式和异步方式。其中同步方式是网络中的所有时钟都能始终跟踪到唯一的基准时钟（PRC）；伪同步方式是当网络中有两个以上基准时钟（PRC）时，网络中的从时钟可能跟踪于不同的基准时钟（PRC），形成几个不同的同步网，各个基准时钟的频率之间会有一些微小的差异；准同步方式是当网络中有 1 个节点或多个节点时钟的同步路径和替代路径都不能使用时，节点时钟将进入保持模式或自由运行模式；当网络节点时钟出现大的频率偏差时，则网络工作于异步方式。

7. 定时基准的分配结构按网络应用场合分为局内定时分配和局间定时传递两类。局内定时分配在局内设有相当于 G.812 级别时钟，采用星形拓扑结构；局间定时传递采用树形拓扑结构。

8. SDH 设备时钟系统（SETS）包括 3 部分：定时信号输入、定时信号输出和内部定时信号发生器（SETG）。

9. 在 SDH 网中，根据 SDH 设备在网中的不同应用配置，SETS 可以有直接锁定的外定时方式、从 STM-N 导出的外定时方式、线路定时、环路定时、通过定时和内部定时源 6 种不同的定时工作方式。这些工作方式根据需要可以自动或人工地转换。

10. 定时路径模型可划分为 3 层：（1）一级基准层：由符合 G.811 的 PRC 和 LPR 组成的同步路径层，是数字同步网的最高层。（2）SSU 层：由符合 G.812 的 SSU 组成的同步路径层。（3）SDH 时钟层：

由符合 G.813 的 SDH 时钟组成的同步路径层。

11. 根据定时所依赖的物理网，可将定时路径分为下列 3 种：（1）经过 PDH 网的定时路径；（2）经过 SDH 网的定时路径；（3）经过 PDH 和 SDH 的混合定时路径。典型的定时路径可分为经过线形网和经过环状网的情况。

12. 在定时路径上每个网元不仅接收定时信号，而且接收标明该信号质量等级的 SSM 编码，SDH 网元根据相应的 SSM 算法和规则对时钟进行操作，以选择最高等级的定时信号，向下游传送，并向相反方向发送 SSM=1111，表示该方向定时信号不能用于同步网定时，以避免定时环路。这样同步网定时经过 SDH 网传送过去。

13. 为了提高同步定时传送网的可靠性，通常要求所有节点时钟和网元时钟都至少可以从两条同步路径获取定时。原有路径出故障时，从时钟可重新配置从备用路径获取定时。此外，不同的同步路径最好由不同的路由提供。判别是否应进行倒换的准则有两种，即定时基准设备失效准则和定时偏离准则，前者为必备准则，后者为任选性准则。

14. 时间同步是指网络各个节点时钟以及通过网络连接的各个应用界面的时钟的时刻和时间间隔与协调世界时（UTC）同步，最起码在全国范围内要和北京时间同步。时间同步网络是保证时间同步的基础，构成时间同步网络可以采取有线方式，也可以采取无线方式。

目前有若干种时间同步技术：（1）GPS 时间同步技术；（2）短波授时和长波授时时间同步技术；（3）电话拨号时间同步技术；（4）互联网时间同步技术；（5）SDH 网络时间同步技术。

习题

一、选择题

1. 关于 TMN、SMN、SMS 三者之间的关系，不正确的是（　　）。

 A. SMN 是管理 SDH 的 TMN   B. SMS 是 TMN 的子集

 C. SMN 由一系列的 SMS 组成   D. SMS 不属于 TMN 的范畴

2. TMN 为电信网及电信业务提供的管理功能其中包括（　　）。

 A. 性能管理   B. 故障管理   C. 配置管理   D. 安全管理

3. 性能管理提供监视（　　）的当前及历史运行性能状态。

 A. 网络   B. 网层   C. 子网   D. 电路

4. 电信管理网模型在框架上定义了电信运营商管理活动的 4 个各有侧重又相互关联的层次，事务管理层、业务管理层、网络管理层、（　　）。

 A. 业务实现管理层   B. 网元管理层

 C. 操作管理层   D. 设备管理层

5. 电信管理网的基本概念是提供一个有组织的（　　），以取得各种类型的操作系统之间、操作系统和电信设备之间的互连。

 A. 网元结构   B. 网络   C. 网络结构   D. 告警系统

6. 下列哪项不是实现 SDH 网同步的方式？（　　）

 A. 互同步方式   B. 准同步方式   C. 异步方式   D. 伪同步方式

7. 下列哪项是从时钟电路丢失外部基准时钟，也失去了基准定时记忆的工作方式。（　　　）

    A. 自由运行模式　　　　　　　　　　B. 正常工作模式

    C. 跟踪模式　　　　　　　　　　　　D. 锁定模式

8. 下列哪项 SSM 编码标明对应的定时信号的质量等级最高？（　　　）

    A. 0000　　　　　　B. 0100　　　　　　C. 0010　　　　　D. 1000

9. 在局内通过 SSU 分配定时时，首选（　　　）。

    A. 2 MHz　　　　　B. 2 Mbit/s　　　　C. STM-N 里的定时信号

10. 一般情况下，当 ADM 无 SSM 功能时，采用下列（　　　）定时方式。

    A. 线路定时　　　B. 环路定时　　　C. 通过定时　　　D. 外同步定时

二、填空题

1. 同步网络基本的同步控制方法主要有＿＿＿＿、＿＿＿＿、＿＿＿＿、＿＿＿＿4 种。

2. 全国基准时钟简称＿＿＿＿，由＿＿＿＿或＿＿＿＿与＿＿＿＿构成。

3. 定时基准的分配结构按网络应用场合分为＿＿＿＿和＿＿＿＿两类。

4. SDH 设备时钟系统包括 3 部分：＿＿＿＿、＿＿＿＿、＿＿＿＿。

5. 在一条定时路径上 SSU 的个数最多不超过＿＿＿＿个，在两个 SSU 间的 SETS 个数最多不超过＿＿＿＿个，同时，一条定时路径上 SETS 的个数最多不超过＿＿＿＿个。

三、名词解释

1. 滑动

2. 主从同步

3. SSM

4. 低级时钟同步高级时钟

5. 时间同步

四、简答题

1. 什么是 TMN？其结构可分为哪几个方面？

2. 设置 TMN 有何优势？

3. TMN 由哪些基本功能块组成？各功能块的基本作用是什么？

4. TMN 提供哪些对外接口？

5. TMN 的管理功能可分为哪几部分？各部分的主要作用是什么？

6. 告警级别可分为哪几部分？简述各级表示的含义。

7. 简述 SMN 的管理组织模型。

8. 简述 SMN、SMS 和 TMN 之间的关系。

9. 画出 SMN 的分层结构图，并说明各层的作用。

10. SMN 的功能可分为哪几部分，各部分的主要作用是什么？

11. 什么是网关（GNE）？

12. 什么是网同步？同步不良有何影响？

13. 简要描述我国同步网的组网结构？

14. 我国的时钟同步网节点时钟可分为哪几个等级，对应的设置位置？

15. 画出定时路径传递模型，并简述其工作原理。

16. 目前有哪几种实现时间同步的技术？

实验一　性能与告警的浏览

【实验目的和要求】

1. 利用网管系统对设备进行性能监测。
2. 通过查询当前性能，可以及时了解网元当前的性能状况，发现可能的隐患，并采取预防手段。

【实验仪器和设备】

1. 华为 Metro 3000（2500+）光传输设备
2. 华为 OptiX iManager T2000 网管系统

【实验内容和步骤】

1. 性能浏览

（1）入口：菜单'性能管理–当前性能'，出现'性能管理'界面，在这个界面中有不同的 TAB 页，在不同的 TAB 页对性能的不同属性进行设置。见图 1。

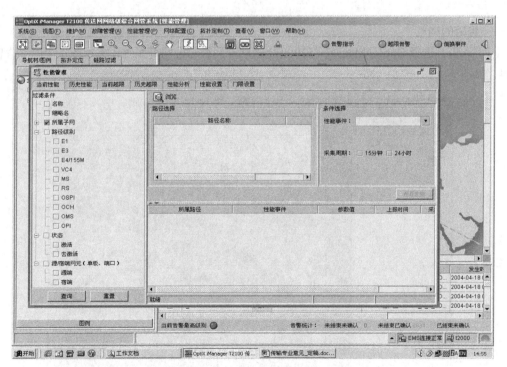

图 1

（2）在左边'过滤条件'窗口，选择需要观察的网元，按'查询'，在右边'路径名称'选择需要查询的路径，在'条件选择'选择需要查询的性能指标，按'查看性能'查看性能。见图 2。

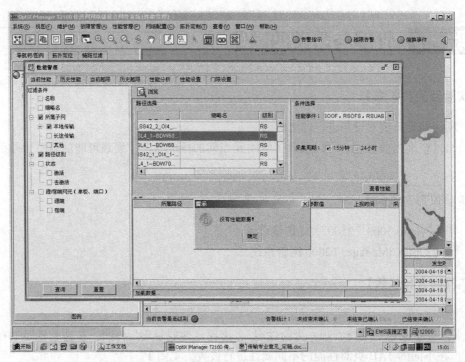

图 2

2. 告警的浏览

（1）入口：选择 OptiX iManager T2000 传送网子网级综合网管系统（主视图）中的'告警'
菜单，见图 3。

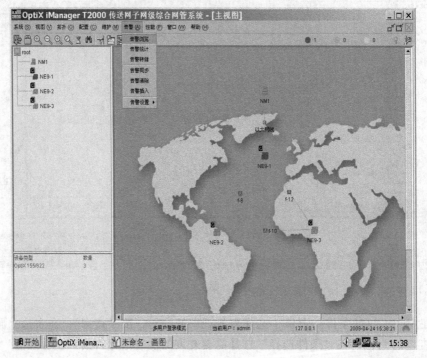

图 3

（2）将'告警'菜单下拉，选择'告警浏览'，选中产生的告警，按确认即可，见图 4。

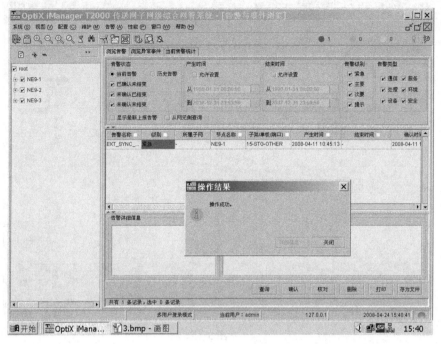

图 4

实验二　网络拓扑结构的创建

【实验目的和要求】

掌握全网拓扑结构的创建，包括光纤连接、保护子网和电路信息。

【实验仪器和设备】

1. 华为 Metro 3000（2500$^+$）光传输设备
2. 华为 OptiX iManager T2000 网管系统

【实验内容和步骤】

1. 入口：选择 OptiX iManager T2000 传送网子网级综合网管系统中的'拓扑'菜单下拉选择'设备自动发现－开始搜索'，见图 5。

2. 选中搜索到的网元点'创建网元'，例如：当前的网元 ID 为 9-3，输入用户名称：root，用户密码：password，选择确定。

3. 回到主视图，双击未配置网元，选中'网元配置向导'界面中的'上载'，将所有网元上载配置数据。

4. 在主视图中选择'拓扑-创建拓扑对象'，选择'传送链路－纤缆'，配置完后，选择'链路－传送链路－以太网线'，见图 6。

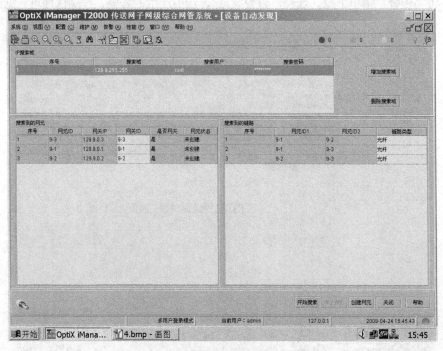

图 5

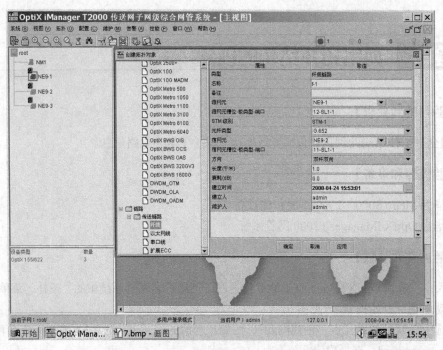

图 6

5. 回到主视图选择'保护视图'→保护子网'→'创建'→'二纤单向通道保护环'，见图 7。

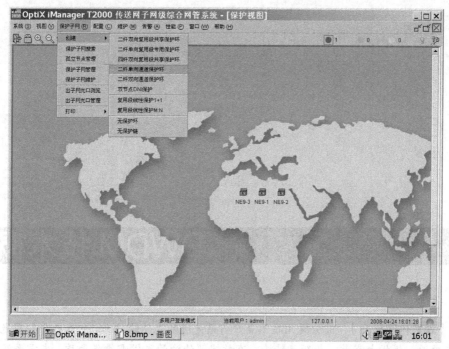

图 7

6. 双击网元，按与主视图配置相反的顺序完成配置，见图 8。

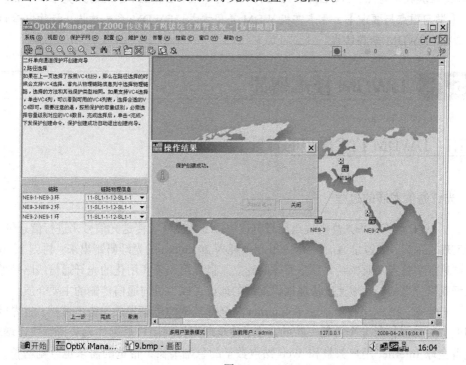

图 8

第5章

DWDM 技术概述

【本章内容简介】 波分复用技术是目前最先进的光传输技术，它能充分利用光纤的带宽资源，提供大容量、长距离传输，有效缓解传输带宽供需紧张矛盾。本章系统介绍了最常用的密集波分复用技术（DWDM），包括 DWDM 技术提出的背景，DWDM 技术的概念及其技术特点，DWDM 系统结构及设备介绍，DWDM 系统的分类等知识点。

【学习重点与要求】 重点掌握 WDM 复用方式，DWDM 系统结构，标称中心频率的选定，DWDM 分层结构。

5.1 DWDM 技术概述

5.1.1 DWDM 技术提出的背景

1. 光纤通信发展的过程

从 1966 年英籍华人高锟提出用石英玻璃纤维（光纤）传送光信号来进行信息传递，可实现长距离、大容量通信；到 1970 年损耗为 20 db/km 的光纤研制出来；再到 1976 年美国贝尔实验室在亚特兰大到华盛顿间建立了世界第一条实用化的光纤通信线路开始，光纤就以"光的"发展速度快速取代铜缆的地位，成为目前通信传输的主要介质。

近年来，IP 网络技术推动了 Internet 在全球范围的迅猛发展，势不可挡。世界因特网业务一直保持每 n 个月翻一番的速度，使全球因特网用户呈爆炸趋势持续快速增长。随着全球 Internet 用户数量和 Web 站点数量的急剧增长，带宽的需求也急剧增长，每半年主要 ISP 的 Internet 骨干链路的带宽增长一倍。Internet 如此迅速的发展给电信网络带来了巨大的冲击，随之出现了所谓的"光纤耗尽"现象和对代表通信容量的带宽的"无限渴求"现象。以美国为例，从 1994 年起，几家主要长途电信业务运营商光纤通信系统的负载能力都接近饱和。为了提高通信系统的性价比和经济有效性，以满足不断增长的电信业务和 Internet 业务的需求，如何提高通信系统的带宽已成为焦点问题。密集波分复用（DWDM）正是解决这一问题的关键技术，它可以让在 IP、ATM 和同步数字序列/同步光纤网（SDH/SONET）协议下承载的电子邮件、视频、多媒体、数据和语音等传输的通信业务都通过统一的光纤层传输。

在一根光纤上利用多个波长传输光信号的 DWDM 技术的提出和技术的成熟已得到了业界的认可，并被认为是光纤通信系统的主要发展方向。利用 DWDM 技术在每根光纤上可以同时传输 N 路光载波，在不增加线路投资建设的情况下，使其容量迅速扩大 N 倍。目前 SDH 系统的速率已达 40 Gbit/s，单通路的传输速率已不再是现代通信系统的性能瓶颈，人们更多的追求光纤通信系统的超大容量和宽频带，即人们不仅关注"高速"而且更关注"宽带"。

2. 为什么要提出 WDM 技术

（1）信息快速发展的需求

伴随着个人电脑普及而来的 Internet 的飞速发展，由数字移动通信业务导向个人通信而引发的常规通信的革命，多媒体通信业务的出现。信息爆炸刺激了全球通信业务的疯狂增长，而这直接导致的后果是对通信带宽要求的急剧猛增，即要求传输信道的高速率和大容量，以满足通信业务传输数据量剧增的要求。

（2）充分利用光纤具有的巨大带宽资源

从理论上分析，一根常规石英单模光纤在 1 550 nm 波段可提供约 25 THz 的低损耗窗口，即便是目前的超大容量传输也仅仅是使用其中的少部分，得到利用的光纤带宽还不足 1 Tbit/s，因此充分挖掘光纤的应用带宽，将未来光网络速率朝着太比特每秒乃至更高的速率发展已成必然。

（3）时分复用（TDM）技术存在的缺陷

传统的扩容方法均采用 TDM 方式，即对电信号进行时间分隔复用。无论是 PDH 的 2 Mbit/s、34 Mbit/s、140 Mbit/s、565 Mbit/s，还是 SDH 的 155 Mbit/s、626 Mbit/s、2.5 GMbit/s、10 Gbit/s，都是按照这一原则进行的。据统计，当系统速率不高于 2.5 Gbit/s 时，系统每升级一次，每比特的传输成本下降 30% 左右。因此，在过去的系统升级中，人们首先想到并采用的是 TDM 技术。

采用这种时分复用方式固然是数字通信提高传输效率、降低传输成本的有效措施。但是随着现代电信网对传输容量要求的急剧提高，利用 TDM 方式已日益接近硅和砷化镓技术的极限，并且传输设备的价格也很高，光纤色度色散和偏振模色散的影响也日益加重。继续采用 TDM 技术提高传输速率不仅成本造价高，而且 TDM 的灵活性欠佳缺点将更加显现。因此人们越来越多地把兴趣从电时分复用转移到光复用，从光域上用波长复用方式来改进传输效率，提高复用速率。实现在一根光纤中同时传输不同波长的几个甚至上百个光载波信号，不仅能充分利用光纤的带宽资源，增加系统的传输容量，而且还能提高系统的经济效益。

另外，G.652 常规单模光纤，在 1 550 nm 的工作波段上具有很高的色散，也限制了 TDM 的最高传输速率。当单通道速率达到 STM-64（10 Gbit/s）时，需采取色散调节手段，但成本较高。

（4）光器件的迅速发展促进了 DWDM 的商用化

在光纤通信发展史上，一个重要里程碑是掺铒光纤放大器（EDFA）的出现。早先它是在光纤基质中加入铒离子作为激光工作物质，用氩（Ar）离子激光器作泵浦源，能对 1 550 nm 的光信号进行直接放大。这种采用笨重的氩离子激光器作为泵浦源的光纤放大器显然不可能在光纤通信中实用，但能直接对 1 550 nm 波长的光信号进行放大，因而本身就对光纤通信的发展具有重大意义。在此之前，由于不能直接放大光信号，所有的光纤通信系统都只能采用光/电/光（O/E/O）中继方式，即先将光信号变为电信号，在电域内进行信号放大、再生等信息处理，然后再变成光信号在光纤中传输。光纤放大器可直接放大光信号，使得光/电/光中继变为全光中继。这是一次极为重要的飞跃，其意义可与当年用晶体管代替电子管相提并论。当作为掺铒光纤放大器泵浦源的 980 nm 和 1 480 nm 的大功率半导体激光器研制成功后，掺铒光纤放大器趋于成熟，进入了商用化阶段。掺铒光纤放大器的意义不仅在于可进行全光中继，它还在多方面推动了光纤通信的发展，引起了光纤通信的革命性变革，其中最突出的是在波分复用（WDM）光纤通信系统中的应用。波分复用技术实现了在一根光纤上传输多个光信道，从而充分利用光纤带宽有效扩展通信容量。由于掺铒光纤放大器具有约 35 nm 的带宽，可覆盖 1 530～1 565 nm 波分复用信号的频带，因而用一只掺铒光纤放大器就可取代与信道数相应的光/电/光中继器，实现全光中继。这极大地降低了设备成本，提高了传输质量。这一优越性推动了波分复用技术的发展且很快被商用，成为现代传输手段的主流。

5.1.2 DWDM 技术的定义

1. 波分复用（DWDM）的定义

波分复用是光纤通信中的一种传输技术，它是利用一根光纤可以同时传输多个不同波长的光载波的特点，把光纤可能应用的波长范围划分为若干个波段，每个波段用作一个独立的通道传输一种预定波长的光信号技术。

DWDM 技术充分利用单模光纤低损耗区（1 550 nm）带来的巨大带宽资源，根据每一信道光波的频率或波长不同，将光纤的低损耗窗口划分为若干个信道，把光波作为信号的载波，在发送端采用波分复用器（合波器）将不同规定波长的信号光载波合并起来送入一根光纤进行传输，在接收端再由波分复用器（分波器）将这些不同波长承载不同信号的光载波分开。由于不同波长的光载波信号可以看作是互相独立的（不考虑光纤非线性时），从而在一根光纤中可实现多路光信号的复用传输。

光波长与光频率的对应关系是

$$f \times \lambda = C$$

其中，f 表示光波的频率，λ 表示波长，C 表示光在真空中的传播速率。由此可见，光的波分复用实质上就是光域的频分复用。图 5-1 所示为 DWDM 系统基本组成结构。

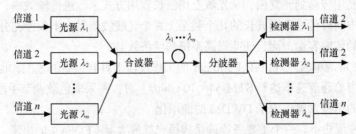

图 5-1 DWDM 系统基本组成结构

通常讲的频分复用一般是指同轴电缆系统中传输多路信号的复用方式，而在波分系统中再用 FDM 一词就会发生冲突，况且 DWDM 系统中的光波信号频分复用与同轴电缆系统中频分复用是有较大区别的，如图 5-2 所示。

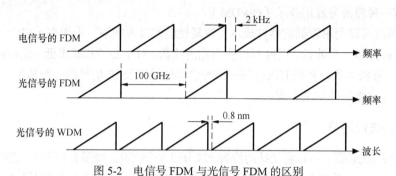

图 5-2　电信号 FDM 与光信号 FDM 的区别

由图 5-2 可知，电信号的 FDM 复用，信号之间的频率间隔只有 2 kHz 左右，从频率的角度看是很容易发生干扰；而光信号的 FDM 复用，信号之间的频率间隔达到 100 GHz，从频率的角度看两个信号之间几乎是不相干的，但是从光波的角度看，两个信号之间的波长间隔只相差 0.8 nm 甚至更小，很容易产生波道干扰，因此，光波的复用称为 WDM 比 FDM 更合适。

光纤 WDM 与同轴电缆 FDM 的区别如下。

（1）传输介质不同。WDM 是光纤通信系统上的光信号的频率分割；FDM 同轴电缆系统是电信号上的频率分割。

（2）每个通道信号不同。同轴电缆系统传输的是模拟信号，一般为 4 kHz 语音复用；WDM 系统每个波道承载速率是 2.5 Gbit/s、10 Gbit/s 的 SDH 或更高速率的数字信号系统。

（3）调制方式不同。同轴电缆系统采用相干调制，而 WDM 系统采用 IM/DD 方式。

2. WDM 与 DWDM

早在 20 世纪 80 年代初，由于一根光纤只传输一路光信号（0.85 μm 或 1.31 μm），因此在光纤带宽的使用上存在着巨大浪费。为了有效地利用光纤带宽，人们想到利用光纤的两个低损耗窗口 1 310 nm 和 1 550 nm 各传送一路光波长信号，实现在一根光纤中同时传输两路光波信号，这就是 1 310 nm/1 550 nm 两波长的 WDM 系统，这种系统就是最早出现的 WDM 系统。由于当时无法实现全光信号的放大，在 WDM 系统中需要大量的光/电/光转换器，使系统变得复杂，成本高，且解决不了光信号的干扰问题，因此，早先出现的 WDM 系统没有得到应用。

随着 1 550 nm 窗口掺铒光纤放大器（EDFA）的商用化，WDM 系统的应用进入了一个新时期。人们不再利用 1 310 nm 窗口，而只在 1 550 nm 窗口传送多路光载波信号。由于这些 WDM 系统的相邻波长间隔比较窄（一般小于 1.6 nm），且工作在一个窗口内共享 EDFA，因此为了区别于传统的 WDM 系统，称这种波长间隔更紧密的 WDM 系统为密集波分复用系统，即 DWDM 系统。所谓密集是针对相邻波长间隔而言的。过去的 WDM 系统是几十纳米的通路间隔，现在的通路间隔则只有 0.8～2 nm，甚至小于 0.8 nm。DWDM 技术其实是 WDM 技术的一种具体表现形式。

现在，人们都喜欢用 WDM 来称呼 DWDM 系统。从本质上讲，DWDM 只是 WDM 的一种形式，WDM 更具有普遍性，而且随着技术的发展，原来认为所谓密集的波长间隔，在技术实现上也越来越容易，已经变得不那么"密集"了。一般情况下，如果不特指 1 310 nm/1 550 nm 的两波长 WDM 系统，人们谈论的 WDM 系统就是 DWDM 系统。

通常 DWDM 系统多用于长途通信系统，随着光网络的普及应用，目前越来越多的 WDM 系统已应用到城域网和接入网中。由于复用的通道数一般为 16 或更少，通道间隔为 200 GHz 或 500 GHz，因此国外还有一种粗波分复用技术（CWDM）。

CWDM 系统可以利用较低的器件成本实现高性能的接入网络。由于在 1 530～1 550 nm 的波长段每隔 10 nm 选定一个波长，因此可以使用光谱较宽、对中心波长要求低、比较便宜的激光器。

利用 CWDM 技术可以实现有线电视、传输语音信号以及 IP 信号的光纤传输，对于接入网的三网融合是一个非常好的解决方案。

3．光纤的波段划分

根据光纤传输的特征，可以将光纤的传输波段分成 6 个波段，如图 5-3 所示。它们分别为：O 波段（Original Band），波长范围为 1 260～1 360 nm；E 波段（Extended Band），波长范围为 1 360～1 460 nm；S 波段（Short Band），波长范围为 1 460～1 530 nm；C 波段（Conventional Band），波长范围为 1 530～1 565 nm；L 波段（Long Band），波长范围为 1 565～1 625 nm；U 波段（Ultralong Band），波长范围为 1 625～1 675 nm。由于 EDFA 工作波段的限制，目前的 WDM 技术主要应用在 C 波段上（80 波以内应用 C 波段；160 波以内、80 波以上应用 C+L 波段）。

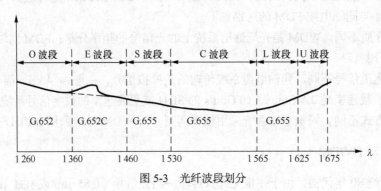

图 5-3　光纤波段划分

4．提高信道传输容量的复用方式

按信号的复用方式，光纤通信系统提高传输容量的方法有：空分复用（SDM）、光时分复用（OTDM）、光频分复用（OFDM）、光波分复用（WDM）和光码分复用（OCDMA）。

（1）空分复用（SDM）

空分复用是传统的扩容方式，靠增加光纤线对数的方式线性增加传输的容量，传输设备也线性增加。在光纤对数充足的情况下，这种扩容方式的优点是简单、易实现，但线路投资大，光纤的带宽资源没有得到充分利用。

（2）时分复用（TDM）

时分复用主要是利用 PDH 和 SDH 技术，不断提高速率等级来提高传输容量。但这种方法存在一定的问题：一是高速率等级升级困难，特别是网络接口设备要全部更换；二是速率越高，对器件开关速度要求越高，网络灵活性差，管理复杂；三是设备成本高。

目前提出一种光时分复用技术（OTDM），OTDM 实质就是将多个高速电调制信号分别转换为等速率光信号，然后在光层上利用超窄光脉冲进行时域复用，将其调制为更高速率的光信号。解决 OTDM 的关键技术是：超窄光脉冲产生与调制、全光时分复用和定时提取。由于这些技术和相应的光器件还不够成熟，OTDM 仍处于实验研发阶段。

（3）波分复用（WDM）

波分复用技术就是在一根光纤中利用多个波长点同时传输多个光波长信号，以提高传输容量。

（4）光码分复用（OCDMA）

光码分复用是在光传输之前采用的一种编码方法，通过在每个比特时间内编目的地址码，建立起专门的通信链路。OCDMA 有许多的优点，如解码可异步的进行、传输保密性强；但在发展中也遇到了诸多的困难，如用户数的限制、调制速度的限制、编解码器的光分束损耗高等，从而限制了 OCDMA 的发展，使其至今没能在光通信界受到普遍推崇。

OCDMA 技术的优势在于利用相干通信，以统计的方法利用光的频率，使系统带宽得到极大的提高。

（5）目前主要采用的复用方式

目前提高传输容量的复用方式主要采用 TDM 与 WDM 的合用方式，在电信号传输中利用 TDM 方式，实现 PDH 与 SDH 的高速率等级；在光信号传输中利用 WDM 的方式实现单根光纤中的多通道传输。

例如：在 SDH 中，STM-16 速率为 2.5 Gbit/s，STM-64 速率为 10 Gbit/s（相当 STM-16×4）；在 WDM 中，每个波道采用 SDH 2.5 Gbit/s 实现 4 个波道复用时，可实现 10 Gbit/s（SDH 2.5 Gbit/s × 4= 10 Gbit/s）传输，如果每个波道采用 SDH 10 Gbit/s 实现 4 个波道复用可实现 40 Gbit/s 传输（10 Gbit/s× 4= 40 Gbit/s）。

5．DWDM 的发展与应用

（1）DWDM 发展的 3 个阶段

第一代 DWDM 设备已经成为长途网的首选技术。提供点对点的传输系统，系统容量可由几个波长迅速扩展为 100 个以上波长的系统。这种方法虽然暂时能解决光纤耗尽问题，但由于增加了不少设备而导致网络成本上升。

第二代 DWDM 设备为城域网（MAN）的业务提供网络容量。在 MAN 中引入小容量的第二代 DWDM 设备，可以如同长途传输一样有助于解决光纤耗尽的问题。更重要的是，当今第二代 DWDM 系统的网络结构能支持有保护的环形网络，并且提供多种业务接口。

第二代 DWDM 网络仍然存在 3 大问题：成本、可扩容性和可管理性。网络的一个主要瓶颈是 OXC 节点，它仍采用光/电/光设备。

第三代 DWDM 网络提供可升级的、全光的、分布式的波长交换。与第二代结构相比，第三代网络可以使运营商从新的、有特色的服务中获取最大利润，降低运营成本。在城域网和局域网情况下，应用全光的波长交叉连接器（WXC）、可动态配置的 OADM、可调激光转发器以及可动态控制光层的高级管理软件，可以对环间互联和逻辑格形网进行优化设计。第三代 DWDM 系统另一个好处是波长可以优化再使用，另外，第三代 DWDM 网络可利用前向纠错（FEC）和数字封装技术改善光域性能，包括对单波长的保护和光性能的监测。

（2）DWDM 的发展方向

DWDM 技术问世以来，由于具有许多显著的优点而得到迅速推广应用，并向全光网络的方向发展。从发展的角度看，今后全光技术的发展可能表现在以下几个方面。

① 光分插复用器（OADM）

目前采用的 OADM 只能在中间局站上、下固定波长的光信号，使用起来比较僵化。而未来的 OADM 对上、下光信号将是完全可控的，就像现在分插复用器上、下电路一样，通过网管系统就可以在中间局站有选择地上、下一个或几个波长的光信号，使用起来非常方便，组网十分灵活。

② 光交叉连接设备（OXC）

与 OADM 相类似，未来的 OXC 将类似现在的 DXC 能对电信号随意进行交叉连接一样，可以利用软件对各路光信号进行灵活的交叉连接。OXC 对全光网络的调度、业务的集中与疏导、全光网络的保护与恢复等都会发挥重大作用。

③ 可变波长激光器

到目前为止，光纤通信用的光源（即半导体激光器）只能发出固定波长的光波，尚不能做到按需要随意改变半导体激光器的发射波长。随着科技的发展会出现可变波长激光器，即激光器光源的发射波长可按需要进行调谐发送，其光谱性能将更加优越，而且具有更高的输出功率、更高的稳定性和更高的可靠性。不仅如此，可变波长的激光器光源的标准化更利于大批量生产，降低成本。

④ 全光再生器

目前光系统采用的再生器均为电再生器，都需要经 O/E/O 转换过程，即通过对电信号的处理来实现再生（整形、定时、数据再生）。电再生器设备体积大、耗电多、运营成本高，且速率受限。EDFA 虽然可以用来作再生器使用，但它只是解决了系统损耗受限的难题，而对于色散受限，EDFA 是无能为力的，即 EDFA 只能对光信号放大，而不能对光信号再生整形。未来的全光再生器则不然，它不需要 O/E/O 转换就可以对光信号直接进行再定时、再整形和再放大，而且与系统的工作波长、比特率、协议等无关。由于它具有光放大功能，因此解决了损耗受限的难题，又因为它可以对光脉冲波形直接进行再整形，所以也解决了色散受限的难题。

5.1.3　DWDM 技术的主要特点

DWDM 技术之所以在近几年能得到迅猛发展，其主要原因是它具有下述特点。

1．超大容量传输

DWDM 系统的传输容量十分巨大。由于 DWDM 系统的复用光通路速率以 SDH 10 Gbit/s 或 2.5 Gbit/s 为基本波道速率，而复用光信道的数量可以是 4、8、16、32，甚至更多，因此系统的传输容量可达到几百上千 Gbit/s。而这样巨大的传输容量是目前的 TDM 方式根本无法做到的。

2．节约光纤资源

对于单波长系统而言，1 个 SDH 系统就需要一对光纤，而对于 DWDM 系统来讲，不管有多少个 SDH 分系统，整个复用系统只需要一对光纤就够了。例如，对于 16 个 2.5 Gbit/s 系统来说，单波长系统需要 32 根光纤，而 DWDM 系统可利用开通 16 个波道（每波道 2.56Gbit/s）的双纤网络即可实现。另外，DWDM 系统还可以利用单根光纤实现双向通信，这样就更加节约光纤资源。节约光纤资源这一点也许对于市话中继网络并非十分重要，但对于系统扩容或长途干线来说就显得非常可贵。

3．各通路透明传输、平滑升级扩容方便

在 DWDM 系统中各复用波道通路是彼此相互独立的，所以各光通路可以分别透明地传送不同的业务信号，如语音、数据和图像等，彼此互不干扰。这不仅给使用者带来了极大的便利，而且为网络运营商实现综合信息传输提供了平台。

当需要扩容升级时，只要增加复用光通路数量与相关设备，就可以增加系统的传输容量，而且扩容时对其他复用光通路不会产生不良影响。DWDM 系统的升级扩容是平滑的，而且方便易行，

从而最大限度地保护了建设初期的投资。

例如，某地区在几年前建设了 SDH 622 Mbit/s 系统，随着当地通信事业的发展，当客户通信量增加需要用 6 个 STM-1 来承载时，就要在 STM-4 系统基础上升级到 STM-16 系统。由于 SDH 容量呈 4 倍关系增长，虽然只需要 6 个 STM-1，但系统升级一下增加了 16 个 STM-1，多余的 10 个 STM-1 是空闲的。随着速率的提升，这种成 4 倍增加量将会更大。而采用 DWDM 系统后，扩容的波道数是随意的，因此可以根据通信需求逐步扩容，既减少一次性扩容的大量投资，又满足了发展需求。

4. 充分利用成熟的 TDM 技术

以 TDM 方式提高传输速率虽然在降低成本方面具有巨大的吸引力，但面临着许多因素的限制，如制造工艺、电子器件工作速率的限制等。据分析，TDM 方式的 40 Gbit/s 光传输设备已非常接近目前电子器件的工作速率极限，再进一步提高速率是相当困难的。而 DWDM 技术则不然，它可以充分利用现已成熟的 TDM 技术，相当容易地使系统的传输容量达到几百上千 Gbit/s 水平，从而避开开发速率高于 10 Gbit/s 以上 TDM 技术所面临的种种困难。目前 TDM 方式的 210 Gbit/s 光传输技术已十分成熟，DWDM 可以把 100 多 210 Gbit/s 的光传输系统作为复用通路进行复用，使传输容量呈几十上百倍地增加，达到几百上千 Gbit/s，甚至更高水平。而采用 TDM 方式达到如此高的传输容量几乎是不可能的。

5. 利用掺饵光纤放大器（EDFA）实现超长距离传输

EDFA 具有高增益、宽带宽、低噪声等优点，在光纤通信中得到了广泛的应用。EDFA 的光放大范围为 1 530～1 565 nm，但其增益曲线比较平坦的部分是 1 540～1 560 nm，它几乎可以覆盖整个 DWDM 系统的 1 550 nm 工作波长范围。因此用一个带宽很宽的 EDFA 就可以对 DWDM 系统的各复用光通路的信号同时进行放大，以实现系统的超长距离传输，避免每个光传输系统都需要一个光放大器的情况。目前 DWDM 系统的超长传输距离可达到数百公里，因此可以节省大量中继设备，降低成本。

6. 对光纤的色散无过高要求

对于 DWDM 系统来讲，不管系统的传输速率有多高、传输容量有多大，它对光纤色度色散系数的要求基本上就是单个复用通路速率信号对光纤色度色散系数的要求。例如，20 Gbit/s（8×2.5 Gbit/s）的 WDM 系统对光纤色度色散系数的要求就是单个 2.5 Gbit/s 系统对光纤色度色散系数的要求，一般的 G.652 光纤都能满足。但 TDM 方式的高速率信号却不同，其传输速率越高，传输同样距离所要求的光纤色度色散系数就越小。以目前敷设量最大的 G.652 光纤为例，用它直接传输 2.5 Gbit/s 速率的光信号是没有多大问题的，但若传输 TDM 方式 10 Gbit/s 速率的光信号，就需对系统的色度色散等参数提出更高的要求，同时对光纤的偏振模色散值也提出了较高的要求。

7. 可组成全光网络

全光网络是未来光纤传送网的发展方向。在全光网络中，各种业务的上、下、交叉连接等都是在光路上通过对光信号进行调制实现的，从而消除了 E/O 或 O/E 转换中电子器件的瓶颈。

例如，在某个局站可根据需求用光分插复用器（OADM）直接上、下几个波长的信号，或者用光交叉连接设备（OXC）对光信号直接进行交叉连接，而不必像现在这样首先进行 O/E 转换，然后对电信号进行上、下或交叉连接处理，最后再进行 E/O 转换，把转换后的光信号输入到光纤中进行传输。当 DWDM 系统采用 OADM、OXC 设备时，就可以组成具有高度灵活性、高可靠性、高生存性的全光网络，以适应宽带传送网的发展需要。

5.2 DWDM 系统结构

5.2.1 DWDM 系统结构

DWDM 系统的基本结构和工作原理如图 5-4 所示。

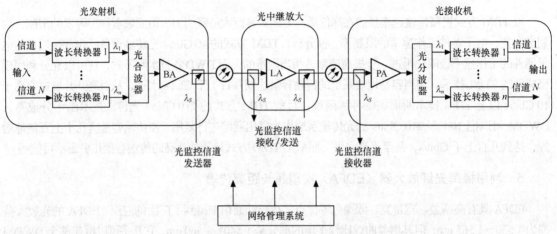

图 5-4 DWDM 系统的基本结构

光发射机是 DWDM 的核心，它将来自终端设备（如 SDH 端机）输出的非特定波长光信号，在光波转发器（OTU）处转换成具有稳定的符合 DWDM 要求的特定波长光信号，然后利用光合波器将各路单波道光信号合成为多波道通路的光信号，再通过光功率放大器（BA）放大后输出多通路光信号送入光纤进行传输。

光中继放大器是为了延长通信距离而设置的，主要用来对光信号进行放大补偿。为了使各波长的增益一致，要求光中继放大器对不同波长信号具有相同的放大增益。目前使用最多的是掺铒光纤放大器（EDFA）。

光接收机，首先利用前置放大器（PA）放大经传输而衰减的主信号，然后利用光分波器从主信号中分出各特定波长的各个光信道，再经 OTU 转换成原终端设备所具有的非特定波长的光信号。光接收机不但要满足一般接收机对光信号灵敏度、过载功率等参数的要求，还要能承受一定光噪声的信号，要有足够的电带宽性能。

上述提到的功率放大器（BA）、线路放大器（LA）和前置放大器（PA）都可以采用 EDFA 实现。但要明确的是，EDFA 作为 LA 时只能放大信号，而不能使信号再生。由于光路是可逆的，所以光的合波器与分波器可以由一个器件实现，发射端与接收端的光波转换器也可以是同一个器件。由此可见，在 DWDM 系统中实现多波道信号在一根光纤中传输，主要经过 3 个器件，即光波转换器（OTU）、光波放大器（EDFA）和光的合波/分波器。因此组成 DWDM 设备的主要板卡就是光放大器、光波转换器和光合波/分波器。

光监控信道的主要功能是用于放置监视和控制系统内各信道传输情况的监控光信号，在发送端插入本节点产生的波长 λ_s（1 510 nm 或 1 625 nm）光监控信号，与主信道的光信号合波输出。在接收端，从主信号中分离出 λ_s（1 510 nm 或 1 625 nm）波长的光监控信号。帧同步字节、公务字节和网管所用的开销字节等都是通过光监控信道来传递的。由于 λ_s 是利用 EDFA 工作波段（1 530～1 565 nm）以外的波长，所以 λ_s 不能通过 EDFA，只能在 EDFA 后面加入，在 EDFA 前面取出。

　　网络管理系统通过光监控信道物理层，传送开销字节到其他节点或接收来自其他节点的开销字节对 DWDM 系统进行管理，实现配置管理、故障管理、性能管理和安全管理等功能，并与上层管理系统相连。

　　实际 DWDM 设备电路原理图如图 5-5（a）、（b）和（c）所示。

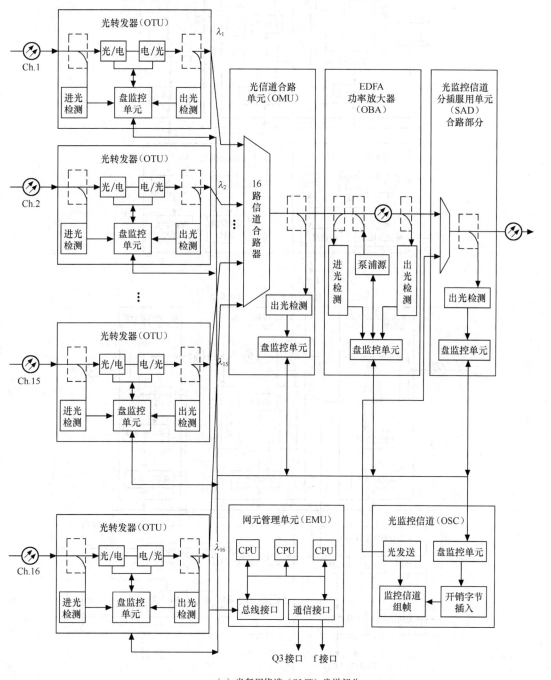

（a）光复用终端（OMT）发送部分

图 5-5

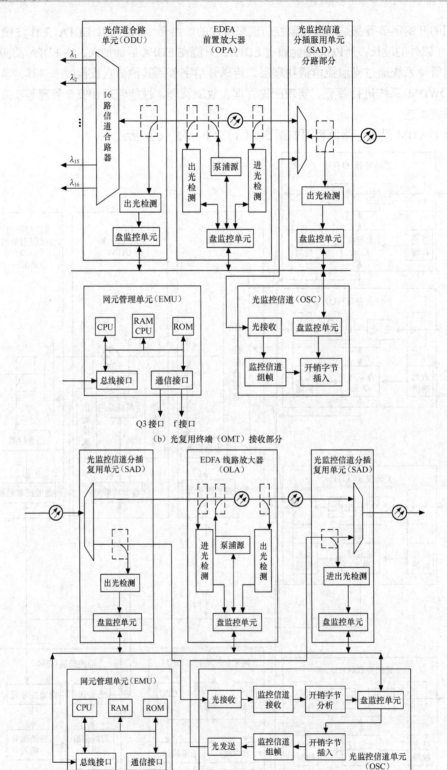

（b）光复用终端（OMT）接收部分

（c）ILA设备原理方框图

图 5-5（续）

5.2.2　标称波长的确定

为了使波分复用标准化、统一化，需要对波分复用的波长窗口点进行标准化规定。

1．实现波长标准化的意义

（1）波长标准化是达成横向兼容性的第一步，可以保证各个厂商的产品在波长上趋于一致，消除现在必须采用的波长转换器等设备，减少不必要的花费。

（2）为不同厂家的产品在物理层上互连提供可能。

（3）为全光网络的"虚波长通路"的选路技术实现打下基础。

2．DWDM 系统选择波长的原则

（1）在 1 550 nm 区域至少应该提供 16 个波长，因为当单通路比特速率为 STM-16 时，一根光纤上的 16 个通路就可以提供 40 Gbit/s 的业务。

（2）波长的数量不能太多，一是对这些波长进行监控是一个庞大而又难以应付的问题；二是复用波长数越多，波长间隔越小，容易产生波长干扰，且分波难度加大。复用波长数量的最大值可以从经济和技术的角度予以限定。

（3）所有波长都应位于光放大器（OFA）增益曲线相对比较平坦的部分，使得 OFA 在整个波长范围内提供相对较均匀的增益，这将有助于系统设计。对于掺铒光纤放大器，它的增益曲线相对较平坦的部分是 1 540～1 560 nm。

（4）这些波长应该与放大器的泵浦波长无关，在同一个系统中允许使用 980 nm 泵浦的光放大器和 1 480 nm 泵浦的光放大器。

（5）所有通路在这个范围内均应保持均匀间隔，且更应该在频率而不是波长上保持均匀间隔，以便与现存的电磁频谱分配保持一致，并允许使用按频率间隔规范的无源器件。

3．ITU-T 给出的标称频率

为了保证不同 DWDM 系统之间的横向兼容性，必须对各个波长通路的中心频率进行规范。

（1）绝对频率参考

绝对频率参考是指 DWDM 系统标称中心频率的绝对参考点。G.692 建议规定，DWDM 系统的绝对频率参考点为 193.1 THz，与之相对应的光波长为 1 552.52 nm。

（2）标称中心频率（标称中心波长）

所谓标称中心频率指的是光波分复用系统中每个通路对应的中心波长对应的频率点。目前国际上规定的通路频率是基于参考频率为 193.1 THz、最小间隔为 100 GHz 的频率间隔系列，即用绝对参考频率加上（或减去）规定的通路间隔就是各复用光通路的具体标称中心频率。标称中心波长是在规定标称中心频率基础上根据公式 $f \times \lambda = C$ 计算所得。标称中心频率（波长）与绝对频率（波长）的关系如图 5-6 所示。

（3）中心频率偏差

中心频率偏差定义为标称频率与实际标称中心频率之差。

① 间隔 100 GHz 时：±20 GHz（16 路系统）；

② 间隔 200 GHz 时：±20 GHz（8 路系统）。

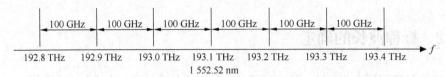

图 5-6　标称中心频率（波长）与绝对频率（波长）关系

影响中心频率偏差的主要因素有光源啁啾、信号带宽、光纤的自相位调制（SPM）引起的脉冲展宽及温度和老化的影响等。

（4）常用的 8/16 通路的 DWDM 系统中心频率与对应波长如表 5-1 所示。

表 5-1　　　　　　　　常用的 16/8 通路的 DWDM 系统中心频率（波长）表

波　道	频率/THz	波长/nm	波　道	频率/THz	波长/nm
λ_1	192.6	1 548.51	λ_9	193.4	1 554.94
λ_2	192.7	1 549.32	λ_{10}	193.5	1 555.75
λ_3	192.8	1 550.12	λ_{11}	193.6	1 556.55
λ_4	192.9	1 550.92	λ_{12}	193.7	1 557.36
λ_5	193.0	1 551.72	λ_{13}	193.8	1 558.17
λ_6	193.1	1 552.52	λ_{14}	193.9	1 558.98
λ_7	193.2	1 553.33	λ_{15}	194.0	1 559.79
λ_8	193.3	1 554.13	λ_{16}	194.1	1 560.61

注：16 路系统频率间隔 100 GHz（相当波长间隔 0.8 nm）

8 路系统频率间隔 200 GHz（相当波长间隔 1.6 nm）。

5.3　DWDM 系统分类

5.3.1　DWDM 两类基本系统

1. DWDM 系统的两种基本形式

（1）双纤单向传输

双纤单向传输 DWDM 系统是指一根光纤只完成一个方向光信号的传输，反方向的信号由另一光纤完成，如图 5-7 所示。即在发送端将载有各种信息的、具有不同波长的已调光信号 λ_1、λ_2、…、λ_n 通过光复用合波器组合在一起，并在同一根光纤中沿着同一方向传输。由于各个光信号是调制在不同的光波长上的，因此彼此间不会相互干扰。在接收端通过光分波器将不同波长的光信号分开，完成多路光信号的传输任务。因此，同一波长可以在两个方向上重复利用。

双纤单向传输的特点如下：

① 需要两根光纤实现双向传输；

② 在同一根光纤上所有光通道的光波传输方向一致；

③ 对于同一个终端设备，收、发波长可以占用一个相同的波长。

（2）单纤双向传输

单纤双向传输 DWDM 系统是指光通路同时在一根光纤上有两个不同的传输方向，如图 5-8 所示，所用波长相互分开，因此这种传输允许单根光纤携带全双工通路。与双纤单向 DWDM 系统相比，单纤双向 DWDM 系统可以减少光纤和线路放大器的数量。但单纤双向 DWDM 设计比较复杂，必须考虑多波长通道干扰、光反射的影响，另外还需考虑串音、两个方向传输功率电平数值、光监控信号 OSC 传输和自动功率关断等一系列问题。在该系统中，为消除双向波道干扰，两个方向的波道应分别设置在红波段区（长波长区）和蓝波段区（短波段区）。另外，该系统对于同一终端设备的收、发波长不能相同。

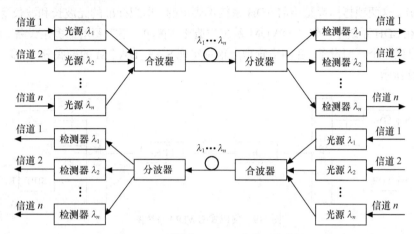

图 5-7　双纤单向 DWDM 传输系统结构

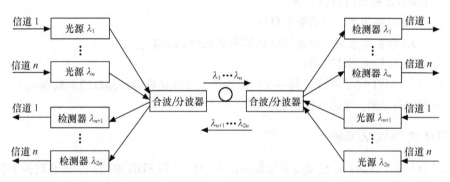

图 5-8　单纤双向 DWDM 传输系统结构

单纤双向传输的特点如下：

① 只需要一根光纤实现双向通信；

② 在同一根光纤上，光波同时向两个方向传输；

③ 对于同一个终端设备，收、发需占用不同的波长；

④ 为了防止双向信道波长的干扰，一是收、发波长应分别位于红波段区和蓝波段区，二是在设备终端需要进行双向通路隔离，三是在光纤信道中需采用双向放大器实现两个方向光信号放大。

5.3.2　DWDM 系统典型的两类应用结构

根据不同的分类方法，DWDM 系统有不同的应用类型，以信道速率分类有 2.5 Gbit/s、10 Gbit/s、40 Gbit/s 和 100 Gbit/s 等，以及其混合速率；以信号类型分类有数字信号和模拟信号；以信道承载业务类型分类有 PDH、SDH、ATM、IP 或其混合业务等；以信道数分类有 16λ、32λ、40λ、80λ 等；

以总容量分类有 40 Gbit/s、80 Gbit/s、320 Gbit/s、800 Gbit/s 和 1600 Gbit/s 等；以传输方向分类有双纤单向和单纤双向系统等；以地理域分类有海底系统、陆地系统等；以网络功能分类有骨干网或核心网、省内网或区域网、城域网或局域网；以系统接口分类有集成式或开放式系统。

1. 集成式 DWDM 系统

集成式 DWDM 系统就是 SDH 终端设备具有满足 G.692 的光接口：标准的光波长、满足长距离传输的光源。这两项指标都是当前 SDH 系统不要求的，即把标准的光波长和波长受限色散距离的光源集成在 SDH 系统中。整个 DWDM 系统构造比较简单，不需要增加多余设备，但要求 SDH 与 DWDM 是同一个厂商设备，在网络管理上很难实现 SDH、DWDM 的彻底分开。集成式 DWDM 系统如图 5-9 所示。

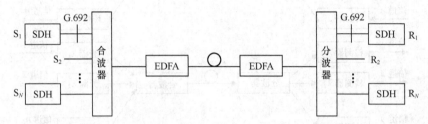

图 5-9　集成式 DWDM 系统图

集成式 DWDM 系统的特点如下：

（1）DWDM 设备简单，不需要 OTU；

（2）对 SDH 设备要求高，设备接口必须满足 G.692 标准；

（3）每个 SDH 信道不能互通；

（4）SDH 与 DWDM 设备应是同一个厂家生产，才能达到波长接口的一致性；

（5）不能横向联网，不利于网络的扩容。

2. 开放式 DWDM 系统

开放式 DWDM 系统就是在波分复用器前加入 OTU，将 SDH 非规范的波长转换为标准波长。开放是指在同一 DWDM 系统中，可以接入多家的 SDH 系统。OTU 对输入端的信号没有要求，可以兼容任意厂家的 SDH 信号。OTU 输出端是满足 G.692 接口标准的光波长、满足长距离传输的光源。具有 OTU 的 DWDM 系统不再要求 SDH 系统具有 G.692 接口，可继续使用符合 G.957 接口的 SDH 设备；可以接纳过去的 SDH 系统，实现不同厂家 SDH 系统工作在一个 DWDM 系统内。但 OTU 的引入可能会给 DWDM 系统性能带来一定的负面影响，使 DWDM 系统结构变得复杂。开放式 DWDM 系统适用于多厂家环境，以彻底实现 SDH 与 DWDM 的分离。开放式 DWDM 系统如图 5-10 所示。

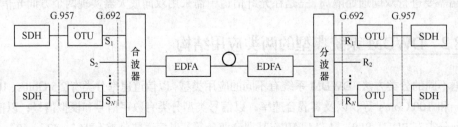

图 5-10　开放式 DWDM 系统图

开放式 DWDM 系统的特点如下：

（1）DWDM 设备复杂，需要增加 OTU 器件，复用波数越多，增加的 OTU 器件越多；

（2）对 SDH 设备无特殊要求，SDH 终端设备只要符合 G.957 标准即可；

（3）利于横向联网和网络的扩容。

5.3.3　DWDM 系统的网络拓扑结构

1. SDH 与 DWDM 的关系

DWDM 系统是一个与业务无关的系统，它可以承载各种格式的信号，即 PDH、SDH、ATM、IP 信号均是 DWDM 所承载的业务。但目前由于 PDH 和 ATM 速率低，承载在 DWDM 系统上不能充分利用带宽，一般 PDH 与 ATM 是封装在 SDH 后再进入 DWDM 系统，因此 DWDM 主要承载的业务信号是 SDH。随着 ATM 接口速率的提高，ATM over WDM 和 IP over WDM 已逐步成为现实。

尽管 SDH 和 DWDM 都是建立在光纤这一物理介质上，利用光纤作为传输手段，但 DWDM 是更趋近于物理介质光纤层的系统。因此，SDH 与 DWDM 之间是客户层与服务层的关系，如图 5-11 所示。

2. DWDM 的网络拓扑结构

目前，DWDM 系统主要是点对点的线形结构（光电混合器）；今后，随着 OADM 和 OXC 的发展技术成熟，将组成环形网和网状网，以提高网络的生存性和可靠性。

3. DWDM 系统的分层结构

由于 DWDM 系统主要承载 SDH 信号，所以 ITU-T 建议，在 SDH 再生段层以下又引入光通道层、光复用段层和光传输层，如图 5-12 和 5-13 所示。

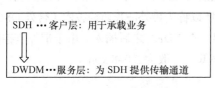

图 5-11　SDH 与 DWDM 关系

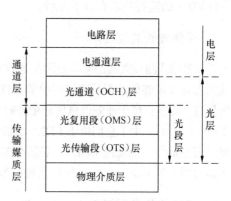

图 5-12　DWDM 系统分层结构

光通道层可为各种业务信息提供光通道上端到端的透明传送，主要功能包括：为网络路由提供灵活的光通道层连接，具有确保光通道层适配信息完整性的光通道开销处理能力，具有确保网络运营与管理功能得以实现的光通道层监测能力。

光复用段层可为多波长光信号提供联网功能，包括：为确保多波长光复用段适配信息完整性的光复用段开销处理功能，为保证段层操作与管理能力而提供的光复用段监测功能。

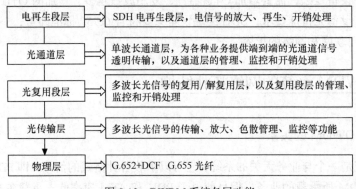

图 5-13　DWDM 系统各层功能

光传输段层可为光信号提供在各种类型的光纤（如 G.652、G.655 等）上传输的功能，包括对光传输段层中的光放大器、光纤色散等的监视与管理功能。

5.3.4　DWDM 的监控技术

目前，DWDM 主要是承载 SDH 业务，SDH 本身具有强大的网管功能，所以对 SDH 的业务监控可直接利用 SDH 本身开销进行管理。

DWDM 系统的监控主要是对光器件 OTU、分波/合波器、EDFA 等监控，对光纤线路运行情况，如运行质量、故障定位、告警等进行监控。在 DWDM 系统中需设置光监控信道（OSC），用以传输光监控信号。

现在实用的 DWDM 系统都是 DWDM+EDFA 系统，EDFA 用作功率放大器或前置放大器时，传输系统自身用的监控信道就可对它们进行监控。但对于线路放大的 EDFA 的监控管理，就必须采用单独的光信道来传输监控管理信息。

DWDM 的监控技术有以下几种。

1．带外波长监控技术

对于使用线路放大器的波分复用系统需要一个额外的光监控信道，这个信道能在每个光中继器/光放大器处以足够低的误码率进行分插。ITU-T 建议采用一个特定波长作为光监控信道传送监测管理信息，此波长位于业务信息传输带外时可选 1 310 nm、1 480 nm、1 510 nm 或 1 625 nm，但优选 1 510 ± 10 nm。由于它们位于 EDFA 增益带宽之外，所以称为带外波长监控技术（带外 OSC）。此时，监控信号不能通过 EDFA，必须在 EDFA 前取出，在 EDFA 之后插入。由于带外监控信道的光信号得不到 EDFA 放大，所以传输的监控信息速率低，一般为 2 048 kbit/s。

2．带内波长监控技术

带内波长监控技术是选用位于 EDFA 增益带宽内的 1 532 ± 4 nm 波长，其优点是可利用 EDFA 增益，此时，监控系统的速率可提高至 155 Mbit/s。尽管 1 532 nm 波长处于 EDFA 增益平坦区边缘的下降区，但因 155 Mbit/s 系统的接收灵敏度优于 DWDM 各个主信道系统的接收灵敏度，所以监控消息仍能正常传输。

3．带外、带内结合波长监控技术

ITU-T 定义的光传送网的网元管理系统一般按光通道层（OCH）、光复用段层（OMS）、光传输段层（OTS）3 层设计，因此在不同层可采用不同的方式。如在 OCH 层采用带内方式，在其他两层采用带外方式等，这需要进行优化设计与综合考虑。

4．光监控信道的保护

当光缆整个被切断时，会造成 OSC 通道双向都被中断，使网元管理系统无法正常获取监控信息，此时可通过数据通信网（DCN）另设传输监控信息，达到保护 OSC 的目的。

5.3.5　DWDM 系统传输总速率

在 DWDM 系统中，光纤传输的总信号速率 B_T 为各个波长 λ_i 的信号速率 B_i 之和。即：

$$B_{\mathrm{T}} = \sum_{i=1}^{k} B_i$$

可见，提高系统速率的方法有：一是增加复用波数；二是提高每个波的信号速率 B_i。

例：在某 DWDM 系统，4 个波开放 SDH 2.5 Gbit/s 信号，8 个波开放 SDH 10 Gbit/s 信号。问该系统在光纤中总的传输速率是多少？

解　根据上述计算方法，该系统总的传输速率 B_{T}=2.5 × 4 + 10 × 8 = 90 Gbit/s

小结

本章概述了 DWDM 技术提出的背景，阐述了 DWDM 技术的概念及其特点，介绍了 DWDM 系统结构和标称波长的确定，最后对 DWDM 的系统分类及基本结构进行了分析。

1．波分复用是光纤通信中的一种传输技术，它是利用一根光纤可以同时传输多个不同波长的光载波的特点，把光纤可能应用的波长范围划分为若干个波段，每个波段用作一个独立的通道传输一种预定波长的光信号技术。

2．根据光纤传输的特征，可以将光纤的传输波段分成 6 个波段，分别是：O 波段、E 波段、S 波段、C 波段、L 波段和 U 波段，由于 EDFA 工作波段的限制，目前的 WDM 技术主要应用在 C 波段上。

3．按信号的复用方式，光纤通信系统提高传输容量的方法有：空分复用（SDM）、光时分复用（OTDM）、光频分复用（OFDM）、光波分复用（WDM）和光码分复用（OCDM）。目前提高传输容量的复用方式主要采用 TDM 与 WDM 合用的方式。

4．要实现 DWDM 传输，需要许多与其作用相适应的高新技术和器件，其中包括光源、光分波合波器、光放大器、光纤技术以及监控技术等。

5．DWDM 系统分为光发射机、光放大、光接收机 3 个部分。光发射机是 DWDM

的核心；光中继放大器是为了延长通信距离而设置的；光接收机不但要满足一般接收机对光信号参数的要求，还要能承受一定光噪声的信号，要有足够的电带宽性能。

6. 绝对频率参考是指 DWDM 系统标称中心频率的绝对参考点。G.692 建议规定，DWDM 系统的绝对频率参考点为 193.1 THz，与之相对应的光波长为 1 552.52 nm。所谓标称中心频率指的是光波分复用系统中每个通路对应的中心波长对应的频率点。目前国际上规定的通路频率是基于参考频率为 193.1 THz、最小间隔为 100 GHz 的频率间隔系列。

7. DWDM 系统的两种基本形式是双纤单向传输和单纤双向传输，其中双纤单向传输中同一波长可以在两个方向上重复利用，单纤双向传输对于同一终端设备的收、发波长不能相同。

8. DWDM 系统是一个与业务无关的系统，它可以承载各种格式的信号，即 PDH、SDH、ATM、IP 信号均是 DWDM 所承载的业务。DWDM 主要承载的业务信号是 SDH，SDH 与 DWDM 之间是客户层与服务层的关系。

9. 由于 DWDM 系统主要承载 SDH 信号，所以 ITU-T 建议，在 SDH 再生段层以下又引入光通道层、光复用段层和光传输层。

10. DWDM 系统的监控主要是对光器件 OTU、分波/合波器、EDFA 等监控；对光纤线路运行情况，如运行质量、故障定位、告警等进行监控。在 DWDM 系统中需设置光监控信道（OSC），用以传输光监控信号。DWDM 的监控技术有带外波长监控技术、带内波长监控技术和带外带内结合波长监控技术。

习题

一、填空题

1. 光纤的波段可划分为 O 波段、_____、S 波段、_____、_____、_____，其中目前的 WDM 技术主要应用在_____波段上。

2. 按信号的复用方式，光纤通信系统提高传输容量的方法有_____、_____、_____、_____、_____。目前提高传输容量的方式主要采用_____和_____的合用技术。

3. 要实现 WDM 传输，需要许多与其作用相适应的高新技术和器件，其中包括光源、_____、_____以及监控技术等。

4. 功率放大器、线路放大器和前置放大器都可以采用_____实现。

5. 目前国际上规定的通路频率是基于参考频率为_____THz、最小间隔为_____Hz 的频率间隔系列。

6. SDH 与 DWDM 之间是_____层与_____层的关系。

7. 由于 DWDM 系统主要承载 SDH 信号，所以 ITU-T 建议，在 SDH 再生段层以下又引入_____层、_____层和_____层。

二、名词解释

1. WDM
2. 标称中心频率

3. OTU

三、选择题

1. WDM 本质上是光域的（　　　）。

　　A. SDM　　　　　　　　B. TDM　　　　　　　　C. CDMA　　　　　　　　D. FDM

2. 目前我国敷设面积最广的光缆是（　　　），最适用于 DWDM 传送的光缆是（　　　）

　　A. G.652　　　　　　　　B. G.653　　　　　　　　C. G.654　　　　　　　　D. G.655

3. ITU-T 规定的绝对频率参考为（　　　）。

　　A. 191.3 THz　　　　　　B. 191.3 GHz　　　　　　C. 193.1 THz　　　　　　D. 193.1 GHz

四、简答题

1. 什么是 WDM 技术？为什么要提出 WDM 技术？

2. WDM 与 DWDM 有何区别？

3. 实现 DWDM 技术有哪些关键技术？

4. 画出 DWDM 系统总体结构示意图，并说明各部分作用。

5. DWDM 系统两种基本形式有何区别？各有何特点？

6. DWDM 系统分成哪些层？各层的作用是什么？

7. DWDM 系统有几种监控方式？

五、计算题

已知某 DWDM 系统采用 4 波复用技术，其中两个波传输采用 STM-16 的 SDH 接入；1 个波采用 IP 高速路由器 1 Gbit/s 接入；1 个波采用 ATM 622 Mbit/s 接入。问该系统的总传输速率为多少？

第6章

DWDM 关键技术

【本章内容简介】 实现 DWDM 通信需要很多与其功能相适应的高新技术和器件。本章主要介绍组成 DWDM 通信系统的关键器件光源与光波转换技术、光合波/分波技术、光开关、光放大器，以及光纤光缆技术等知识。

【学习重点与要求】 重点掌握单纵模光源，光信号调制，光波转换技术，光合波/分波技术，EDFA，光纤非线性效应。

6.1 光源与光波转换技术

前面已经叙述过组成 DWDM 的关键器件之一是 OTU，而构成 OTU 的主要部件是光源。因此，光源技术是实现 DWDM 系统的关键要素之一。

6.1.1 光纤通信系统对光源的要求

1. 光纤通信系统对光源的一般要求

在光纤通信中，实现电信号转变为光信号的关键器件是光源，光源性能的优劣直接影响光纤通信系统的传输性能。为了保证光信号的传输质量，光纤通信对光源的要求可以概括如下。

（1）发光波长与光纤的低损耗窗口相符，即与石英光纤 3 个低损耗窗口 0.85 μm、1.31 μm 或 1.55 μm 相适应。

（2）有足够高的、稳定的输出光功率，以满足系统对光中继段距离的要求。

（3）调制特性好，响应速度快，以利于高速率、大容量数字信号的传输。

（4）单色性和方向性好，以减少光纤的材料色散，提高光源和光纤的耦合效率。

（5）温度稳定性好，寿命长。

（6）强度噪声要小，以提高模拟调制系统的信噪比。

（7）体积小，重量轻，便于安装和使用，也利于光源和光纤的耦合。

光纤通信中最常用的光源是半导体激光器（LD）和发光二极管（LED），两者的主要区别在于 LED 发出的是荧光，而 LD 发出的是激光。由于 LED 发出的光谱很宽，因此多用在短距离、小容量的光纤通信系统中作为光源；而 LD 发出的光谱很窄，常用在长距离、大容量的光纤通信系统中作为光源。

2．DWDM 系统对光源的特殊要求

在 SDH 系统中由于只有一个光信道，工作波长可以在一个很宽的区域内变化。而 DWDM 系统的最重要特点是同时传输多个光信道，每个信道系统采用不同的波长，且波长间隔仅为 0.8 nm，甚至更小，这就对激光器提出了较高要求。除了有准确的工作波长外，在整个寿命期间波长偏移量都应在一定的范围之内，以避免不同的波长相互干扰。即激光器必须工作在标准波长，且具有很好的稳定性。

另一方面，由于采用了光放大器，DWDM 系统的无再生中继距离大大延长。SDH 系统再生距离一般在 50～60 km，由再生器进行整形、定时和再生，恢复成数字信号继续传输。而 DWDM 系统中，每隔 80 km 有一个 EDFA，只进行放大，没有整形和定时功能，不能有效去除因线路色散和反射等带来的不利影响。系统经 500～600 km 传输后才进行光电再生，因而要求延长光源的色散受限距离，由过去的 50～60 km 提高到 600 km 以上，这大大提高了对光源的要求。

总体上，应用在 DWDM 系统上的光源有两个突出特点：（1）比较大的色散容纳值；（2）标准而稳定的波长。

3．两种光信号调制方式

（1）直接调制光发射机组成结构

直接调制光发射机实现电光转换的特点是输入信号直接对光源进行调制。这种调制方式简单，易于实现，但由于调制电流的变化将引起激光器发生谐振腔的长度发生变化，引起发射激光的波长随调制电流线性变化，产生调制啁啾，它是直接调制光源无法克服的波长（频率）的抖动。啁啾的存在展宽了激光器发射光谱的线宽，使光源的光谱线特性变坏，限制了系统的传输速度和距离。直接调制光发射机组成结构如图 6-1 所示。

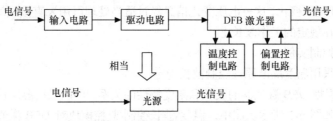

图 6-1　直接调制光发射组成结构

（2）外腔调制光发射机组成结构

外腔调制光发射机实现电光转换的特点是输入信号不直接驱动光源，而是在光路上对光信号进行调制。这种调制方式复杂，设备造价高，但能克服啁啾噪声，延长传输距离。外腔调制光发射机组成结构如图 6-2 所示。

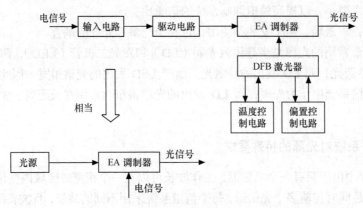

EA：电吸收调制器　　　DFB：分布反馈式激光器

图 6-2　外腔调制光发射组成结构

4．DWDM 系统对光源采取的措施

（1）采用外调制技术

对于直接调制来讲，单纵模激光器引起的啁啾噪声已成为限制其传输距离的主要因素。

与直接调制不同，在外调制情况下，高速电信号不再直接调制激光器，而是加载在某一介质上，利用该介质的物理特性使通过激光器信号的光波特性发生变化，从而间接建立了电信号与激光的调制关系。在外调制情况下，激光器产生稳定的大功率激光，而外调制器以低啁啾对它进行调制，从而获得远大于直接调制的色散受限距离。

另外，激光器工作在外调制状态下，它的驱动电流是一恒定值，这样就使激光器处于稳定的工作状态，可以产生幅度稳定的激光，同时也延长了激光的寿命。

（2）采用波长稳定技术

采用波长稳定技术的目的是使输入到光波分复用器的信号均为固定波长的光信号。这是因为 DWDM 系统中各个通路信号的波长均不相同，如果相邻两个通路信号的波长不稳定，偏移过大，就会造成通路信号间的串扰过大，产生误码。

稳定波长的方法如下：

① 通过稳定 LD 的温度和偏置电流，达到稳定 LD 的输出波长的目的，这种方法最简单。

② 使用波长敏感器对可调制连续光源的波长进行控制。其原理是：波长敏感器的输出电压随 LD 发射光波长的变化而变化，这一电压变化信息经过适当处理可用来直接或间接控制 LD 发射的光波长，使其稳定在规定的工作波长上。

（3）波长稳定控制实例

第一种方法：采用温度反馈原理控制波长稳定。

控制原理是：根据 DFB 激光器的波长和温度特性的关系，可以采用温度反馈控制的方式获得波长稳定的光波，如图 6-3 所示。图中，温度-波长控制/监控模块对 DFB 激光器芯片处的温度进行检测，控制激光器芯片处的制冷或制热 TEC 电路，从而达到控制波长和使波长稳定的目的。

第二种方法：采用波长反馈原理控制波长稳定。

控制原理是：发射模块采用了更先进的波长反馈控制方式，在进行温度反馈控制的同时，检测光信号输出端光波长。已知需要稳定的中心波长 λ_0，分别检测短波长 $\lambda_0-\Delta\lambda$ 和长波长 $\lambda_0+\Delta\lambda$ 的光信号，当输出的光信号锁定在中心波长 λ_0 时，检测输出的电信号为零；当输出的光信号偏向

短波长 $\lambda_0-\Delta\lambda$ 或长波长 $\lambda_0+\Delta\lambda$ 时，检测输出的电信号分别为负或正，不为零。输出电压可以控制温度-波长控制模块，调整输出光信号的波长，使之锁定在中心波长处。图 6-4（a）、（b）所示分别为波长反馈控制原理和中心波长锁定的原理示意图。

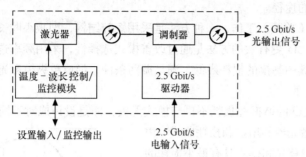

图 6-3　温度反馈控制原理示意图

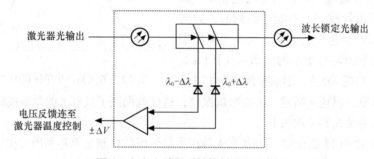

图 6-4（a）　波长反馈控制原理示意图

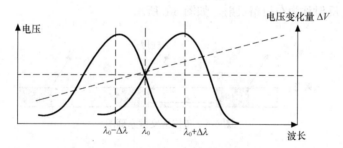

图 6-4（b）　中心波长锁定原理示意图

当工作在中心波长 λ_0 时，$\Delta V=0$；

当 λ_0 增加 $\Delta\lambda$ 时，ΔV 也增加；

当 λ_0 减小 $\Delta\lambda$ 时，ΔV 也减小；

根据 ΔV 的变化的大小，就知 $\Delta\lambda$ 变化的大小，利用 ΔV 的变化来改变 $\Delta\lambda$ 的大小，从而使波长输出稳定。

6.1.2　光源类型

为减小光纤中的频率（色度）色散，要求光源产生的光信号是单纵模的激光。用于 DWDM 系统的光源一般应具备光谱范围宽、信道光谱窄、复用信道数多以及信道波长及其间隔高度稳定等特点。

常用光源有单纵模激光器（SLM）、量子阱（QW）半导体激光器和掺铒光纤激光器。

1．单纵模激光器

单纵模激光器（SLM）是指半导体激光器的频谱特性，只具有单个纵模或单个谱线的激光器。

（1）获得单纵模的途径

为使 LD 单纵模（单频）工作，一种方法是采用短腔结构，即减小腔长以增加相邻纵模的间隔。另一种获得单模 LD 更有效的方法是通过改善模式选择性，采用频率选择性反馈，使不同的纵模有不同的损耗，其中基模的损耗最低。满足振荡条件，形成单纵模激光输出。

（2）SLM 工作原理

SLM 半导体激光器的谐振腔损耗不再与模式无关，而是设计成对不同的纵模具有不同的损耗。图 6-5 表示这种激光器的增益和损耗曲线。由图 6-5 可见，增益曲线首先和模式具有最小损耗的曲线接触的 f_c 模开始起振，并且变成主导模。其他相邻模由于其损耗较大，不能达到阈值，因而也不会从自发辐射中建立起振荡。这些边模携带的功率通常占总发射功率很小的比例（小于 1%）。

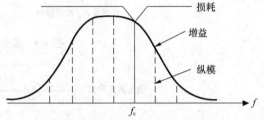

图 6-5　激光器产生单纵模为主振模的原理图

即在 f_c 时，损耗=增益，形成振荡成为主模输出；对于其他纵模，损耗＞增益，不能形成振荡，这样就保证了只有 f_c 的单纵模输出。

（3）分布反馈激光器（DFB）

DFB 是典型的 SLM 激光器。DFB 激光器产生单纵模的机制主要是利用布拉格反射原理。布拉格反射原理是指光波在两种不同介质的交界面上具有周期性的反射点，当光入射时，将产生周期性的反射，这种反射称为布拉格反射。如图 6-6 所示。

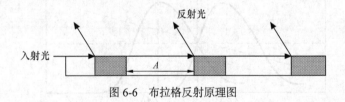

图 6-6　布拉格反射原理图

可以证明：反射波长与光栅的距离 A 有关，通过调整光栅距离 A 就可得到所需的工作波长激光，即产生单纵模激光。

DFB 激光器的主要特点：一是动态单纵模窄线宽振荡；二是波长稳定性好。

2．量子阱半导体激光器

量子阱（QW）半导体激光器是一种窄带隙有源区夹在宽带隙半导体材料中间或交替重叠生长的半导体激光器，是一种很有发展前途的激光器。

（1）量子阱

量子阱激光器与一般的双异质结激光器结构相似，只是有源区的厚度很薄。双异质结激光器的有源层厚度一般为 0.1～0.2 μm，而量子阱激光器的有源区厚度仅为几十埃。理论分析表明：当有源区厚度极小时，有源区与两边相临层的能带将出现不连续现象，即在有源区的异质结上出现了导带和价带的突变，从而使窄带隙的有源区为导带中的电子和价带中的空穴创造了一个势能阱。由此而带来了一系列的优越性质，其名称也由此而来。

（2）QW 激光器的主要特点

与一般的双异质结激光器相比，QW 激光器有一些独到之处。

① 阈值电流低。由于其结构中"阱"的作用，使电子和空穴被限制在很薄的有源区内，造成有源区内粒子数反转浓度很高，因而大大降低了阈值电流。

② 线谱宽度很窄。由于"阱"的作用，使腔长变得很短，电子-空穴的复合区只能在"阱"内，从而使线宽内频谱单一，线宽变窄。

③ QW 的温度灵敏底低，调制速度快。

④ 频率啁啾小，动态单纵模特性好，横模控制能力强。

3. 掺铒光纤激光器

（1）掺铒光纤激光器的工作原理

利用光纤光栅技术把掺铒光纤相隔一定长度的两处写入光栅，两光栅之间相当于谐振腔，用 980 nm 或 1 480 nm 泵浦光激发，铒离子就会产生增益放大。由于光栅的选频作用，谐振腔只能反馈某一特定波长的光，输出单频激光，再经过光隔离器输出线宽窄、功率高和噪声低的激光。

（2）光纤激光器的优点

① 光纤激光器输出激光的稳定性及光谱纯度都比半导体激光器好。

② 光纤激光器的输出光功率较高，可达 10 mW 以上，且噪声低。

③ 光纤激光器的线宽极窄，可做到只有 2.5 kHz，而且有较宽的调谐范围。光纤激光器调谐范围可达 50 nm，半导体激光器调谐范围只有 1～2 nm。

4. 波长可调谐半导体激光器

波长可调谐单模激光器是波分复用系统、相干光通信系统及光交换网络的关键器件，它可以根据需求进行光波长的改变。

主要考虑性能指标有调谐速度和波长调谐范围。

改变波长的方法之一是：通过改变注入电流，使发光材料的折射率发生变化，从而在一定范围内改变和控制激光器输出波长。

6.1.3　光波转换器（OTU）

1. OTU 的基本结构和工作原理

在开放式的 DWDM 系统中，发送端需采用 OTU 将非标准的波长转换为标准波长，以满足 DWDM 系统的波长复用。同样，接收端还需 OTU 将标准波长还原为非标准波长。

目前 OTU 实现波长转换的方式有两种：一种是光/电/光（O/E/O）变换方式，另一种是全光变换方式。

常用的 OTU 依然是光/电/光（O/E/O）的变换方式，如图 6-7 所示。E/O 变换采用外调制方式，这样可以消除直接调制产生的啁啾声，获得较大的色散容限，以实现长距离无再生传输。

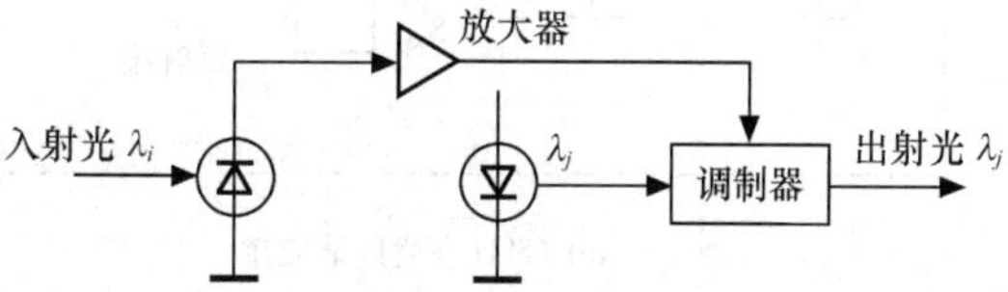

图 6-7　光/电/光波长转换器原理图

外调制的 OTU 波长变换原理是：将波长为 λ_i 的输入光信号，由光电探测器转变为电信号，经过放大再生后的电信号再去驱动一个波长为 λ_j 的激光器，或通过外调制器去调制一个波长为 λ_j 的输出激光器，以实现对光波长的转换。

全光变换方式的 OUT 的波长转换原理是利用光纤产生非线性实现光波长的变换，由于光纤产生非线性后波长变换稳定性较差，因此，采用全光变换的 OTU 还不够成熟。

2．实际 OTU 电路组成

图 6-8 所示为采用铌酸锂外调制技术的 OTU。

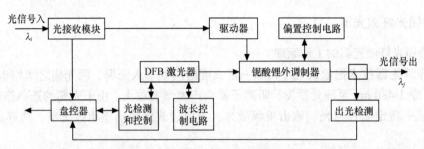

图 6-8　实际 OTU 电路组成框图

其中，光接收模块完成光/电转换和 3R 功能（定时、放大、再生）；偏置控制电路给调制器一个工作点；光检测和控制电路用于检测 DFB 激光器发光是否正常和稳定；波长控制电路保护输出光波长的稳定；盘控器对整个 OTU 进行维护、管理和控制。

3．OTU 的应用

（1）SDH 系统接入 DWDM 系统中应用

在 DWDM 系统中，为将客户层信号接入，可利用 OTU 实现光信号的波长变换。目前应用最广的是 SDH 系统接入 DWDM 的系统。

① 在发送端使用 OTU

如图 6-9（a）所示，OTU 的作用是将与 SDH 接口的 G.957 转换成与光波分复用接口的 G.692。

② 在接收端使用 OTU

如图 6-9（b）所示，OTU 的作用是将与 DWDM 接口的 G.692 转换成与 SDH 接口的 G.957。

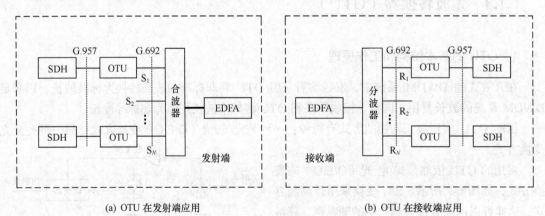

(a) OTU 在发射端应用　　　　　　　　(b) OTU 在接收端应用

图 6-9　OTU 在接收端应用

（2）在中继器中使用 OTU

由于 OA 只能对光信号进行放大，但不能对光信号进行再生；若要对信号进行再生，就要转换成电信号才能实现。在中继器中使用 OTU 的作用是在多路光信号解复用后，对单波道光信号进行 O/E 转换，放大再生后再转换成光信号，送入合波器复用成多波长的光信号，进入光纤线路中传输，如图 6-10 所示。另外，还要具有对某些再生段开销字节进行监视的功能等（注意：在这里不需要接口协议的转换）。

4. 全光网络中的应用

在光传送网中，OTU 可用作波长路由变换器，通过波长的再利用可扩大网络的容量和实现灵活组网。

OTU 作为波长路由器的基本功能如下。

（1）进行透明的互操作、解决波长争用、波长路由选定，以及在动态业务模式下较好地利用网络资源。

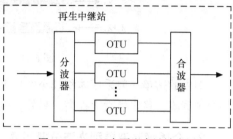

图 6-10　OTU 在再生中继站应用

（2）在大容量、多节点的网状网中，采用波长变换能大大降低网络的阻塞率，以提高全网的波长利用率和提高全网的传输效率。

（3）在全光网络中，利用 OTU 作为网关，实现子网的连接和通信，这样无需了解子网的内部情况，就可以实现光通道的建立、故障定位和隔离。

6.2　光波分复用器/解复用器（合波/分波器）和光开关

6.2.1　光波分复用器/解复用器（合波/分波器）

光波分复用器/解复用器是 DWDM 技术中的关键部件，将不同光源的信号结合在一起经一根传输光纤输出的器件称为光复用器。反之，经同一传输光纤送来的多波长信号分解为单波长信号分别输出的器件称为光解复用器。从原理上说，该器件光路是互逆的，即只要将光解复用器的输出端和输入端反过来使用，就是光复用器，因此，光复用器和光解复用器原理是相同的（除非有特殊的要求）。

光波分复用器/解复用器在超高速、大容量波分复用系统中起着关键作用，其性能指标主要有插入损耗和串扰，这些指标的优劣对系统的传输质量有决定性影响。因此，DWDM 系统要求光波分复用器/解复用器：损耗及其偏差小、信道间的串扰小、通带损耗平坦、偏振相关性低。

DWDM 系统中常用的光波分复用器/解复用器主要有光栅型光波分复用器和介质膜滤波器等。

1. 光栅型光波分复用器

所谓光栅是指在一块能够透射或反射的平面上刻划平行且等距的槽痕，形成许多具有相同间隔的狭缝。当含有多波长的光信号在通过光栅时产生衍射，不同波长成分的光信号将以不同的角度出射，因此，该器件与棱镜的作用一样，均属角色散型器件。

光栅种类较多，但用于 DWDM 中的主要是闪耀光栅，它的刻槽具有一定的形状，如图 6-11 中所示的小阶梯，当光纤阵列中某根输入光纤中的光信号经透镜射向闪耀光栅，由于光栅的衍射作用，不同波长的光信号以方向略有差异的各种平行光束返回透镜传输，再经透镜聚焦后以一定规律分别注入输出光纤之中。

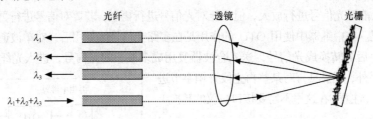

图 6-11　光栅型光波复用器结构示意图

图中的透镜一般采用体积较小的自聚焦透镜。若将光栅直接刻制在透镜端面，则可使器件结构更加紧凑，稳定性大大提高。另外，该器件光路是可逆的。

2. 介质膜滤波器型光波分复用器

介质膜滤波器型光波分复用器的基本原理是利用多层介质膜的滤光作用进行复用或解复用，即对一个或多个波长反射率高（或透射率高），对其他波长则反射率低（或透射率低）。也就是说通过介质膜材料或结构的不同选择可以构成长波通、短波通和带通滤光器。一个实际的带通滤光器对波长在通带宽度内的光有很高的透射率，而对波长在阻带内的光有很高的反射率，因此，它可以作为波长敏感元件来构成解复用器件。滤光片通带和阻带透射率的大小，不仅影响器件的插入损耗，而且也决定了器件的路际串音。滤光片的通带宽度和阻带宽度决定了复用信道的波长范围，同时也对光源的谱线宽度提出了一定的要求。原理如图 6-12 所示。

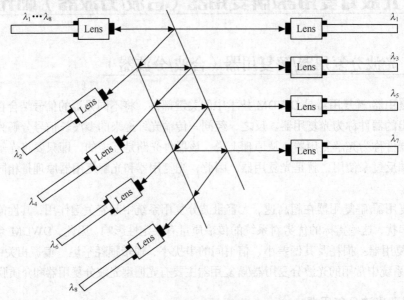

图 6-12　多波道光波复用/解复用器件结构

6.2.2　滤光器和光开关

1. 滤光器

只允许特定波长（频率）的光顺利通过的器件称为滤光器，或称为光滤波器。如果所通过的波长（频率）可以改变，则称为波长可调谐滤光器。这种器件在波分复用系统、全光交换系统等领域具有广泛的应用价值，是一种十分先进的光器件。

滤光器滤光的基本原理是：利用一对高度平行的高反射滤镜面构成的腔体组成光学谐振腔，当光学谐振腔长为 L 时，则满足 $L=m\lambda/2(m=1，2，\cdots)$ 时的光波能从光学谐振腔中输出，而其他光不满足此条件则不能输出，即被滤除；只要改变腔长 L，即可改变输出光信号的波长。原理如图 6-13 所示。

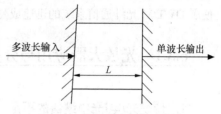

图 6-13　滤光器谐振腔示意图

2．光开关

光开关是一种具有一个或多个可选择的传输端口，可对光传输线路或集成光路中的光信号进行相互转换或逻辑操作的器件。端口即指连接于光器件中允许光输入或输出的光纤或光纤连接器。光开关可用于光纤通信系统、光纤网络系统、光纤测量系统或仪器以及光纤传感系统，起到开关切换作用。

根据其工作原理，光开关可分为机械式和非机械式两大类。机械式光开关依靠光纤或光学元件移动，使光路发生改变。国际上研究和应用这类开关的时间比较长，我国目前主要研究的也是这类开关。它的优点是插入损耗较低，一般不大于 2 dB；隔离度高，一般大于 45 dB；不受偏振和波长的影响。不足之处是开关时间较长，一般为毫秒数量级；有的还存在口跳抖动和重复性较差的问题。机械式光开关又可细分为移动光纤、移动套管、移动准直器、移动反光镜、移动棱镜、移动耦合器等。非机械式光开关依靠电光效应、磁光效应、声光效应以及热光效应来改变波导折射率，使光路发生改变，它是近年来非常热门的研究课题。这类开关的优点是开关时间短，达到毫微秒数量级，甚至更低；体积小，便于光集成或光电集成。不足之处是插入损耗大，隔离度低，只有 20 dB 左右。

采用半导体光放大器作为光开关时，半导体光放大器可以对输入的光信号进行放大，并且通过偏置电信号控制可以改变它的放大倍数。如果偏置信号为零，那么输入光信号就会被这个器件完全吸收，使输出信号为零，相当于把光信号"关断"；当偏置信号不为零时，输入光信号就出现在输出端上，相当于让光信号"导通"。因此，这种半导体光放大器可以用于光开关，如图 6-14 所示。同样，掺铒光纤放大器也可以用于光开关，只要控制泵浦光即可。

图 6-14　光半导体放大器作为光开关原理图

6.3　光放大技术

在光纤通信中，总是希望能将光信号不失真地传送得越远越好。然而，由于光纤传输损耗等各种因素影响，使得光信号的幅度在传输过程中会变得越来越小，从而限制了光纤通信系统的传送距离。20 世纪 80 年代末光纤放大器的出现，使光信号的中继放大问题得到有效解决。可以说，光纤放大器的出现预示着光纤通信将进入一个新纪元。因为利用光纤放大器可以大大提高发射端入纤光功率，实现光/光中继放大，可以提高接收端的接收灵敏度。正是光纤放大器的商用化，促使了 DWDM 光纤通信系统的迅速成熟和发展。

6.3.1　光放大器应用与分类

1．传统光/电/光中继器的不足

为了延长通信距离，在光纤通信系统中需加再生中继器，实现对衰减的光信号进行放大、再生、整形。而采用光/电/光中继器存在以下一些不足。

（1）需要大量的光发送和光接收设备，实现光/电、电/光转换，使设备很复杂。

（2）采用光/电/光中继器的无中继通信距离不能过长，否则由于信号的过度衰减，中继器无法实现信号的再生。这种中继器的通信距离一般在 50 km 以内。

（3）在 DWDM 系统中，由于光/电/光中继器只能对单波道信号进行光/电、电/光转换，需增加大量的波分复用器和解复用器，使中继设备过于庞大、复杂。

2．采用光放大器作为再生中继器的优势

（1）采用光放大器可使光信号传输距离大大延长，减少了通信系统的再生中继器的数目。

（2）在 DWDM 系统中，可以实现全波道的光信号同时放大，不需进行光波的分解和复用，节省了大量的波分复用器/解复用器和光接收、光发送等光/电、电/光转换设备，使光中继器设备变得非常简单，造价降低。

（3）采用光放大器可以实现光纤通信系统的全光传输，克服了电子瓶颈对传输速率的限制，极大地提高了传输容量和系统的可靠性。

3．光放大器的分类

光放大器有半导体光放大器、非线性光纤放大器（受激拉曼散射光纤放大器和受激布里渊散射光纤放大器）、掺杂光纤放大器（包括 EDFA）等。

（1）半导体光放大器

半导体光放大器由半导体材料做成。一只半导体激光器如将两端的反射消除，则成为半导体行波光放大器。半导体光放大器既有用于 1 310 nm 窗口的光放大器，也有用于 1 550 nm 窗口的光放大器。如能使其增益在相应使用波长范围保持平坦，那么它不仅可以作为光放大的一种有益的选择方案，还可促成 1 310 nm 窗口 WDM 系统的实现。

半导体光放大器的缺点是：与光纤耦合困难，耦合损失大；对光的偏振特性较为敏感；噪声及串扰较大。这些缺点影响了其在光纤通信系统中的应用。

半导体光放大器的优点是：体积小，可充分利用现有的半导体激光器技术，制作工艺成熟，且便于与其他光器件进行集成，也是未来全光通信中，补偿无源损耗的重要器件；它在波分复用光纤通信系统中用作门开关和波长变换器；另外，其工作波段可覆盖 1 310 nm 和 1 550 nm 波段，这是 EDFA 所无法实现的。

（2）非线性光纤放大器

非线性光纤放大器包括受激拉曼散射光纤放大器和受激布里渊散射光纤放大器。工作原理会

在光纤的非线性部分作了介绍。

受激拉曼散射光纤放大器是利用光纤中的拉曼散射这一非线性效应构成的。其优点是带宽宽，约 100 nm，是难得的宽带放大器；它不需特殊的放大介质，在普通的光纤就能实现放大；另外，其增益波长由泵浦光波长决定，只要泵浦源的波长适当，理论上可得到任意波长的信号放大。光纤拉曼放大器的噪声系数很低，当光纤拉曼放大器与 EDFA 连用时可以扩展光信号放大的通频带。

受激布里渊散射光纤放大器是利用光纤中受激布里渊散射这一非线性效应构成的。只是放大器的工作频带较窄，一般制作成前置放大器以提高光纤通信系统的接收灵敏度。

（3）掺杂光纤放大器

掺杂光纤放大器是利用稀土金属离子作为激光工作物质的一种放大器。将激光工作物质掺入光纤芯子即成为掺杂光纤。至今用作掺杂激光工作物质的均为镧（La）系稀土元素，如铒（Er）、钕（Nd）、镨（Pr）、铥（Tm）等。容纳杂质的光纤叫做基质光纤，可以是石英光纤，也可以是氟化物光纤。这类光纤放大器叫做掺稀土离子光纤放大器（REDFA）。

在掺杂光纤放大器中最引人注目，且已实用化的是 EDFA。EDFA 的重要性主要在于它的工作波段在 1 550 nm，与光纤的最低损耗窗口相一致。它的应用推动了 DWDM 的发展。

6.3.2　EDFA 放大器

1．EDFA 概述

EDFA 是固体激光技术与光纤制造技术结合的产物。其关键技术有两个：其一，掺铒光纤（EDF）；其二，泵浦源。

EDF 是用石英光纤作为基质（也可采用氟化物光纤），在纤芯中掺入固体激光工作物质铒离子而形成的。掺铒光纤与常规光纤相比更细，采用纤形的理由是：

（1）提高信号光与能量光的密度，以提高它们的相互作用效率；

（2）延长信号光与高能级粒子的作用区，以提高放大增益；

（3）使有源区能量密度加大，降低对泵浦光功率的要求。

泵浦源是 EDFA 的另一项关键技术。它将粒子从低能级抽运到高能级，使粒子处于反转状态，从而产生放大。对 EDFA 的主要要求是高输出功率、长寿命。泵浦源可取不同的波长。这些波长必须短于放大信号的波长（其能量 $E \geqslant hf$），且需选取在掺铒光纤的吸收带内。现在用得最多的是 980 nm 的泵浦源，其噪声低，效率高。有时用 1 480 nm 的泵浦源，与放大信号波长相近，在分布式 EDFA 中更适用。

2．EDFA 的主要优缺点

EDFA 之所以得到这样迅速的发展，源于它一系列突出的优点。

（1）工作波长与光纤最小损耗窗口一致，可在光纤通信中获得应用。

（2）耦合效率高。因为是光纤型放大器，易与传输光纤耦合连接。也可用熔接技术与传输光纤熔接在一起，损耗可低至 0.1 dB。这样的熔接反射损耗也很小，不易自激。

（3）能量转换效率高。激光工作物质集中在光纤芯子中，且集中在光纤芯子中的近轴部分，而信号光和泵浦光也是在光纤的近轴部分最强，这使得光与介质的作用很充分；再加之有较长的作用长度，因而有较高的转换效率。

（4）增益高、噪声低、输出功率大。增益可达 40 dB，输出功率在单泵浦时可达 14 dBm，而在双泵浦时可达 17 dBm，甚至 20 dBm。充分泵浦时，噪声系数可低至 3～4 dB。串话也很小。

（5）增益特性稳定。EDFA 增益对温度不敏感，在 100℃范围内，增益特性保持稳定。增益与偏振无关也是 EDFA 的一大特点。这一特性至关重要，因为一般通信光纤并不能使传输信号偏振态保持不变。

（6）可实现透明的传输。所谓透明，是指可同时传输模拟信号和数字信号、高比特率信号和低比特率信号，信号的速率、码型格式、协议均不发生变化，而且各波道信号不会产生干扰。系统需要扩容时，可只改动终端设备而不改动线路。

EDFA 也有其固有的缺点：

（1）波长固定。铒离子能级间的能级差决定了 EDFA 的工作波长是固定的，只能放大 1 500 nm 左右波长的光波。光纤换用不同的基质时，铒离子能级只发生微小的变化，因此可调节的激光跃迁波长范围有限。为了改变工作波长，只能换用其他元素，比如用 PDFA 可工作在 1 310 nm 波段等。

（2）增益带宽不平坦。EDFA 的增益带宽约 40 nm，但增益带宽不平坦。在 DWDM 光纤通信系统中需要采取特殊的手段来进行增益谱补偿。

3．EDFA 的结构与工作原理

（1）EDFA 的基本结构组成

EDFA 主要由掺铒光纤（EDF）、泵浦光源、耦合器、隔离器、滤波器等组成，如图 6-15 所示。光耦合器的作用是将信号光和泵浦光合在一起，一般采用波分复用器实现。

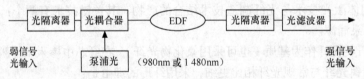

图 6-15　EDFA 的基本结构

光隔离器的作用是抑制光反射，以确保光放大器工作稳定，即保证放大信号单向传输。

光滤波器作用是滤除放大器中的噪声，以提高系统的信噪比。

EDF 为掺铒光纤，一般长度为 10～100 m。

泵浦光源的作用是使 EDF 的粒子处于反转分布状态。一般泵浦光源为半导体激光器，工作波长有 980 nm 和 1 480 nm 两种，输出光功率为 10～100 mW。

（2）EDFA 3 种不同的结构方式（泵浦方式）

同向泵浦方式，是指信号光与泵浦光以同一方向从掺铒光纤的输入端注入的结构，也称为前向泵浦。

反向泵浦方式，是指信号光与泵浦光以不同方向从掺铒光纤的两端注入的结构，也称为后向泵浦。

双向泵浦方式，它是同向泵浦与反向泵浦同时泵浦的一种结构，它是采用两个泵浦源同时对 EDF 进行泵浦，这样使泵浦光在光纤中均匀分布，铒粒子得到充分激励，光纤中的增益均匀分布，增益大。

3 种泵浦方式如图 6-16 所示。

3 种泵浦方式的比较如下：

① 从增益的角度看，双向泵浦增益最大，反向泵浦次之，同向泵浦增益最低；

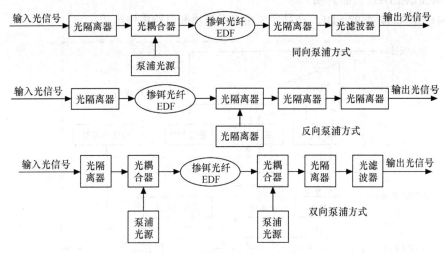

图 6-16 3 种泵浦方式的 EDFA 结构

② 从噪声性能角度看，由于反向泵浦光很强，不易达到饱和，因而噪声性能较好，而同向泵浦由于吸收，泵浦光沿光纤长度而衰减，使输出光功率在一定光纤长度上达到饱和而使噪声增加。

（3）EDFA 的工作原理

如图 6-17 所示，在泵浦光的作用下，使 EDF 出现粒子数反转分布，在信号光的激励下产生受激辐射使光信号得到放大。

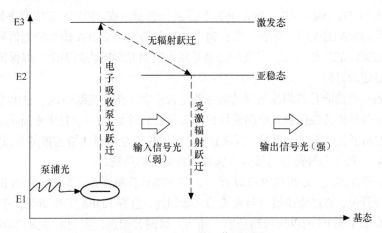

图 6-17 EDFA 的工作原理图

经过对铒原子的分析，参与激发放大的能带有 3 个能级。

激发态 E3 是泵浦的高能带，希望 E3 能级最好有较大的宽度，以充分利用宽带泵浦源的能量来提高泵浦效率。但 E3 能级上的粒子寿命很短，通过无辐射跃迁的形式，会迅速转移到 E2 能级上。

亚稳态 E2 能级上的粒子寿命较长，易聚集粒子，形成 E2—E1 能级之间的粒子数反转分布，从而形成信号光的放大。

选取泵浦波长的原则是：泵浦效率高的波段，泵浦工作频带应取在无激发态吸收能带，即泵浦功率只能被基态吸收，而不会被激发态的粒子吸收跃迁到更高的能级。经过分析，980 nm 和 1 480 nm 是最佳泵浦波长。

（4）典型的 EDFA 产品介绍

图 6-18 所示的典型的 EDFA 产品主要由光学模块和电路模块组成。

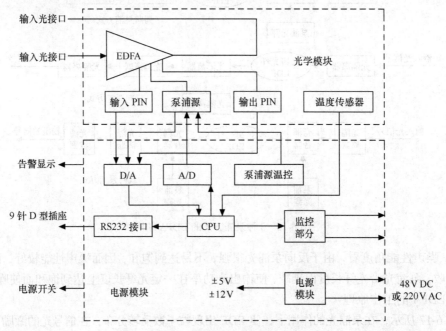

图 6-18 典型的 EDFA 组成结构

光学模块由 EDFA、输入 PIN、输出 PIN 和温度传感器组成。EDFA 工作原理如前所述。输入 PIN 是检测输入 EDFA 的光信号是否正常；输出 PIN 是检测从 EDFA 输出的光信号是否正常，用来监测和控制 EDFA 的工作状态；温度传感器是用来监测光学模块的温度，以保证其恒温工作，达到工作性能稳定的目的。

电路模块的主要功能是监测控制泵浦激光器是否正常工作；判断输入、输出 EDFA 的信号光是否正常，并向外提供监控信息。电路模块的主要核心元件是 CPU，它用来监控 EDFA 的输入、输出信号光，控制泵浦源工作在恒温、恒流状态；将监控信息同时送给监控部分以发出告警信息，通过 RS232 接口，用于与外部进行接口，实现外置设备的监视。

EDFA 的监控方式：一是提供 RS232 接口，与本地计算机连接，监视 EDFA 的工作情况；二是设立独立监控开关，通过监控接口与系统的网管相连，监视 EDFA 工作情况；三是采用 BCT 单盘监控，提供类似于 SDH 的单板控制功能，能与上级网管相连，实现对本盘的监控。

4．EDFA 的噪声和性能指标

（1）放大器的噪声

放大器本身产生的噪声使信号的信噪比下降，造成对传输距离的限制，因而是放大器的一项重要指标。光纤放大器的噪声主要来自它的自发辐射。

（2）EDFA 的性能指标

① 净增益或增益

净增益或增益 G 是指输出信号光功率 P_{out} 与输入信号光功率 P_{in} 之比，一般以分贝（dB）来表示。

$$G=10\lg(P_{out}/P_{in})$$

净增益或增益反映信号光经过光纤放大器后得到了多大的加强。对于掺铒光纤放大器，其增益一般为 30～40 dB，有的甚至可高达 54 dB。

② 增益系数

增益系数是指从泵浦光源输入 1 mW 泵浦光功率通过光纤放大器所能获得的增益，其单位为 dB/mW。例如，用输出光功率 150 mW，波长为 980 nm 的半导体激光二极管去泵浦铒光纤放大器，可获得 35 dB 的增益，其增益系数为 7/30 dB/mW。

增益和增益系数的区别在于：增益主要是针对输入信号光而言，而增益系数主要是针对输入泵浦光而言。

由图 6-19 可知：泵浦功率越大，粒子数反转越多，增益越大；但并不是泵浦功率越大越好，到达一定程度有趋于饱和趋势。

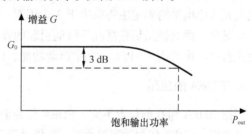

图 6-19　EDFA 增益与泵浦光功率关系

③ 饱和输出功率

饱和输出功率是指光纤放大器的增益降低到它的最大增益一半时的输出功率。一般来说，随着输入信号光功率的增加，光纤放大器的输出光功率也将随之增加，如图 6-20 所示。但放大器的输出光功率不可能无限制地增加，当光纤放大器的输出功率变得和泵浦光功率可以相比较时，光纤放大器的输出就将变得饱和，增益将随之降低或压缩。换句话说，输入信号光功率的增加和输出光功率的增加两者之间不一定是线性关系。当增益降低到最大值的一半时，其输出功率即为饱和输出功率。如果以分贝为单位，其饱和输出功率即为在光纤放大器的增益曲线上从它的最大值降低 3 dB 时的输出功率。如图 6-21 所示。

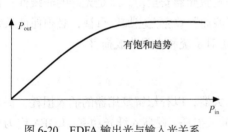

图 6-20　EDFA 输出光与输入光关系　　　　图 6-21　EDFA 增益与输出光功率关系

5．DWDM 系统对 EDFA 的要求

（1）增益平坦的 EDFA

为了确保 DWDM 系统的传输质量，要求 EDFA 应具有足够的带宽、平坦的增益、低噪声指数和高输出功率。特别是增益平坦度，这是 DWDM 传输系统对 EDFA 的一个特殊要求。为了使每一复用的波道增益一致，一般要选用 EDFA 增益平坦的区域作为工作区域，另外可以采用增益均衡技术，使增益达到平坦。

增益均衡技术是利用均衡器的损耗特性与放大器的增益波长特性相反的增益均衡器来抵消增益不均匀性。这种技术的关键在于放大器的增益曲线和均衡器的损耗特性要精密吻合，使综合特性曲线平坦。

（2）EDFA 的增益动态调节和锁定技术

由于 EDFA 的饱和特性，即工作于深饱和区的 EDFA 的输出光功率保持恒定，且在一定范围内不随输入功率的变化而变化，所以当部分波长信号不存在时，其能量会转移到其他存在的波长信号上，使得这些波长信号的光功率大大增加，导致接收机过载，光纤的非线性影响加重。因此要求光放大器应有自动增益控制功能。

即：当某些通路信号丢失时，应不影响其他通路的正常工作，无突发误码产生；当逐路增加承载的通路时，不应影响其他通路的性能；当同时增加多个通路时，应不影响系统性能；当增加或减少承载的通路数时，系统的各项参数应可自动调整，不应涉及其他任何硬件或软件的改动。

在 DWDM 系统中，某些光信道中断时，使 EDFA 放大能量集中到未中断的光信道上，使其信号功率过大，产生非线性效应。锁定技术就是为了防止某些光信道中断而对其他光信道产生影响而采取的一项措施。

（3）EDFA 的光浪涌

采用 EDFA 可使输入 EDFA 光功率迅速增大，但由于 EDFA 的动态增益变化较慢，在输入信号跳变的瞬时将产生光浪涌，即输出光功率出现"尖峰"，尤其是在 EDFA 级联时，光浪涌更为明显。峰值光功率可达数瓦，有可能造成 O/E 变换器和光连接器端面的损坏。

（4）EDFA 的级联

EDFA 级联会产生噪声积累，因此在 DWDM 系统中，采用 EDFA 作为中继器的数目不能过多。另外，EDFA 只能对光信号进行放大，而不能整形。因此，每隔一定的距离需采用电再生，以实现对信号的整形、再生。目前，EDFA 的级联数为 8～10 个。

（5）使用 EDFA 的安全措施

当出现光缆断裂、连接器未插上、设备劣化等情况时，可能造成光信号溢出，对于含光放大器的 DWDM 系统，安全要求特别重要。因为一般情况下，光放大器系统在高功率时，有的已经工作在光纤安全功率极限的边缘。ITU-T 建议规定：单路或合路入纤最大光功率电平为 17 dBm。该最大光功率电平的确定主要取决于 3 个因素：其一是激光器安全；其二是光纤的非线性；其三是人眼安全。而对链路切断情况下可能引起的强烈"浪涌"效应更应加以重视，必须保证系统能够提供自动功率切断（APSD）和重启功能，以防止对系统和人眼造成损害。

6. EDFA 的应用

根据 EDFA 所在的位置不同，EDFA 作为前置放大器，以补偿解复用器的插入损耗，提高接收机灵敏度；EDFA 作为功率放大器，补偿复用器的插入损耗，提高入纤光功率；EDFA 作为线路放大器，既实现对光信号在光纤中传输过程中损耗和色散的补偿，达到延长通信距离的目的，又解决光/电/光中继器设备复杂和信号转换问题，并实现了全波道的光放大；EDFA 作为本地网的节点放大器，以补偿线路损耗，提高节点的分配光功率。

6.4　光纤光缆技术

DWDM 系统信号在光纤中要能有效长距离传输，不仅要考虑光纤传输特性损耗和色散对光信号的影响，还要考虑光纤的非线性效应对光信号的影响。

6.4.1　光纤的非线性效应

1. 光纤的非线性效应概述

从本质上讲，所有的介质都是非线性的，只是有些介质的非线性效应很小，一般情况下难以表现出来。

光纤也是如此，在常规光纤系统中，由于传输码速不高，功率不大，光纤一般呈线性传输特性。然而，在高码速、大光功率传输时，光纤开始呈现非线性传输特性。由于 DWDM 系统多个光波道通路的增加以及光纤放大器的使用，使得光纤产生非线性效应，并已成为最终限制系统性能（高码速、长距离传输）的因素。

光纤非线性效应，一方面可以引起传输信号的附加损耗、信道之间的串话、信号频率的移动等；另一方面，可以利用它开发出新型的光学器件，如激光器、放大器、调制器等；另外，利用非线性效应可以克服色散的影响，实现高码速、长距离传输。例如，光弧子通信就是利用非线性与色散效应对光脉冲的影响效果相反，使光脉冲宽度在传输过程中保持不变，实现超窄光脉冲通信。（光脉冲宽度只有 6 fs，$1fs = 10^{-15}s$，称为飞秒）。

2．什么是光纤的非线性效应

线性或非线性指的是光在传输介质中传输介质的性质，而非光本身的性质。当介质受到强光场的作用时，组成介质的原子或分子内的电子相对于原子核发生微小的位移或振动，使介质产生极化。

也就是说光场的存在使得介质的特性发生了变化。极化后的介质内出现了偶极子，这些偶极子能辐射出相应频率的电磁波。这种感生的辐射场叠加到原入射场后，便是介质内的总光场。介质特性的改变又反过来影响了光场。

产生极化强度的矢量场与电场强度的关系为：

$$P = \varepsilon_0 \chi E + 2\chi^{(2)} E^2 + 4\chi^{(3)} E^3 + \cdots$$

其中，χ 称为介质的电极化率，$\chi^{(2)}$ 称为二阶非线性系数，$\chi^{(3)}$ 称为 3 阶非线性系数，ε_0 为自由空间的介电常数，E 为电场强度，P 为电极化后光场强度。

如图 6-22 所示：

（1）当 E 很小时，二阶与 3 阶以上的非线性可以忽略，$P = \varepsilon_0 E$，P 与 E 呈线性关系；

（2）当 E 很大时，二阶与 3 阶以上非线性不可忽略，$P = \varepsilon_0 \chi E + 2\chi^{(2)} E^2 + 4\chi^{(3)} E^3 + \cdots$，$P$ 与 E 呈非线性关系；

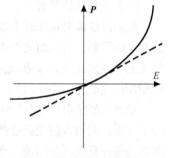

图 6-22　P 与 E 的关系图

可见当光场很强时，电场 E 很大，极化矢量 P 不再是线性直线而呈非线性曲线状态。

另外，式中线性部分占主要地位，二阶非线性系数导致产生如二次谐波及合频等一系列非线性效应，但它仅对缺乏分子量级反转对称的介质才不为零。因为 SiO_2 是对称分子，所以光纤通常不表现出二阶非线性效应。因此，在光纤中主要讨论 3 阶非线性效应。

6.4.2　非线性效应的影响

光纤的非线性效应可分为弹性非线性效应和受激非弹性散射效应。

弹性非线性效应是指在作用过程中电磁场和介质之间无能量交换，只是产生新的频率。受激非弹性散射效应是指光纤在受光强度激发过程中，光场的部分能量转移给非线性介质，即这种散射效应不仅产生新的频率，而且还发生能量转移。

1．弹性非线性效应对折射率的影响

经分析可知：折射指数依赖光的电场强度，即：

$$n(\omega \cdot E^2) = n(\omega) + n_2 E^2$$

其中，$(\omega \cdot E^2)$ 代表总的折射指数，$n(\omega)$ 是线性部分，n_2 是与 $x^{(3)}$ 有关的非线性折射指数。

当光场很强时，E 很大，n 就变成非线性。折射指数对光强度的依赖特性引起多种非线性效应，其中影响较大的是自相位调制和交叉相位调制。

（1）自相位调制是指传输过程中光脉冲由于自身引起相位变化，导致光脉冲频谱展宽的现象。其机理是：光信号强度使光纤折射指数发生变化，折射指数变化使光信号相位发生变化，从而引起光信号频谱的展宽。自相位调制在单波道和多波道系统中均能产生。

（2）交叉相位调制是指光纤中某一波长的光场 E_1 由同时传输的另一个不同波长的光场 E_2 所引起的非线性相移。交叉相位调制只发生在 DWDM 系统的多波道传输中。其机理是：某一波道上的光信号 E 使光纤折射指数发生变化，这种相位变化也改变同向传输其他光波道的光信号相位，从而产生新的频率。

交叉相位调制的结果是使同向传输的光脉冲频谱不对称地展宽。这是由于多种非线性效应使得不同频率、相同偏振波之间产生耦合；同一频率、不同偏振波之间产生耦合。

（3）自相位调制和交叉相位调制共同作用改变 DWDM 系统中各波道光场的相位，使光信号频谱展宽，从而影响多信道的复用波数目，降低传输容量。

2．受激非弹性散射效应

受激非弹性散射效应包括受激拉曼散射和受激布里渊散射。

（1）受激拉曼散射

受激拉曼散射是光纤中很重要的非线性过程，它可看成是介质中分子振动对入射光（称为泵浦光）的调制，对入射光产生散射作用。设入射光的频率为 ω_1，介质的分子振动频率为 ω_v，则散射光的频率为 $\omega_s=\omega_1-\omega_v$ 和 $\omega_{as}=\omega_1+\omega_v$，这种现象叫做受激拉曼散射。所产生的频率为 ω_s 的散射光叫做斯托克斯（Stokes）波，频率为 ω_{as} 的散射光叫做反斯托克斯波。

受激拉曼散射对 DWDM 通信的影响是，当一定强度的光入射到光纤中时会引起光纤材料的分子振动，调制入射光强度产生了间隔恰好为分子振动频率的边带。低频边带的斯托克斯波强于高频边带的反斯托克斯波，当两个恰好分离斯托克斯频率的光波同时入射到光纤时，低频波将获得光增益，高频波将衰减，其能量转移到低频波上，结果将导致 DWDM 系统中短波长通路（即高频波）产生过大的信号衰减，不仅限制了通路数也造成各波道增益不平衡，引起系统中各信道之间的串扰。如图 6-23 所示。

受激拉曼散射有不利的一面，也有有利的一面，利用这种散射效应可以制造光纤拉曼激光器和光纤拉曼放大器。

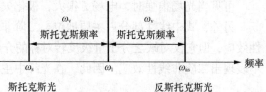

图 6-23　受激拉曼散射原理

光纤拉曼激光器：当泵浦功率足够高或光纤足够长时，受激拉曼散射产生的斯托克斯光的光强可与泵浦光相比。利用这一特性制造波长可调谐激光器。即泵浦光安排在 ω_1 上，调谐光安排在 ω_s 上，当光纤产生受激拉曼散射时，位于 ω_1 的泵浦光能量就转移到位于 ω_s 的调谐光波上。

光纤拉曼放大器：如果一个弱信号波和一个强的泵浦波在光纤中同时传输，并且它们的频率之差处在光纤的拉曼增益谱范围内，则此光纤可用作放大器，经过受激拉曼散射过程，泵浦波把能量转移给信号波，从而对弱信号进行放大。

（2）受激布里渊散射

受激布里渊散射与受激拉曼散射在物理过程上十分相似，入射的频率为 ω_1 的泵浦波将一部分能量转移给频率为 ω_s 的斯托克斯波，并发出频率为 Ω 的声波，即 $\Omega=\omega_1-\omega_s$。如图 6-24 所示。

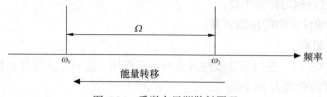

图 6-24　受激布里渊散射原理

此外，两者在物理本质上稍有差别。受激拉曼散射的频移量在光频范围，属光学分支；而受激布里渊散射的频移量在声频范围，属声学分支。受激布里渊散射的频移（10～13 GHz）和增益带宽（20～100 MHz）远小于受激拉曼散射的相应值；其次，受激布里渊散射的增益峰值比受激拉曼散射大两个数量级。另外，光纤中的受激拉曼散射发生在前向，即斯托克斯波和泵浦波传播方向相同；而受激布里渊散射发生在后向，斯托克斯波和泵浦波传播方向相反。光纤中的受激布里渊散射的阈值功率比受激拉曼散射的低得多。在光纤中，一旦达到受激布里渊散射阈值，将产生大量的后向传输的斯托克斯波，这将对光通信系统产生不良影响。

布里渊散射对光纤通信既有可以利用的方面，也有不利的影响。特别是对 1.55 μm 系统，因为布里渊散射阈值很低，所以在进行系统设计时，必须认真考虑受激拉曼散射的影响。

布里渊散射对光通信的不利影响是，光信号一旦达到布里渊散射阈值，大部分能量将变成反向传输的斯托克斯散射。例如，当输入功率超过 5 mW 时，会有 65%的功率转换成斯托克斯光。这一方面消耗减少了信号功率；另一方面反向传输的斯托克斯光将反馈给激光器，使其工作不稳定。解决这一问题的办法是设法加宽输入光信号的频谱宽度，降低布里渊增益，以提高布里渊散射阈值。如果光纤中有两个方向传输的信道，而且两个反向传输信道间的频率差别正好满足布里渊频移的话，受激布里渊散射过程将引起信道间的串话。但是，与受激拉曼散射过程所引起的串话相比，它较易避免。这是因为受激布里渊过程串话发生的频率范围很窄（约 100 MHz），只有两信道间距很小时，才发生明显的布里渊串话。

有利的应用：利用低阈值特性，可以反向注入连续泵浦光，实现光信号的放大，以补偿传输损耗、延长通信距离；在接收端反向注入泵浦光，产生光的放大，可提高接收机灵敏度；利用布里渊 Ω 增益频谱较窄特性，可作为选频放大器或可调窄带滤波器。

3．四波混频

四波混频（FWM）效应是 3 阶电极化率 $\chi^{(3)}$ 参与的 3 阶参量过程，是非线性介质对多个波同时传输时的一种响应现象。

设：光纤中同时有 3 个频率光传输 ω_1、ω_2、ω_3，则由于非线性的作用产生 ω_4 频率光：

$$\omega_4 = \omega_1 \pm \omega_2 \pm \omega_3$$

能产生显著影响的是：$\omega_1 + \omega_2 = \omega_3 + \omega_4$

四波混频产生的不利影响有：由于能量的相互转换，使信道功率产生损耗，同时产生串话引起干扰；另外，频谱展宽限制了波道复用的数量。

四波混频的有利应用是：利用频率能量转换机制对光源进行调制，可产生新的频率光波，也可用来进行波长转换。

4．非线性和色散的共同影响

（1）非线性与色散的独立作用

设：L_D——色散影响的传输距离；

L_{NL}——非线性影响的传输距离；

L——传输距离。

当 $L \ll L_D$、$L \ll L_{NL}$ 时，色散与非线性效应均不起作用，这时，光脉冲在传输过程中基本保持其形状不变，L 典型的距离为 50 km；

当 $L > L_D$、$L \ll L_{NL}$ 时，群速度色散（GVD）起作用；

当 $L \ll L_D$，$L > L_{NL}$ 时，非线性效应起作用；

当 $L > L_D$，$L > L_{NL}$ 时，色散与非线性效应共同起作用。

（2）非线性、色散对光脉冲的影响

光纤非线性与色散的独立作用都会使光脉冲展宽，只是它们展宽的机制不同。如果参数选择适当，非线性与色散的作用趋势刚好相反，就可使光脉冲波形基本保持不变。

5. 光孤子与光孤子通信

光孤子是光脉冲在传输的过程中，其形状保持不变，形成一个孤立的波。

光孤子是在光纤的色散与非线性两种效应的共同作用下，在一定的条件下产生的一种物理现象，两种作用互相补偿使光脉冲形状在传输过程中保持不变。

光孤子通信利用光纤的非线性效应与色散的相互作用，使光脉冲在传输过程中保持其脉冲波形稳定，从而提高系统传输距离和传输容量。

6. 色散管理技术

色散管理技术是指如何克服色散影响，加大传输距离的一项技术。例如：控制系统工作波长范围使其尽量在零色散波长附近；设法对色散进行补偿，使总色散值减小；积极利用色散，以抵消非线性的影响等。

6.4.3 单模光纤

1. 单模光纤的基本类型

20 世纪 80 年代末，光纤通信逐步从短波长向长波长、从多模光纤向单模光纤转移。在国家光缆干线网和省内干线网上主要采用单模光纤作为光信号传输媒介，而多模光纤只是局限在一些对速率要求不高、传输距离短的局域网或接入网中使用。目前，人们谈论的光纤一般指的都是单模光纤。单模光纤具有损耗低、带宽大、易于升级扩容和成本低的优点。常见的光纤种类有如下几类。

（1）G.652 光纤

G.652 光纤即常规单模光纤（SMF），又称为色散未移位光纤。

它有两个工作波长窗口：在 1 310 nm 波长窗口时，损耗约为 0.5 dB/km，这时色散最小，色散系数仅有 0～3.5 Ps/km.nm；在 1 550 nm 波长窗口，损耗为最低约为 0.2 dB/km，但色散系数有 15～20 Ps/km·nm。

一般在单波道的 SDH 系统中选用 1 310 nm 作为工作波长，这时色散最小，可实现大容量、长距离传输。在 DWDM 系统中由于采用 EDFA，只能用 1 500 nm 波长作为工作波长，需采用 G.652 加色散补偿光纤的方案，以减小 1 550 nm 处的色散影响。

（2）G.653 光纤

G.653 光纤即色散位移单模光纤（DSF），又称 1 550 nm 窗口最佳光纤。它通过设计光纤折射率剖面，改变光纤的波导色散，使零色散点移到 1 550 nm 窗口，从而与光纤的最小衰减窗口获得匹配，使 1 550 nm 窗口同时具有最小色散和最小衰减。

由于 1 550 nm 色散几乎为零，极易产生非线性，所以不利于 DWDM 系统使用，只适用于长距离、单波道、超高速的 EDFA 系统以及光孤子通信。

（3）G.655 光纤

G.655 即非零色散位移光纤（NZDSF），是一种新型光纤。DWDM 系统中，一般是利用光纤放大器尽可能增加输出功率，以延长传输中继距离。大的光功率注入会产生非线性效应，特别是四波混频，其严重地影响 DWDM 系统的性能。当光纤色散为零时，光波相互作用的相位相同，四波混频现象最严重。四波混频产生的新信号波长常常与传输波长相同，这就干扰了这一波长信号，降低了系统性能，并限制了 DWDM 系统的传输容量。为了解决 G.653 光纤中严重的四波混频效应，对 G.653 光纤的零色散点进行了移动，稍高的色散有利于增加波分复用的波道数量，进行密集波分复用。但为了保证超高速传输，色散要控制在一个较低的范围内，在 1 530～1 560 nm 波段内，色散控制在 1～4 Ps/km·nm，以实现多波道的复用。

非零色散位移光纤的零色散点可以位于低于 1 550 nm 的短波长区，也可位于高于 1 550 nm 的长波长区，这两种情况都能满足光纤对色散值的要求。G.655 光纤除了对零色散点进行了搬移外，其他各项参数都与 G.653 相同。在 1 550 nm 窗口，具有最小衰减系数和色散系数。它的色散系数值虽然稍大于 G.653 光纤，但相对于 G.652 光纤，已大大缓解了色散受限距离。

（4）色散补偿光纤

现在大量敷设和实用的仍然是 G.652 光纤。随着通信容量的扩大，G.652 光纤组成的传输系统也在不断扩容。如果 $N \times 2.5$ Gbit/s DWDM 系统还不能满足容量的需要，就要增加单波道的容量，采用 $N \times 10$ Gbit/s 系统。这种情况下，损耗可用光纤放大器来补偿，但是 1 550 nm 区的较大色散却限制了速率的提高。为此，要对 G.652 光纤的 1 550 nm 窗口进行色散补偿，克服色散限制。

色散补偿的方法有很多，利用色散补偿光纤（DCF）是一种较好的方案。色散补偿光纤在 1 550 nm 区有很大的负色散。在原来 G.652 光纤线路中加入一段色散补偿光纤，用色散补偿光纤的长度来控制补偿量的大小，用于抵消原来 G.652 光纤在 1 550 nm 处的正色散，使整个线路在 1 550 nm 处的总色散为零或为最小，这样既可满足单信道超高速传输，又可传输密集波分复用信号。一般来说，25 m 色散补偿光纤就可以补偿 1 km G.652 光纤的色散。

几种光纤的色散特性如图 6-25 所示。

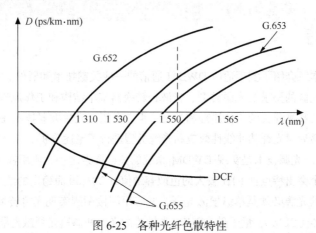

图 6-25　各种光纤色散特性

2．新型光纤

（1）大有效面积光纤

研究表明，光纤的非线性相互作用与光纤中的光功率密度成正比，而功率密度又与纤芯有效面积成反比，因此加大模场直径，增加光纤的有效面积，是克服非线性效应的一种方法。为了减小非线性的影响，可以加大光纤的有效面积。

但为了保证光纤的单模结构，模场直径的增加有一定限度。一般单模光纤的有效面积为 55 μm^2 左右，大有效面积光纤可达 65～75 μm^2。近年又有了超过 100 μm^2 的大有效面积光纤的报导。大有效面积光纤也是 G.655 光纤的一种。

大有效面积 NZDSF 光纤的优点是：在固定链路长度下，增加了比特率和有用波长通道数，减小了通道间距，提高了系统容量；在比特率不变的前提下，增加了链路总长度，降低了系统成本，提高了系统可靠性；其加大了 EDFA 间距 30%以上。

（2）全波光纤

当前的单模光纤，不是工作在 1 310 nm 窗口（1 280～1 325 nm），就是工作在 1 550 nm 窗口（1 530～1 565 nm），而 1 350～1 450 nm 波长范围没有利用。其原因主要是：在光纤制造过程中，一般会出现水分子渗入纤芯玻璃中，导致 1 385 nm 处有较强的氢氧根吸收损耗，使得 1 350～1 450 nm 区不能用于通信。随着城域网的发展，要支持的用户越来越多，插入和下载信息也很普遍，希望能够处理上百个波长的信号。同时，城域网典型传输距离不超过 80 km，一般不用光放大；信号速率不是太高，色散也不是主要的限制因素。因此，用于城域网的理想光纤就是在 1 280～1 625 nm 范围内全部波长都能传输信号的光纤，即全波光纤。

在光纤制造过程中，经过严格的脱水处理，就制成了全波光纤。全波光纤实质上仍是常规单模光纤，只是在 1 350～1 450 nm 区消除了氢氧根吸收峰，使该波长的损耗降到 0.3 dB/km 以下。这种光纤的损耗，从 1 300 nm 波长的 0.34 dB/km 开始，一直下降到 1 600 nm 波长的 0.2 dB/km，从而使工作范围拓宽了 50%以上。在密集波分复用情况（波长间隔为 100 GHz）下，这等于增加了 150 个新波长通道。而要提供同等容量，就要多使用 1～3 倍的普通光纤。全波光纤是短距离超大容量密集波分复用系统的理想传输介质。

小结

本章介绍了实现适应 DWDM 通信的一些关键技术和器件。首先阐述了 DWDM 系统对光源的要求及光源类型、光波长转换器基本结构和工作原理；然后分析了光合波/分波器和光开关的工作原理和类型；重点介绍了光放大器技术 EDFA 的结构和工作原理；最后对光纤的非线性效应和光缆类型进行了论述分析。

1. 光源技术是实现 DWDM 系统的关键要素之一，应用在 DWDM 系统上的光源有两个突出特点：（1）比较大的色散容纳值；（2）标准而稳定的波长。因此，用于 DWDM 系统的光源必须是单纵模激光器，并采用间接调制实现光电转换。常用光源有单纵模激光器（SLM）、量子阱（QW）半导体激光器和掺铒光纤激光器。

2. 在开放式的 DWDM 系统中，发送端需采用 OTU 将非标准的波长转换为标准波长，以满足 DWDM 系统的波长复用。同样，接收端还需 OTU 将标准波长还原为非标准波长。目前 OTU 实现波长转换的方式有两种：一种是光/电/光（O/E/O）变换方式，一种是全光变换方式。

3. 将不同光源的信号结合在一起经一根传输光纤输出的器件称为光复用器。反之，经同一传输光纤送来的多波长信号分解为单波长信号分别输出的器件称为光解复用器。从原理上说，该器件光路是互易的。DWDM 系统中常用的光波分复用器/解复用器主要有光栅型光波分复用器和介质膜滤波器等。

4. 只允许特定波长（频率）的光顺利通过的器件称为滤光器，或称为光滤波器。如果所通过的波长（频率）可以改变，则称为波长可调谐滤光器。滤光器滤光的基本原理是利用一对高度平行的高反射率镜面构成的腔体组成光学谐振腔，通过只要改变腔长 L，即可改变输出光信号波长。

5. 光开关是一种具有一个或多个可选择的传输端口，可对光传输线路或集成光路中的光信号进行相互转换或逻辑操作的器件。端口即指连接于光器件中允许光输入或输出的光纤或光纤连接器。光开关可分为机械式和非机械式两大类。

6. 光放大器有半导体光放大器、非线性光纤放大器（受激拉曼散射光纤放大器和受激布里渊散射光纤放大器）、掺杂光纤放大器（包括 EDFA）等。目前最常用的是掺铒光纤放大器 EDFA，EDFA 是固体激光技术与光纤制造技术结合的产物。其关键技术有两个：其一，掺铒光纤（EDF）；其二，泵浦源。EDFA 主要由掺铒光纤（EDF）、泵浦光源、耦合器、隔离器、滤波器等组成。在泵浦光的作用下，使 EDF 出现粒子数反转分布，在信号光的激励下产生受激辐射使光信号得到放大。

7. 当介质受到强光场的作用时，光纤会产生非线性效应。光纤的非线性效应可分为弹性非线性效应和受激非弹性散射效应。其中，受激非弹性散射效应包括受激拉曼散射和受激布里渊散射。当光纤产生非线性时会影响光信号的传输，但它的影响与光纤色散影响刚好相反。如果参数设置得好，可以保持光脉冲宽度基本保持不变，这也是光孤子通信的基础。

习题

一、填空题

1. 常用光源有_____、_____和_____。应用在 DWDM 系统上的光源有两个突出特点：_____，_____。

2. 采用波长稳定技术的目的是使输入到光波分复用器的信号均为_____的光信号。

3. 在开放式的 DWDM 系统中，发送端需采用 OTU 将_____波长转换为_____波长，以满足 DWDM 系统的波长复用。

4. 光放大器有_____、_____、_____等。

5. EDFA 中的泵浦源通常采用_____、_____两种波长。可以采用_____、_____、_____3 种泵浦方式。

6. 泵浦功率越大，粒子数反转越_____，增益越大；但并不是泵浦功率越大越好，到达一定程度有趋于_____趋势。

7. 光纤非线性与色散的独立作用都会使光脉冲_____，只是它们展宽的机制不同。如果参数选择适当，非线性与色散的作用趋势刚好_____，就可使光脉冲波形保持_____。

二、名词解释

1. 调制啁啾
2. 滤光器
3. EDFA
4. 增益系数
4. 饱和输出功率
5. 非线性效应
6. 光弧子

三、选择题

1. DWDM 系统中最常用的放大器是（　　　）。

    A. 半导体光放大器（SOA）   B. 掺铒光纤放大器（EDFA）

    C. 拉曼放大器（Raman）   D. 掺镨光纤放大器（PDFA）

2. EDFA 经常使用（　　）的光波作为泵浦源。

    A. 850 nm   B. 980 nm   C. 1 310 nm   D. 1 550 nm

3. 下列（　　）不是 EDFA 的优点。

    A. 工作波长与最小损耗窗口一致   B. 耦合效率高

    C. 能量转换效率高   D. 增益带宽平坦

4. 下列（　　）不是用于通信目的的光纤。

    A. G.652   B. G.653   C. G.655   D. DCF

四、简答题

1. DWDM 系统为达到对光源的特殊要求采取了哪些措施？
2. 光波分复用器/解复用器的功能是什么？对其有何要求？
3. 光波长转换器的功能是什么？有几种变换方式？
4. 在 WDM 系统中用传统的光/电/光再生中继器有何不足？
5. EDFA 有哪几种泵浦形式？
6. EDFA 是如何实现光信号放大的？
7. 为什么出现光纤线路故障时要关闭 EDFA 的泵浦激光源？
8. 什么是受激拉曼散射和受激布里渊散射？有何区别？
9. 新型光纤有哪些？各有什么特性？

第7章

传输网络新技术

【本章内容简介】 本章主要介绍了 PTN 分组传送网技术、OTN 光传送网技术和全光网络技术等传输网络新技术。简要介绍了 PTN、OTN 和全光网络技术提出的背景，重点阐述了 PTN、OTN 和全光网络技术的定义和关键技术。

【学习重点与要求】 重点掌握 PTN 的定义与关键技术，OTN 的定义与关键技术，全光网络的定义与关键技术。

7.1 PTN 技术

7.1.1 PTN 技术提出的背景

在全业务运营过程中，运营商急需解决的问题在于融合多种网络、技术和业务，为用户提供全方位信息、通信服务。各种融合的重要基础是业务承载 IP 化，作为电信运营的基础支撑网络，为了满足承载业务的需求，传输网络新技术不断涌现。在过去的十几年里，城域传输网络主要采用 SDH（MSTP）技术组网，SDH（MSTP）以其可靠的传送承载能力、灵活的分插复用技术、强大的保护恢复功能、运营级的维护管理能力一直在本地网/城域网业务传送中发挥着重大作用，覆盖了骨干核心层、汇聚层、接入层等层次。SDH（MSTP）以电路交换为核心，主要为语音业务传输设计。进入 21 世纪后，在 IP 业务为代表的宽带数据业务的需求驱动下，SDH（MSTP）增加了数据业务接口，可以实现数据业务的透明传输以及业务汇聚。但是 SDH（MSTP）的分组处理或 IP 化程度不够彻底，其 IP 化主要体现在用户接口（即表层分组化），内核却仍然是电路交换（即内核电路化）。这就使得 MSTP 在承载 IP 分组业务时效率较低，并且无法适应以大量数据业务为主的 3G 和全业务时代的需要。近几年，业务的 IP 化已经从电信网络的边缘逐渐向核心蔓延，业务传送由电路交换核心转换成分组交换核心。在 IP 化和融合承载需求的推动下，基于分组交换内核并融合传统传送网和数据通信网络技术优势的 PTN 技术自提出后就得到迅猛发展，已成为城域传输网络承载 IP 化的主流技术。随着 PTN 步入商用化阶段，基于 PTN 技术的城域传输网络建设已成为各通信运营商关注的焦点。

中国移动是国内最早关注 PTN 技术的运营商，中国电信和中国联通紧随其后。三大运营商已经纷纷展开 PTN 测试，其中中国移动最为领先，从 2008 年 9 月份开始组织了 3 轮 PTN 测试。第一轮测试主要是对各厂家的 PTN 技术及设备关于全业务支持、OAM、QoS、保护倒换、同步等方面性能进行了摸底测试。在第二轮针对现网的测试中，通过了关于性能和网络稳定性测试、可靠性测试、分组同步性能测试及网络管理维护测试 4 大项目。第三轮测试主要是各厂家设备的互通性测试。

目前各大运营商和主流设备商等都在积极推动 PTN 产业链成熟，对 PTN 的技术发展掌握比较全面。根据网络规划、建设、运维需求，多维度对 PTN 进行了深入的测试。从测试情况来看，PTN 设备已经基本成熟，PTN 已经开始进入规模商用阶段。无论是运营商还是设备商，在 PTN 建网和部署方面，都已经积累了丰富的经验。

PTN 的引入，将为运营商带来深远的影响。PTN 的采用是近年来城域网业务承载方式的变革性突破，是传送网络和宽带数据网络融合的重要里程碑。PTN 的技术与成本优势将使其发展成高 QoS 业务的多业务承载平台。

7.1.2　PTN 的定义

PTN（分组传送网）是一种以分组作为传送单位，承载电信级以太网业务为主，兼容 TDM、ATM 和 FC 等业务的综合传送技术。PTN 技术基于分组的架构，继承了 MSTP 的理念，融合了 Ethernet 和 MSTP 的优点，是下一代分组承载的技术。

PTN 的核心价值在于：PTN 基于面向连接的分组传送技术提供端到端的分组汇聚通道，PTN 支持多种协议和业务，提供高 QoS 保证，基于硬件的 OAM&P，全网同步解决方案，统一平台降低 TCO，继承传统传送网的管理和智能控制平台，降低运维难度。

PTN 是分组（P）与传送（T）的融合，因此存在两种演进方向，即 PTN 成熟的技术主要包括 PBB-TE 和 T-MPLS/MPLS-TP 两种。

PBB-TE 是在以太网技术上结合传送网特性发展起来的一种分组传送技术。PBT 是在 IEEE 802.1ah PBB（MAC in MAC）的基础上进行的扩展，PBB 技术的基本思路是将用户的以太网数据帧再封装一个运营商的以太网帧头，形成两个 MAC 地址。

T-MPLS/MPLS-TP 是一种面向连接的分组传送技术。在传送网络中，将客户信号映射进 MPLS 帧并利用 MPLS 机制（例如标签交换、标签堆栈）进行转发。同时它增加了传送层的基本功能，例如，连接和性能监测、生存性（保护恢复）、管理和控制面（ASON/GMPLS）。

在传输上加分组比在分组上加 OAM、QoS 等传输开销要容易，因此 MPLS-TP 已经占据很大主动，其主要优势在于其良好的 OAM 和 QoS 特性。目前我国各大运营商和设备商主要研究、应用的 PTN 技术是 MPLS-TP 技术。

T-MPLS 技术是核心网技术的向下延伸。使用基于 IP 核心网的 MPLS 技术，简化复杂的控制协议，简化数据平面，增加强大的 OAM 能力、保护倒换和恢复功能；提供可靠的 QoS、带宽统计复用功能。T-MPLS 构建于 MPLS 之上，它的相关标准为部署分组交换传输网络提供了电信级的完整方案。需要强调的是，为了维持点对点 OAM 的完整性，T-MPLS 去掉了那些与传输无关的 IP 功能。

T-MPLS 利用网络管理系统或者动态的控制平面（GMPLS）建立双向标签转发路径（LSP），包括电路层和通道层、电路层仿真客户信号的特征并指示连接特征，通道层指示分组转发的隧道。如图 7-1 所示。

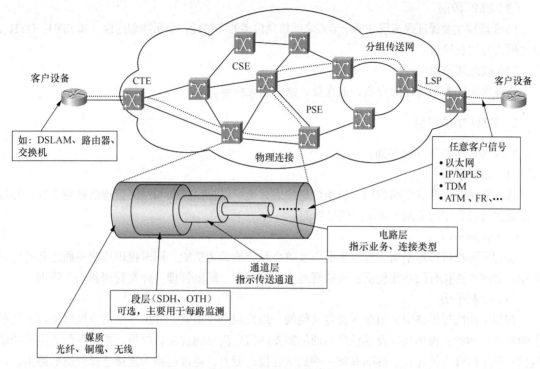

图 7-1　T-MPLS 业务建立

T-MPLS 承载 IP 业务时可分为 3 种场景。首先是以太网层面上的 P2P/MP2MP 互联互通，IP/MPLS 核心域与 T-MPLS 边缘设备通过以太网接口连接，这是最简单的情况。第二种是在电路/PW 层面互联互通，MPLS 隧道在 T-MPLS 网络边缘被终结，支持 MPLS 的 PW 终结设备与路由器在 T-MPLS 网络中通过一条 TMC 连接互联，MPLS 中的 OAM/生存性机制不能覆盖整条端到端业务。第三种是在通道层面互联互通，T-MPLS 网络汇聚并转发路由器输出的多个 MPLS 通道，相当于透传 MPLS 隧道，从而减轻路由器在网络中直接发送的业务量。

2008 年，ITU-T 和 IETF 两大国际组织联合开发 T-MPLS 和 MPLS 融合，扩展为 MPLS-TP 技术。从 T-MPLS 到 MPLS-TP 基本出发点是简化 MPLS 的分组转发机制，消除复杂的控制及信令协议，同时开发传输层的 OAM。MPLS-TP 的架构沿用了 T-MPLS 的理念，同样是基于 MPLS 的标准帧格式，去掉不利于端到端传送的功能，增加了 OAM、保护机制和清晰的智能控制面。

MPLS-TP 可以较好地满足无线基站回传、高品质数据业务以及企事业专线/专网等运营级业务需求。

1. PTN 分层

PTN 大致可分为以下 4 层：

（1）TMC 通道层

TMC 通道层为客户提供端到端的传送网络业务，表示业务的特性，如连接的类型和拓扑类型（点到点、点到多点、多点到多点），业务的类型等，也叫伪线 PW 层。

（2）TMP 通路层

TMP 通路层提供传送网络通道，将一个或多个客户业务汇聚到一个更大的隧道中，以便于传送网实现更经济有效的传送、交换、OAM、保护和恢复，表示端到端的逻辑连接的特性，也叫隧道 Tunnel 层。

（3）TMS 段层

TMS 段层主要保证通道层在两个节点之间信息传递的完整性，表示物理连接，如 SDH、OTH、以太网或者波长通道。

（4）物理媒质层

物理媒质层表示传输的媒质，如光纤、铜缆或无线等。

2．PTN 功能平面

PTN 可分为以下 3 个层面：

（1）传送平面

传送平面提供两点之间的用户分组信息传送，也可以提供控制和网络管理信息的传送，并提供信息传送过程中的 OAM 和保护恢复功能。

（2）管理平面

管理平面执行传送平面、控制平面以及整个系统的管理功能，同时提供这些平面之间的协同操作。管理平面执行的功能包括：性能管理、故障管理、配置管理、计费管理和安全管理。

（3）控制平面

控制平面由提供路由和信令等特定功能的一组控制元件组成，并由一个信令网络支撑。控制平面元件之间的互操作性以及元件之间通信需要的信息流可通过接口获得。控制平面的主要功能包括：通过信令支持建立、拆除和维护端到端连接的能力，通过选路为连接选择合适的路由，自动发现连接关系和链路信息，发布链路状态信息以支持连接建立、拆除和恢复。

7.1.3　PTN 关键技术

1．综合业务统一承载技术——PWE3

PWE3 技术是一种业务仿真机制，希望以尽量少的功能，按照给定业务的要求仿真线路。支持 TDM E1/IMA E1/POS STM-N/chSTM-N/FE/GE/10GE 等多种接口。

采用 PWE3 技术实现传统业务承载的优势有以下几点：

（1）专线仿真，为运营商提供高回报的网络业务

专线的服务质量、安全性广为用户接受，每比特回报高；PTN 支持任意长度的网络流，具有执行优化的网络流量工程的能力，并对网络业务流具有分类、执行流量管理控制和按 QoS 优先等级的保障机制。

（2）通用标签，提供统一的多业务网络数据传送平台，减少运营费用

PWE3 可使多业务汇聚到统一的分组交换网络 PSN；在 PTN 上提供统一适配，仿真 Ethernet、ATM、TDM 等传统的 L1 和 L2 层专线业务。不同业务均能以统一的方式汇聚，减少网络数量、配置维护的复杂度和链路上的费用。

（3）保护投资，提供网络业务的前后向兼容性

PTN 需要使用伪线 PW 与现有巨大的非 IP/MPLS 网络设备后向地兼容，可灵活支持新业务，

是 L2/L3 层间业务汇聚的基础单元。

需注意的是：

（1）伪线 PW 表示端到端的连接，通过隧道 Tunnel 承载；PTN 内部网络不可见伪线 PW；

（2）本地数据报表现为伪线端业务（PWES），经封装为 PW PDU 之后传送；边缘设备 PE 执行端业务的封装/解封装；

（3）客户设备 CE 感觉不到核心网络的存在，认为处理的业务都是本地业务。

PWE3 仿真技术对 PTN 设备的转发时延要求非常高；如果 PTN 网络的时延很大，过了很长的时间末端设备还未接收到报文，就会导致在末端设备还原出来的业务存在误码。

2. 端到端层次化 OAM

以太网 OAM 是一种监控网络故障的工具，目前主要用于解决以太网接入"最后一公里"中常见的链路问题。用户通过在两个点到点连接的设备上启用以太网 OAM 功能，可以监控这两台设备之间的链路状态。

PTN 具备类似 SDH 网络的操作、管理、维护能力，以满足电信级网络管理维护的要求：

（1）分层架构，如 SDH 的 RSOH、MSOH、POH 等；

（2）端到端的 OAM 理念，如 SDH 的端到端 OAM 监控；

（3）反馈机制，如 SDH 的 RDI 机制等；

（4）基于硬件的 OAM，如 SDH 的 OAM 由硬件检测和处理。

3. 端到端层次化 QoS

PTN 支持层次化 QoS，每个层面分别提供一定的 QoS 机制，满足全业务传送的带宽统计复用。PTN 的 QoS 技术采纳了 IP/MPLS 的 QoS 技术，有如下功能。

（1）流分类。流是一组具有相同特性的数据报文，业务的区分可以基于数据报文流进行。进行流分类的目的是区分服务，以便对数据报文进行区别对待。

（2）流量监管。流量监管就是流分类后采取某种动作，用于限制进入网络的流量速率。

优先级标记。为特定报文提供优先级标记的服务，标记内容包括 TOS、DSCP、802.1p、MPLS EXP 等。根据 DiffServ 规范，PTN 一般支持 8 类优先级。

（3）流量整形。流量整形可以限制流量的突发，使报文流能以均匀的速率发送，使业务流中的分组延时输出以符合业务模型的规定。

（4）队列调度。当网络发生拥塞现象时，多个报文将同时竞争使用资源，网络上的转发设备如何制定资源调度策略，决定报文转发处理次序，这就是拥塞管理。拥塞管理一般采用队列机制，内容包括队列的创建、决定报文的队列归属的流分类和队列间的调度策略。

（5）拥塞避免。拥塞避免是指通过监视网络资源（如队列或内存缓冲区）的使用情况，在网络尚未发生严重过载的情况下，主动采取丢弃报文的策略，通过降低网络负载来缓解或解除网络拥塞的一种流控策略。一般采用随机早期检测 RED 丢弃算法能避免 TCP 全局同步现象。

此外，TMPLS 网管系统一般提供各层面 QoS 的核查，即 CAC（连接接入控制）机制。

4. 全程电信级保护机制

PTN 网络保护主要针对线形网络和环形网络进行保护。

（1）线性保护倒换分为 1+1 和 1:1 两种。

在 1+1 保护倒换中，首端永久桥接，保护传送实体专门保护工作传送实体。通常情况下，业务同时输入到工作和保护传送实体中，同时传输到接收端，接收端正常情况下接收工作传送实体传送的业务信号，当工作传送实体发生重大故障后，接收端接收保护传送实体传送的业务信号。

1+1 保护倒换连接如图 7-2 所示，发生故障后保护倒换如图 7-3 所示。

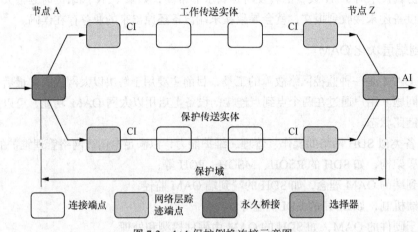

图 7-2   1+1 保护倒换连接示意图

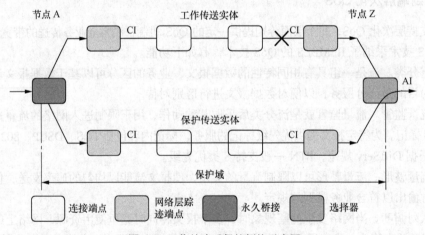

图 7-3   工作故障后保护倒换示意图

在 1:1 结构中，保护传送实体专门保护工作传送实体。正常情况下，业务信号利用工作传送实体传送，保护传送实体无业务信号，工作传送实体发生重大故障后，业务信号利用保护传送实体传送，接收端的选择器选择接收业务信号。

1:1 保护倒换连接如图 7-4 所示，发生故障后保护倒换如图 7-5 所示。

（2）环网保护分为环回和转向两种保护方式。

环回保护是当检测到网络故障导致业务信号传送失效时，故障两侧节点发出倒换请求，业务信号将利用倒换开关重构的路径继续传送，当网络故障清除时，业务信号依据 APS 协议返回原工作路径传送。环回保护倒换连接如图 7-6 所示，发生故障后保护倒换如图 7-7 所示。

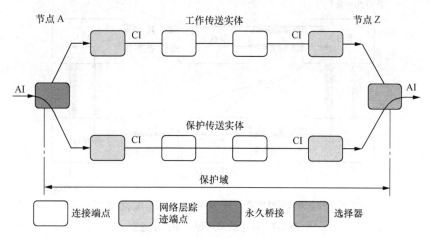

图 7-4　1:1 保护倒换连接示意图

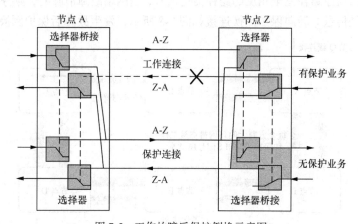

图 7-5　工作故障后保护倒换示意图

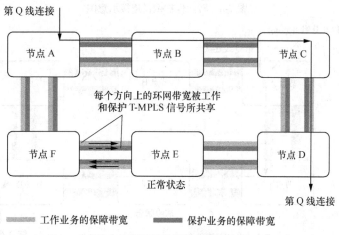

图 7-6　环回保护倒换连接示意图

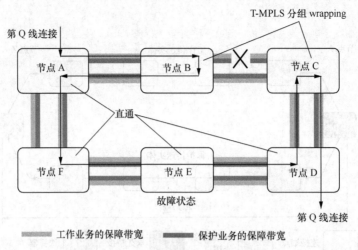

图 7-7　发生故障后保护倒换示意图

转向保护是当检测到网络故障导致业务信号传送失效时，环形网所有节点发生倒换，业务信号利用倒换重构的与原路径完全相反的路径传送信号，当网络故障清除时，业务信号依据 APS 协议重返原工作路径传送。转向保护倒换连接如图 7-8 所示，发生故障后保护倒换如图 7-9 所示。

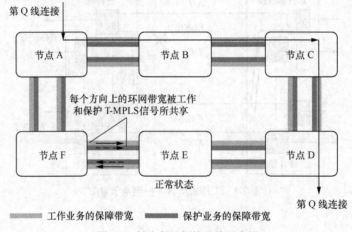

图 7-8　转向保护倒换连接示意图

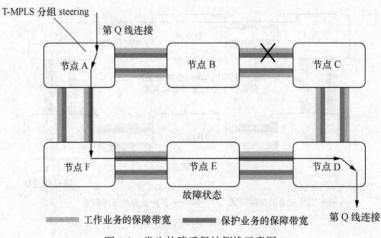

图 7-9　发生故障后保护倒换示意图

5. 时间同步技术—IEEE 1588v2

目前 PTN 网络普遍采用的时钟同步技术方案有 TOP 技术、同步以太网技术和 IEEE 1588V2 精确时间协议技术 3 种。

其中，TOP 技术和同步以太网技术只能支持时钟频率传送，不支持时间信号传送；IEEE 1588v2 同时支持时间和频率同步，同步精度高，可达亚微秒级，网络报文时延差异 PDV 影响可通过逐级 的恢复方式解决，是业界统一的标准；IEEE 1588v2 技术采用主从时钟方案，对时间进行编码传 送，时戳的产生由靠近物理层的协议层完成，利用网络链路的对称性和时延测量技术实现主从时 钟的频率、相位和绝对时间的同步。

6. PTN 组网应用模式

（1）PTN+OTN

该应用模式适用于大型城市城域网建设，组网结构如图 7-10 所示。

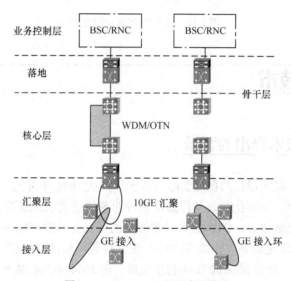

图 7-10　PTN+OTN 组网应用模式

接入层：负责基站（含室内分布）、集团客户、营业厅和家庭客户的接入，采用 GE 速率组网，网络拓扑为单环或者采用双节点跨接等方式，少量不容易建立双物理路由的接入节点也可考虑组成链形结构。考虑到带宽和安全性因素，环路节点数一般不超过 10 个节点。

汇聚层：PTN 设备组建 10GE 环，与接入层网络和骨干层 OTN 网络相交，完成业务的汇聚和收敛功能。

骨干层：由 OTN 设备和 PTN 设备构成，一般在核心机房新建 PTN 大容量业务终端设备，通过 OTN 系统提供的 10GE/GE 通道与汇聚层 PTN 设备对接（NNI 接口）。终结业务骨干层 PTN 设备主要起到业务落地和局间调度的功能，PTN 与 RNC 采用 GE 光口连接（UNI 接口）与各类业务设备对接。

不同的网络层面之间或者两环之间宜采用双节点互联组网模式，确保在单节点故障时，不同的网络层面或者两环之间尚可通信，以保证网络的安全性。

（2）纯 PTN 组网模式

该应用模式适用于中小型城市城域网建设，组网结构如图 7-11 所示。

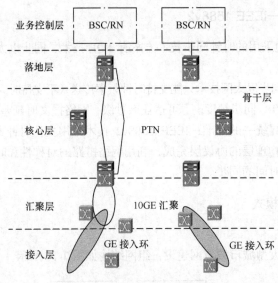

业务控制层 　　BSC/RN　　　 　BSC/RN

落地层

骨干层

核心层　　　　　　　　　　　PTN

汇聚层　　　　　　　10GE 汇聚

接入层　　　　GE 接入环　　　　　　GE 接入环

图 7-11　纯 PTN 组网应用模式

7.2　OTN 技术

7.2.1　OTN 技术提出的背景

光传送网（OTN）技术理论的提出实际已有多年，从 1998 年开始，伴随 SDH 和 WDM 等传送技术的成熟、发展，不断优化调整以适应多种业务传送需求，随着主要业务类型的改变，以及其对带宽需求的逐渐加大，OTN 技术最初提出的目标是丰富存放业务信号的各级别容器，提供比 SDH 虚容器 VC（主要是 VC-12 和 VC-4）更大容器颗粒，即开发出光通路数据单元 ODUk 来主要承载 TDM 业务，此目标在 2001 年初步完成，在 2004 年左右基本成熟。随着以太网数据业务的与日俱增，从 2005 年左右开始，OTN 的目标锁定在增加以太网数据业务接口，并利用该类接口透明承载 10GE 数据业务及可扩展地灵活承载不同速率级别的以太网业务等核心问题上，到 2009 年 10 月，实现该目标的 OTN 接口标准 G.709 在 ITU-T SG15 全会上获得通过，标志着 OTN 技术的标准化发展步入与最初目标发生较大偏离的，以适应以太网业务传送为主要目标的新阶段。

未来的通信网络将以 IP 为信号格式，支持语音、数据和多媒体业务 IP 化处理，这对支撑未来通信网络的城域传送网而言，通过光层承载 IP 化业务将是新城域传送技术应用的基本要求。近几年，业务的 IP 化随着三网融合的推行，已经在电信网络的边缘层完成，并需要逐渐向接入层往上实现，必然要求支撑城域网的城域传送网也要能满足 IP 化业务承载的需求，即要求业务承载方式从以电路交换为核心向以分组交换为核心的转型，最终实现基于分组交换的 IP 化业务高效传送。因此，各大电信运营商必然将城域传送网打造成能承载 IP 化业务、高速率、高性价比的电信级网络。在此情况下，以实现全光通信为终极目标的，以传送 GE、10GE 甚至 40GE、100GE 等大颗粒业务为主的、基于 WDM 平台但比 WDM 更有管理能力、控制能力、传送能力的智能化传送技术

OTN 技术应运而生。

目前城域网中有 IP 城域承载网和传送网分别传送处理数据业务，城域核心网普遍存在数据业务激增现象，各自在传送数据业务上的不足，使得在面向数据业务激增的情况下，都会显得十分吃力，最终无法单独胜任承载任务。作为目前最能代表光传送网发展方向的 OTN 技术，最大的特点在于它以 WDM 为技术平台，充分吸收了 SDH（MSTP）出色的网络组网保护能力和 OAM 运行维护管理能力，使 SDH 和 WDM 技术优势综合体现在 OTN 技术中，能为大颗粒、大容量的 IP 化业务在城域骨干传送网及更高层次的网络结构，提供电信级网络保护恢复和节点自动发现与自动建立等智能化功能，并大大提高单根光纤的资源利用率。OTN 技术将会成为今后几年各大运营商建设城域骨干传送网及干线网重点采用的传送技术，将是有效承载 IP 化业务、增强全业务运营核心竞争力的重要手段和保障。

7.2.2　OTN 的定义

OTN（光传送网），是以波分复用 WDM 技术为基础、在光层组织网络的传送网，是下一代的骨干传送网。

OTN 为 G.872、G.709、G.798 等一系列 ITU-T 建议所规范的新一代光传送体系，通过 ROADM 技术、OTH 技术、G.709 封装和控制平面的引入，将解决传统 WDM 网络无波长/子波长业务调度能力、组网能力弱、保护能力弱等问题。

可以说 OTN 将是未来最主要的光传送网技术，同时随着近几年 ULH（超长跨距 DWDM 技术）的发展，使得 DWDM 系统的无电中继传输距离达到了几千公里。

ULH 的发展与 OTN 技术的发展相结合，将可以进一步扩大 OTN 的组网能力，实现在长途干线中的 OTN 子网部署，减少 OTN 子网之间的 O/E/O 连接，提高 DWDM 系统的传输效率。

OTN 具有以下特点：

（1）建立在 SDH 的经验之上，为过渡到下一代网络指明了方向；

（2）借鉴并吸收了 SDH 的分层结构、在线监控功能、保护和管理功能；

（3）可以对光域中光通道进行管理；

（4）采用 FEC 技术，提高了误码性能，增加了光传输的跨距；

（5）引入了 TCM 监控功能，一定程度上解决了光通道跨多自治域监控的互操作问题；

（6）通过光层开销实现简单的光网络管理（业务不需要 O/E/O 转换即可取得开销）；

（7）统一的标准方便各厂家设备在 OTN 层互连互通。

OTN 与 SDH 的主要区别：

（1）OTN 与 SDH 传送网主要差异在于复用技术不同，但在很多方面又很相似，例如，都是面向连接的物理网络，网络上层的管理和生存性策略也大同小异。

（2）由于 DWDM 技术独立于具体的业务，同一根光纤的不同波长上接口速率和数据格式相互独立，使得运营商可以在一个 OTN 上支持多种业务。OTN 可以保持与现有 SDH 网络的兼容性。

（3）SDH 系统只能管理一根光纤中的单波长传输，而 OTN 系统既能管理单波长，也能管理每根光纤中的所有波长。

OTN 主要由传送平面、管理平面和控制平面组成。

控制平面负责搜集路由信息，并计算出业务的具体路由；控制平面对应实体即具备控制平面功能的相关单板。通过加载控制平面将能够实现资源的自动发现、自动端到端的业务配置，并能提供不同等级的 QoS 保证，使业务的建立变得灵活而便捷，由其构建的网络即基于 OTN 的智能光网络（ASON）。

传送平面可分为电层和光层，电层包括支路接口单元、电交叉单元、线路接口单元和光转发单元，主要完成子波长业务的交叉调度；而光层包括光分插复用单元（或光合波和分波单元）及光放大单元，主要完成波长级业务的交叉调度和传送，电层和光层共同完成端到端的业务传送。

管理平面提供对传送平面、控制平面的管理功能以及图形化的业务配置界面，同时完成所有平面间的协调和配合。管理平面的实体即网管系统，能够完成 M.3010 中定义的管理功能，包括性能管理、故障管理、配置管理和安全管理等。

3 个平面协同工作，共同实现智能化的业务传送。

7.2.3　OTN 关键技术

1．G.709 帧结构

OTN 帧格式与 SDH 的帧格式类似，通过引入大量的开销字节来实现基于波长的端到端业务调度管理和维护功能。业务净荷经过光通路净荷单元（OPU）、光通路数据单元（ODU）、光通路传送单元（OTU）3 层封装最终形成 OTUk 单元，在 OTN 系统中，以 OTUk 为颗粒在 OTS（光传输段）中传送，而在 OTN 的 O/E/O 交叉时，则以 ODUk 为单位进行波长级调度。

相比于 SDH 帧结构，G.709 的帧结构要更为简单，同时开销更少。由于不需要解析到净荷单元，所以 OTN 系统可以较容易地实现基于 ODUk 的交叉。同时 OTUk 的开销中有一大部分是前向纠错 FEC 功能，通过引入 FEC，OTN 系统可以支持更长的距离和更低的光信噪以 OSNR 的应用，从而进一步提升网络生存能力和数据业务的 QOS。

（1）OTU 帧结构

OTU 帧结构如图 7-12 所示。

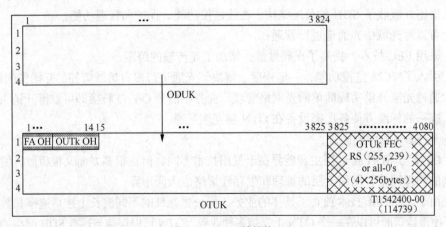

图 7-12　OTU 帧结构

OTU 根据速率等级分为 OTUk（k=1，2，3），OTU1 就是 STM-16 加 OTN 开销后的帧结构和速率，OTU2 是 STM-64 加 OTN 开销后的帧结构和速率，OTU3 就是 STM-256 加 OTN 开销后的帧结构和速率。注意，这里的开销包括普通开销和 FEC。

OTUk 帧的长度是定长的，以字节为单位，共 4 行 4 080 列，总共有 $4 \times 4\,080 = 16\,320$ 字节。

OTUk 帧在发送时按照先从左到右，再从上到下的顺序逐个字节发送，在发送一个字节时先发送字节的 MSB，最后发送字节的 LSB。字节的结构如表 7-1 所示，最左边的位为 MSB。

表 7-1　　　　　　　　　　　　　字节中 MSB 和 LSB 的定义

Bits1	Bits2	Bits3	Bits4	Bits5	Bits6	Bits7	Bits8
MSB							LSB

OTUk 还包含了两层帧结构，分别为 ODU 和 OPU，它们之间的包含关系为 OTU>ODU>OPU，OPU 被完整包含在 ODU 层中，ODU 被完整包含在 OTU 层中。OTUk 帧由 OTUk 开销、ODUk 帧和 OTUk FEC 3 部分组成；ODUk 帧由 ODUk 开销和 OPUk 帧组成；OPUk 帧由 OPUk 净荷和 OPUk 开销组成，从而形成了 OTUk-ODUk-OPUk 这 3 层帧结构。

（2）ODUk 的帧结构

ODUk 的帧结构由两部分组成，分别为 ODUk 开销和 OPUk 帧，如图 7-13 所示。OPUk 帧将在（3）OPUk 的帧结构中介绍。这里介绍 ODUk 的开销。

ODUk 的开销占用 OTUk 帧第 2，3，4 行的前 14 列。第一行的前 14 列被 OTUk 开销占据。ODUk 开销主要由 3 部分组成，分别为 PM、TCM 和其他开销。

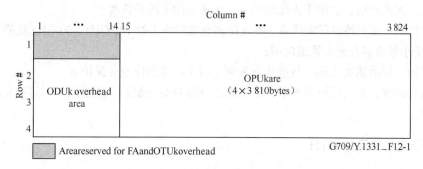

图 7-13　ODUk 的帧结构

（3）OPUk 的帧结构

OPUk 用来承载实际要传输的用户净荷信息，由净荷信息和开销组成。开销主要用来配合实现净荷信息在 OTN 帧中的传输，即 OPUk 层的主要功能就是将用户净荷信息适配到 OPUk 的速率上，从而完成用户信息到 OPUk 帧的映射过程。

OPUk 的帧结构如图 7-14 所示，是一个字节为单位的长度固定的块状帧结构，共 4 行 3 810 列，占用 OTUk 帧中的列 15～列 3 824。

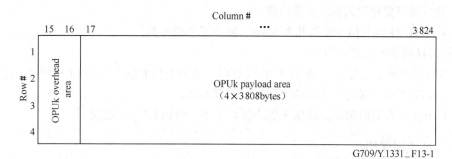

图 7-14　OPUk 的帧结构

OPUk 帧由两部分组成，OPUk 开销和 OPUk 净荷。最前面的两列为 OPUk 开销（列 15 和列 16），共 8 个字节，列 17～列 3 824 为 OPUk 净荷。OPUk 开销由 PSI 和控制级联和映射等的相关开销组成。

2．基于光层交叉的 ROADM

ROADM 是 OTN 采用的一种较为成熟的光交叉技术。ROADM 是相对于 DWDM 中的固定配置 OADM 而言，其采用可配置的光器件，从而可以方便地实现 OTN 节点中任意波长的上下和直通配置。

ROADM 的主要优点是：

（1）可远程重新配置波长上下，降低运维成本；

（2）支持快速业务开通，满足波长租赁业务；

（3）可自由升级扩容，实现任意波长到任意端口上下；

（4）可实现波长到多个方向，实现多维度波长调度；

（5）支持通道功率调整和通道功率均衡。

目前 ROADM 存在的主要问题是：

（1）距离：传输距离可能受到色散、OSNR 和非线性等光特性的限制，这一个问题在 40 Gbit/s 存在的情况下尤其严重，适用于大颗粒业务，无法支持子波长调度；

（2）排他性：不支持多厂家环境、不支持多规格网络（如 100 GHz、50 GHz 规格不能混合组网）、不支持小管道聚合成大管道应用；

（3）保护：倒换速度太慢，只能作业务恢复用（不能用作业务保护）；

（4）波长冲突：在大网络中非常严重，导致网络资源分配的难度增加，不得不采用轻载的方式解决问题。

3．基于电层交叉的 OTH

OTH 主要指具备波长级电交叉能力的 OTN 设备，其主要完成电层的波长交叉和调度。交叉的业务颗粒为 ODUk（光数据单元），速率可以是 2.5 Gbit/s、10 Gbit/s 和 40 Gbit/s。

OTH 的主要优点是：

（1）适用于大颗粒和小颗粒业务；

（2）支持子波长一级的交叉；

（3）O/E/O 技术使得传输距离不受色散等光特性限制；

（4）ODUk 帧结构比 SDH 简单，和 SDH 交叉技术相比具有低成本的优势；

（5）具有 SDH 相当的保护调度能力；

（6）业务接口变化时只需改变接口盘；

（7）将 OTU 种类由 M×N 降低为 M+N，减少了单板种类。

目前 OTH 面临的主要问题是：

（1）交叉容量低于光交叉，一般在 T 比特级以下，在现有技术条件下做到 T 比特以上较为困难；

（2）目前还没有交叉芯片能提供 ODUk 的开销检测；

（3）ODU1 中没有时隙，无法实现更小颗粒业务（例如 GE）的交叉。

4．OTN 组网保护

OTN 目前可提供如下几种保护方式。

（1）光通道 1+1 波长保护，如图 7-15 所示。

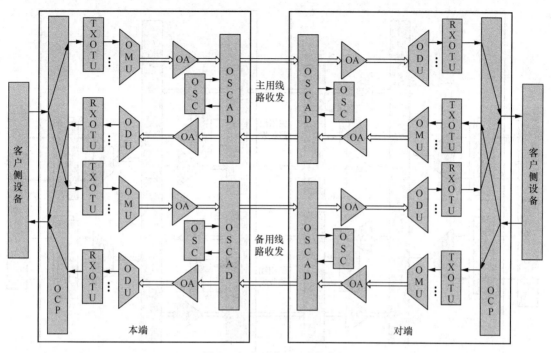

图 7-15　光通道 1+1 波长保护

（2）光通道 1+1 路由保护，如图 7-16 所示。

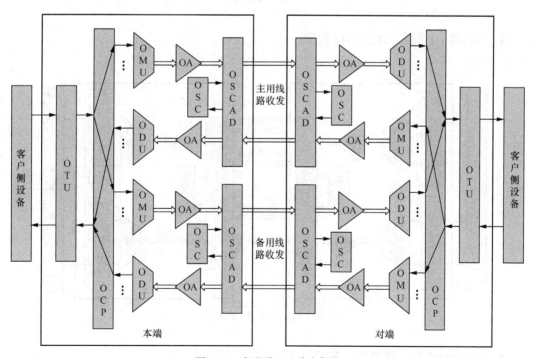

图 7-16　光通道 1+1 路由保护

（3）1+1 光复用段保护，如图 7-17 所示。

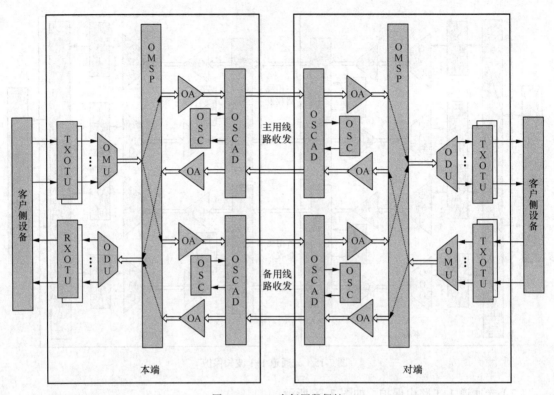

图 7-17　1+1 光复用段保护

（4）光线路 1:1 保护，如图 7-18 所示。

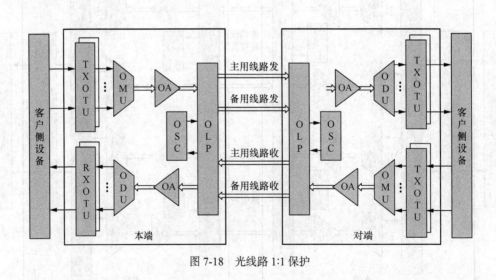

图 7-18　光线路 1:1 保护

（5）OCh 1+1 保护，如图 7-19 所示。

（6）OCh 1:2 保护，如图 7-20 所示。

（7）ODUk 1+1 保护，如图 7-21 所示。

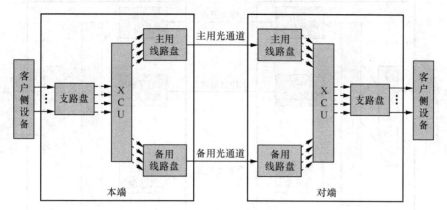

图 7-19　OCh 1+1 保护

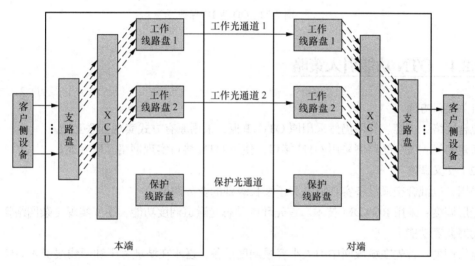

图 7-20　OCh 1:2 保护

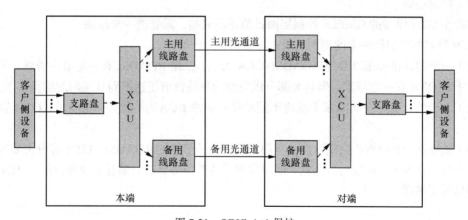

图 7-21　ODUk 1+1 保护

（8）ODUk 1:2 保护，如图 7-22 所示。

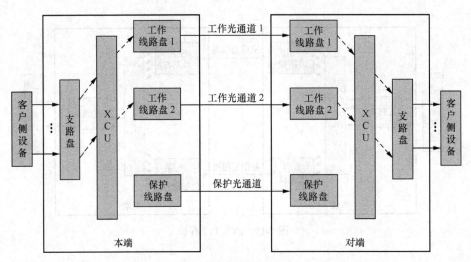

图 7-22　ODUk 1:2 保护

7.2.4　OTN 功能引入策略

（1）接口方面

混合网络：扩容、补网仍然采用原 OTU 单板，采用原有方式实现互联互通。

新建网络：波分线路侧采用 OTN 接口，使用 OTN 接口实现网络互联互通。

（2）交叉调度

采用光电混合交叉设备实现波长和子波长级别的业务调度。

光层调度：采用 ROADM 技术。首先环内动态光通道调度功能，逐步实现复杂网络拓扑环间业务动态调度功能。

电层调度：首先在城域网中引入小容量调度设备，逐步在城域骨干和干线层引入 G/T 级别的大容量设备。

（3）控制层面

加载在 OTN 设备的 GMPLS 控制层面目前还不成熟，需要进一步跟踪。

OTN 技术在各级网络上的组网建议：

（1）一干的设备形态以 OTM+OADM+OLA 为主，二维 ROADM 有一定潜在需求，关注低成本，一干对 OTH 有一定需求，但是大部分供应商的产品目前还达不到其应用的容量要求；

（2）二干的设备形态同国家干线所不同的是：多维 ROADM 会有一定需求，OTH 容量要求小些；

（3）城域网，城域核心应用以波分应用为主，包括多维的 ROADM，OTH 部分主要是子波长业务的汇聚功能为主，调度功能为辅，同时实现灵活的业务保护。随着全业务发展，OTN 网络会延伸到城域汇聚层。

7.3 全光网络

随着现代社会经济快速、全球化的发展，大量的数据信息需要传递，引起信息量爆炸性增长，使得对所谓代表通信容量带宽的"无限渴求"现象要求越来越高。而目前，O/E 转换电子瓶颈的制约限制了信息的快速传送，电+光的通信网络已不能满足高速率、大容量、长距离的信息传送要求。于是，需要不断开发光领域新技术，充分挖掘光通信技术潜力，以满足 21 世纪信息网络互联的需求，全光网络则是满足这种需求的最佳发展趋势。

7.3.1　全光网络概述

全光网络指信号以光的形式通过整个网络，直接在光域内进行信号的传输、再生和交换/选路，中间不经过任何 O/E 转换，信息从源节点到目的节点的传输过程中始终在光域内运行。

ITU-T G.872 建议，光传送网为一组可为客户层信号提供主要在光域上进行传送复用、选路、监控和生存处理的功能实体，它能够支持各种上层技术，是适应公用通信网络演进的理想基础传送网络。

全光网络主要由光传送系统和在光域内进行交换/选路的光节点组成。由于光器件的局限性，目前全光网络的覆盖范围很小，要扩大网络范围，需通过 O/E 转换来消除光信号在传输过程中的损伤。因此，目前所说的"光网络"是由高性能的 O/E 转换设备连接众多的全光透明子网的集合，是 ITU-T 有关"光传送网"概念的通俗说法。

全光网络包括光传输、光放大、光再生、光选路、光交换和光信息处理等先进的全光技术，其特征如下所述。

1．波长路由

通过波长选择性器件实现路由选择，是目前全光网络的主要方式。而光数据包交换尚不具备条件，其最大的困难来自光记忆和逻辑器件的缺乏。

2．透明性

由于全光网络中的信号传输全部在光域内进行，不再有电中继，因此全光网络具有对信号传输的透明性。透明性有两个含义：信号速率透明和信号格式透明。

3．网络结构的扩展性

全光网络应当具有扩展性，而且是在尽量不影响已有通信的同时扩展用户数量、速率容量、信号种类等。因此，目前全光网络结构和网络单元都强调模块化的扩展能力，即无需改动原有结构，只要升级网络连接，就能够增添网络单元。

4．可重构性

全光网络的可重构性是指在光波长层次上的重构，包括直接在光域里对光纤折断或节点损坏作出反应，实现恢复；建立和拆除光波长连接；自动为突发业务提供临时连接。

5．可操作性

由于全光网络比现有的网络多了一个光路层，因此其管理表现出一些独有的特征。尽管目前全光网络的控制和管理尚未定型，但基本要求是相同的，允许在各个不同管理层次上控制和管理全光网络。

全光网络纵向可分为客户层、光通道层、光复用段层和光传送段层，两相邻之间构成客户/服务层关系，如图 7-23 所示。

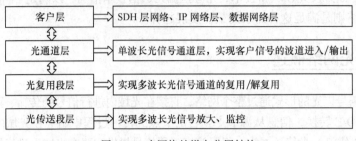

图 7-23　光网络的纵向分层结构

光通道层负责为来自光复用段层的客户信息如 SDH、PDH、ATM、IP 选择路由和分配波长；为灵活的网络选路安排光信道连接，提供端到端的连接，处理光通道开销，提供光通道层的检测和管理功能；并在故障发生时，通过重新选路或直接把工作业务切换到预定的保护路由来实现保护倒换和网络恢复。

光复用段层保证相邻两个波长复用传输设备间多波长复用光信号的完整传输，为多波长信号提供网络功能，主要包括：为灵活多波长网络选路重新安排光复用段功能；为保证多波长光复用段适配信息的完整性处理光复用段开销；为网络的运行和维护提供复用段的检测和管理功能。

光传送段层为光信号在不同类型的光传输介质上提供传输功能，同时实现对光放大器或中继器的检测和控制功能等。通常涉及功率均衡问题、EDFA 增益控制问题、色散的积累和补偿问题。

未来的全光网络是基于目前的 DWDM 基础上发展起来的，它比传统的电信网络和电加光网络具有更大的通信容量，具备以往通信网和现行 SDH/DWDM 光通信系统所不具有的优点。

（1）充分利用了光纤的带宽资源，采用 DWDM 技术进行光域组网，减少了电/光、光/电变换，突破了电子瓶颈，减少了信息传输的拥塞。

（2）全光网络具有开放性，对不同的速率、协议、调制频率和制式的信号同时兼容，并允许几代设备 PDH、SDH、ATM 甚至 IP 技术共存，共同使用光纤基础设施，各种信号在光网络中完全透明传送。

（3）全光网络不仅扩大了网络容量，更重要的是易于实现网络的动态重构，可为大业务量的节点建立直通的光通道。利用光分插复用器（OADM）可实现在不同节点灵活地上、下波长，利用光交叉连接（OXC）实现波长路由选择、动态重构、网间互连和自愈功能。

（4）由于光节点取代电节点，取消了由于电/光或光/电转换所需的调制器和检测器，这样不存在信号转换的响应速度限制，大大提高了传送效率。另外也克服了原有电子交换节点的时钟偏移、漂移、串话以及响应速度慢等缺点。

（5）采用虚波长通道技术，解决网络的可扩展性，节约网络资源。

（6）网络结构简化，可靠性高，吞吐量大，是今后通信网发展的趋势。

7.3.2　全光网络的路由技术

在全光网络中，由于用光节点取代了电节点，节点间的路由选择必须在光域上完成。路由是用光通道来代表（即两节点之间的传输通道），而在一根光纤中任何两路信号不能使用相同波长。一个光通道只能对应一个波长，因此全光网络中的路由选择实质是波长选择。波长选路问题与网络中可用的波长数、网络的结构、波长分配方案、节点的业务要求，甚至和网络的自愈、服务质量等因素有关。它是解决节点设备电子瓶颈的基础。

目前，全光网络主要采用 DWDM 技术，在 1 530～1 565 nm 的工作波长段其波长数量是有限的，如何充分利用波长资源、合理分配光通道波长是实现全光网通信的一个关键技术。

光节点的波长路由算法选择有两种：波长通道（WP）和虚波长通道（VWP）。

1. 波长通道

波长通道（WP）路由算法属于集中控制选路策略，每次呼叫由网控中心将路由表送到所有节点，然后以同一波长建立一个光通道，即端到端的链路采用同一波长。这样 OXC 没有波长转换功能，对于一个通信不同节点之间的路由链路使用同一波长实现链接。图 7-24 所示为 WP 选路由原理图。这种选路优点是：节点内不需要进行波长变换，节点设备结构简单，造价低。缺点是：如有一个波长复用段没有对应的空闲波长，呼叫建立就失败。

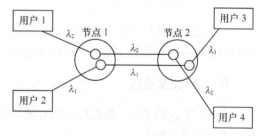

图 7-24　WP 选路由原理图

由图 7-24 可见，用户 1 与用户 4 通信采用 λ_2 波长实现连接，节点 1 与节点 2 只需要进行 λ_2 波长的连接，但是如果某个方向的 λ_2 被其他用户占用，呼叫建立就会失败。

2. 虚波长通道

虚波长通道（VWP）属分布式路由算法，它是指节点内利用 OXC 的波长转换功能，使光通道在不同的波长复用段内可以占有不同的波长，即可以由多个波长段的连接实现端到端的链路通道，从而有效地利用各波长复用段的空闲波长来创建波长通道，提高波长利用率。这种路由算法的优点是：降低了光通道层的路由选择复杂性和选路需要时间，实现动态流量配置、网络重构和故障恢复，降低波长的阻塞。缺点是网络节点的成本提高。波长转换的交叉连接方式有两种：一种是直接在光域进行波长变换，另外一种是依靠背靠背的光电/电光转换实现波长变换。前一种方式对传送光信号没有限制，但目前技术尚不成熟，而后者影响光通道的性能，但技术上比较切实可行。

采用虚波长通道的波长转换技术是充分利用有限的波长资源，快速、高效实现波道交换最有效和最理想的技术。而实现这一技术的关键就是开发相关的光学器件，在实现光信道交换的同时实现光波长的转换。

当 DWDM 网中的交换波长通道数目过大时，有可能出现相同波长的两个通路选通同一输出端口，由于可能出现波长的争用而造成阻塞，最有效的解决方法就是把其中一路信号从一个波长转换到另一个波长。

图 7-25 所示为 VWP 选路原理示意图，网中共有两个节点，含 6 个波长，每一节点间可利用这 6 个波长建立光通道。

由图 7-25 可见，用户 1 与用户 4 光通道由节点 1→节点 2 链接，波长集分为 λ_2→λ_3→λ_4 组成；用户 2 与用户 3 光通道由节点 1→节点 2 链接，波长集分为 λ_1→λ_5→λ_6 组成。在任意节点上只要有空闲波道可用，就可实现波长转换连接，保证呼叫建立成功。

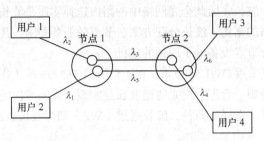

图 7-25　VWP 选路原理示意图

7.3.3　全光网络的交叉连接技术

为了实现灵活组网，充分利用波长资源，在光节点设备中主要以波长为单位进行交叉连接，常用的交叉连接技术有 3 类：光纤交叉连接、波长交叉连接和波长转换交叉连接。

1．光纤交叉连接

光纤交叉连接是以一根光纤上所有波长的总容量为基础进行的交叉连接，此类交换方式交换容量大，但灵活性差。

2．波长交叉连接

波长交叉连接可将任何光纤上的任何波长交叉连接到使用相同波长的任何光纤上，它比光纤交叉连接具有更大的灵活性。但由于不进行波长转换，这种方式的灵活性还是受到了一定限制。

3．波长转换交叉连接

波长转换交叉连接可将任何输入光纤上的任何波长交叉连接到任何输出光纤上，由于采用了波长转换技术，这种方式可以实现波长之间的任意交叉连接，具有最高的灵活性。其关键技术是波长转换。波长交换的原则是：优先选择相同波长进行链接；在没有相同波长时，需先进行波长转换再进行波长链接。

7.3.4　全光网络的设备类型

在全光网络中为了实现灵活组网，主要由光分插复用器（OADM）和光交叉连接器（OXC）组成。

在环形光传送网中各节点主要采 OADM 光分插复用器设备，根据 OADM 所在点上需要通信信息量的大小，解出相应的光波长（下路）或插入相应的光波长（上路）。其功能如图 7-26 所示。

目前采用的 OADM 只能在中间局站上、下固定波长的光信号，使用起来比较死板。未来的OADM 对上、下光信号将是完全可控制的，就像目前的 ADM 上、下电路一样，通过网管系统就可以在中间局随意地选择上、下一个或几个波长信道的光信号，使用起来非常方便，组网十分灵活。

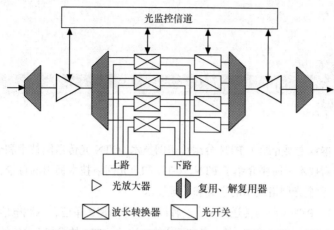

图 7-26　光分插复用器（OADM）

OXC 是光传送网络的重要网络元件，主要设置在集中交换业务量较大的网络节点上。OXC 主要完成光通道的交叉连接和本地上、下路功能。

本地上、下光路功能与 ADM 相类似，将某些光路在本地下路送到 SDH 设备中或将 SDH 设备来的光信号进行复用送到主信道中传送。光通道交叉连接功能根据路由算法选择的不同，进行光波长选择或光波长的变换，以实现相同波长或不同波长通道的交叉连接。图 7-27 所示为 OXC 功能结构。

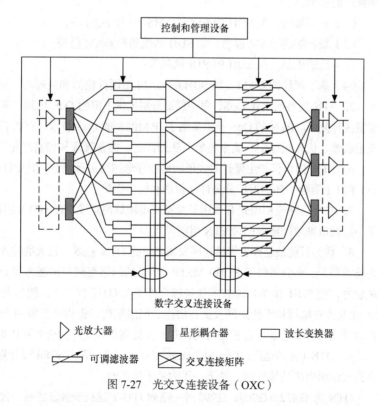

图 7-27　光交叉连接设备（OXC）

与 OADM 相类似，未来的 OXC 将像现在的 DXC 一样，可以利用软件对各路光信号波长随意灵活进行交叉连接。OXC 对全光网络的调度、业务的集中与疏导、全光网络的保护与恢复等都会发挥重大的作用。

 **小结**

本章主要介绍了 PTN 分组传送网技术、OTN 光传送网技术和全光网络技术等传输网络新技术。简要介绍了 PTN、OTN 和全光网络技术提出的背景，重点阐述了 PTN、OTN 和全光网络技术的定义和关键技术。

1. PTN（分组传送网）是一种以分组作为传送单位，承载电信级以太网业务为主，兼容 TDM、ATM 和 FC 等业务的综合传送技术。PTN 技术基于分组的架构，继承了 MSTP 的理念，融合了 Ethernet 和 MSTP 的优点，是下一代分组承载的技术。

2. PTN 成熟的技术主要包括 PBB-TE 和 T-MPLS/MPLS-TP 两种。目前我国各大运营商和设备商主要研究、应用的 PTN 技术是 MPLS-TP 技术。

3. PWE3 技术是一种业务仿真机制，希望以尽量少的功能，按照给定业务的要求仿真线路。支持 TDM E1/ IMA E1/ POS STM-*N*/chSTM-*N*/FE/GE/10GE 等多种接口。

4. PTN 具备类似 SDH 网络的操作、管理、维护 OAM 能力，以满足电信级网络管理维护的要求：

（1）分层架构，如 SDH 的 RSOH、MSOH 和 POH 等；

（2）端到端的 OAM 理念，如 SDH 的端到端 OAM 监控；

（3）反馈机制，如 SDH 的 RDI 机制等；

（4）基于硬件的 OAM，如 SDH 的 OAM 由硬件检测和处理。

5. PTN 支持层次化 QoS，每个层面分别提供一定的 QoS 机制，满足全业务传送的带宽统计复用。PTN 的 QoS 技术采用了 IP/MPLS 的 QoS 技术，有如下功能：流分类、流量监管、优先级标记、流量整形、队列调度、拥塞管理和拥塞避免等。

6. PTN 网络保护主要针对线形网络和环形网络进行保护。其中线性保护倒换分为 1+1 和 1:1 两种。环网保护分为环回保护和转向保护。

7. PTN 组网应用模式有适用于大型城市城域网建设 PTN+OTN 组网模式和适用于中小型城市城域网建设的纯 PTN 组网模式。

8. 作为目前最能代表光传送网发展方向的 OTN 技术，最大的特点在于它以 WDM 为技术平台，充分吸收了 SDH（MSTP）出色的网络组网保护能力和 OAM 运行维护管理能力，使 SDH 和 WDM 技术优势综合体现在 OTN 技术中，能为大颗粒、大容量的 IP 化业务在城域骨干传送网及更高层次的网络结构，提供电信级网络保护恢复和节点自动发现与自动建立等智能化功能，并大大提高单根光纤的资源利用率。

9. OTN（光传送网，Optical Transport Network），是以 WDM 波分复用技术为基础、在光层组织网络的传送网，是下一代的骨干传送网。

OTN 为 G.872、G.709、G.798 等一系列 ITU-T 建议所规范的新一代光传送体系，通过 ROADM 技术、OTH 技术、G.709 封装和控制平面的引入，将解决传统 WDM 网络无波长/子波长业务调度能力、组网能力弱、保护能力弱等问题。

10. OTN 帧格式与 SDH 的帧格式类似，通过引入大量的开销字节来实现基于波长的端到端业务调度管理和维护功能。业务净荷经过光通路净荷单元（OPU）、光通路数据单元（ODU）、光通路传送单元（OTU）3 层封装最终形成 OTUk 单元，在 OTN 系统中，以 OTUk 为颗粒在光传送段（OTS）中传送，而在 OTN 的 O/E/O 交叉时，则以 ODUk 为单位进行波长级调度。

11. ROADM 是 OTN 采用的一种较为成熟的光交叉技术。ROADM 是相对于 DWDM 中的固定配置 OADM 而言，其采用可配置的光器件，从而可以方便的实现 OTN 节点中任意波长的上下和直通配置。

12. OTH 主要指具备波长级电交叉能力的 OTN 设备，其主要完成电层的波长交叉和调度。交叉的业务颗粒为光数据单元（ODUk），速率可以是 2.5 Gbit/s、10 Gbit/s 和 40 Gbit/s。

13. OTN 目前可提供如下几种保护方式：光通道 1+1 波长保护、光通道 1+1 路由保护、1+1 光复用段保护、光线路 1:1 保护、OCh 1+1 保护、OCh 1:2 保护、ODUk 1+1 保护和 ODUk 1:2 保护。

14. 全光网络指信号以光的形式通过整个网络，直接在光域内进行信号的传输、再生和交换/选路，中间不经过任何 O/E 转换，信息从源节点到目的节点的传输过程中始终在光域内运行。

15. 在全光网络中，由于用光节点取代了电节点，节点间的路由选择必须在光域上完成。路由是用光通道来代表（即两节点之间的传输通道），而在一根光纤中任何两路信号不能使用相同波长。一个光通道只能对应一个波长，因此，全光网络中的路由选择实质是波长选择。

光节点的波长路由算法选择有两种：波长通道（WP）和虚波长通道（VWP）。

16. 为了实现灵活组网，充分利用波长资源，在光节点设备中主要以波长为单位进行交叉连接，常用的交叉连接技术有 3 类：光纤交叉连接、波长交叉连接和波长转换交叉连接。

17. 在全光网络中为了实现灵活组网，主要由光分插复用器（OADM）和光交叉连接器（OXC）组成。

习题

一、填空题

1. 近几年，业务的 IP 化已经从电信网络的边缘逐渐向核心蔓延，业务的传送由以_____核心转换成以_____核心。

2. PTN 成熟的技术主要包括_____和_____两种。目前我国各大运营商和设备商主要研究、应用的 PTN 技术是_____技术。

3. PTN 支持层次化 QoS，满足全业务传送的_____。

4. PTN 组网应用模式有适用于大型城市城域网建设_____组网模式和适用于中小型城市城域网建设的_____组网模式。

5. OTN 技术最大的特点在于它以_____为技术平台，充分吸收了 SDH（MSTP）出色的_____能力和_____能力，使 SDH 和 WDM 技术优势综合体现在 OTN 技术中。

6. OTN 帧格式与 SDH 的帧格式类似，通过引入大量的开销字节来实现基于波长的端到端业务调度管理和维护功能。业务净荷经过_____、_____、_____ 3 层封装最终形成 OTUk 单元。

7. 全光网络中常用的交叉连接技术有 3 类：_____、_____和_____。

8. 光节点的波长路由算法选择有两种：_____和_____。

二、名词解释

1. PTN

2. PWE3

3. OTN

4. ROADM

5. OTH

6. 全光网络

三、简答题

1. PTN 按功能分层可分为几层？各层作用是什么？

2. PTN 的时间同步技术有哪几种？一般选择哪种？该种技术的原理是什么？

3. OTN 与 SDH 的主要区别？

4. 基于光层交叉的 ROADM 目前存在什么缺陷？

5. 基于电层交叉的 OTH 目前存在什么缺陷？

6. 全光网络中常用的交叉连接技术有几种？各自特点是什么？

第8章

光网络传输性能与测试

【本章内容简介】 对于数字传输设备和系统而言,性能指标是整个指标体系的基础,也是规范其他指标的参考基准。本章主要介绍误码的概念和产生、误码性能的度量、误码性能指标及其分配策略;抖动和漂移的概念、产生和性能规范;光接口的类型、光接口的常用参数;电接口的参数规范。

【学习重点与要求】 掌握误码性能指标及其分配策略;系统抖动性能指标的概念、产生和性能规范;光接口的类型和光接口的常用参数;电接口的参数规范。

8.1 传输性能

SDH 网的传输性能对整个电信网的通信质量起着至关重要的作用,因此必须对其进行规范。光同步传输网的主要传输损伤包括误码、抖动和漂移。

8.1.1 误码性能

1. 误码的概念和产生

误码是指经接收、判决、再生后,数字码流中的某些比特发生了差错,使传输的信息质量产生损伤。误码是影响传输系统质量的重要因素,轻则使系统稳定性下降,重则导致传输信号中断。理想的光纤传输系统是十分稳定的,但实际运行中常受突发脉冲干扰而产生误码。总的说来,从网络性能角度,可以将误码分为两类:

(1)内部机理产生的误码

系统的此种误码包括由各种噪声源产生的误码;定位抖动产生的误码;复用器、交叉连接设备和交换机产生的误码;以及由光纤色散产生的码间干扰引起的误码,此类误码会由系统长时间的误码性能反映出来。

（2）脉冲干扰产生的误码

由突发脉冲诸如电磁干扰、设备故障、电源瞬态干扰等原因产生的误码。此类误码具有突发性和大量性，往往系统在突然间出现大量误码，可通过系统的短期误码性能反映出来。

2. 误码性能的度量

（1）平均误码率（BER）

传统上常用平均误码率（BER）来衡量系统的误码性能。BER 即：在某一规定的观测时间内（如 24h）发生差错的比特数和传输比特总数之比，如 1×10^{-10}。

平均误码率是一个长期效应，它只给出一个平均累积结果；实际上误码的出现往往呈突发性质，且具有极大的随机性。因此，除了平均误码率之外还应该有一些短期度量误码的参数，即误码秒与严重误码秒。

（2）G.821 规定的 64 kbit/s 数字连接的误码性能参数

G.821 是度量 64 kbit/s 的通道在 27 500 km 全程端到端连接的数字参考电路的误码性能，以比特的错误情况为基础。

① 误码秒（ES）和误码秒比（ESR）

在某 1 s 时间内出现 1 个或更多差错比特，称之为一个误码秒。在一个固定测试时间间隔上的可用时间内 ES 与总秒数之比，称之为误码秒比。

② 严重误码秒（SES）和严重误码比（SESR）

在某 1 s 时间内误码率 $\geq 10^{-3}$ 秒，称之为严重误码秒。在一个固定测试时间间隔上的可用时间内，SES 与总秒数之比，称之为严重误码比。

无论是 ES 还是 SES，皆针对系统的可用时间。ITU-T 规定，不可用时间是在出现 10 个连续 SES 事件的开始时刻算起；而连续出现 10 个非 SES 事件时算作不可用时间的结束，此刻算作可用时间的开始（包括这 10 s 时间）。

此外，无论是 BER 还是 ES 与 SES，都是针对假设参考数字段（HRDS）而言。即两个相邻数字配线架之间的全部装置构成一个数字段，而具有一定长度和指标规范的数字段叫做假设参考数字段。我国规定有 3 种 HRDS，长度分别为 50 km、280 km 和 420 km。

（3）G.826 规定的高速比特率通道的误码性能参数，以"块"为基础。

高速比特率通道的误码性能是以块为单位进行度量的（B1、B2、B3 监测的均是误码块），由此产生出一组以"块"为基础的参数。这些参数的含义如下：

① 误码块（EB）：

SDH 通道开销中的 BIP-X 属于单个监视块，其中 X 中的每个比特与监视的信息比特构成监视码组，只要 X 个分离的奇偶校验组中的任意一个不符合校验要求，就认为整个块是误码块 EB。

② 误块秒（ES）和误块秒比（ESR）

当某 1 s 内发现一个或多个误码块时称该秒为误块秒。在规定测量时间段内出现的误块秒总数与总的可用时间的比值称之为误块秒比。

③ 严重误块秒（SES）和严重误块秒比（SESR）

某 1 s 内包含有不少于 30% 的误块或者至少出现一个严重扰动期（SDP）时，认为该秒为严重误块秒。其中严重扰动期指在测量时，在最小等效于 4 个连续块时间或者 1 ms（取二者中较长时间段）时间段内所有连续块的误码率 $\geq 10^{-2}$ 或者出现信号丢失。

在测量时间段内出现的 SES 总数与总的可用时间之比称为严重误块秒比（SESR）。

严重误块秒一般是由于脉冲干扰产生的突发误块，所以 SESR 往往反映出设备抗干扰的能力。

④ 背景误块（BBE）和背景误块比（BBER）

扣除不可用时间和 SES 期间出现的误块称之为背景误块（BBE）。BBE 数与在一段测量时间内扣除不可用时间和 SES 期间内所有块数后的总块数之比称背景误块比（BBER）。

若这段测量时间较长，那么 BBER 往往反映的是设备内部产生的误码情况，与设备采用器件的性能稳定性有关。

3．SDH 网误码性能

（1）假设参考通道（HRP）

在数字通信网中，基群及以上恒定比特率的数字通道由图 8-1 所示的假设参数通道组成。其中包括两个终端国和最多 4 个中间国，每个中间国可具有一或两个国际接口局（入局或出局），假设参考通道的端全长为 27 500 km。

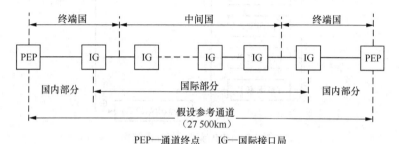

PEP—通道终点　　IG—国际接口局

图 8-1　G.826 建议假设参考通道

（2）国际 HRP 端到端误码性能指标及分配

ITU-T G.826 制定了国际 HRP 端到端 27 500 km 的误码性能要求，如表 8-1 所示。这个规范要求所有基群或高于基群的国际通道都必须满足这些指标，只要有任一误码参数不满足，就认为该通道没有满足误码性能要求。至于测量评估时间，要求至少 1 个月。

表 8-1　　　　　　　　　　　　　HRP 端到端误码性能指标

速率（Mbit/s）	1.5～5	>5～15	>15～55	>55～160	>160～35 00
比特数/块	800～5 000	2 000～8 000	4 000～20 000	6 000～20 000	15 000～30 000
ESR	0.04	0.05	0.075	0.16	未定义
SESR	2×10^{-3}	2×10^{-3}	2×10^{-3}	2×10^{-3}	2×10^{-3}
BBER	2×10^{-4}	2×10^{-4}	2×10^{-4}	2×10^{-4}	2×10^{-4}

表 8-1 所规定的是 HRP 端到端误码性能指标。如何将这个指标分配到各个组成部分，这涉及一个优化分配方案的问题。G.826 采用了一种按区段分配结合按距离分配的混合方案，如图 8-2 所示。

国际部分的分配：每个中间国家可以分得 2%的端到端指标，最多允许 4 个中间国家；两边终端国家（即其 IG 到国际边界段）各分得 1%；最后再按距离每 500 km 分给 1%的端到端指标，且国家间的部分仅按距离分配。

国内部分的分配：两终端国家无论大小各分得 17.5%的区段容限；再按距离每 500 km 分给 1%。

因而总指标为：17.5% × 2 + (1% + 2% × 4 + 1%) + (27 500/500) × 1% = 100%

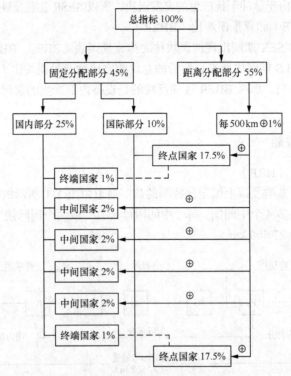

图 8-2　HRP 端到端指标配策略

无论国际部分还是国内部分，HRP 的距离均按实际路由计算。若无实际路由，长度则按两者之间的空间直线距离乘以路由系统 K 来计算，再按最接近的 500 km 或其整数倍靠近取整。距离小于 1 000 km 时，$K=1.5$；距离大于 1 200 km 时，$K=1.25$；两者之间，距离按 1 200 km 计算。

（3）国内数字 HRP 误码性能指标及分配

我国国内标准最长 HRP 的组成如图 8-3 所示，两个通道终端点 PEP 之间全长 6 900 km。

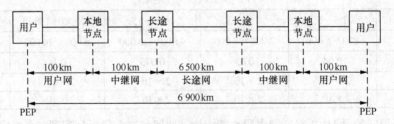

图 8-3　我国最长 HRP 的模型

根据指标分配原则，终端国家固定配额为 17.5%，距离每 500 km 配额为 1%，国内标准最长 HRP 为 6 900 km，从国际接口局到通道终端点（PEP）之间为（6 900 km÷2）=3 450 km（含接入网），我国国内部分共分得配额为：A = 17.5% + (3 450/500) × 1% ≈ 24.5%。

其中：取[3 450/500]最接近的 500 km 为 7 段。

HRP 中用户网部分环境恶劣，按区段分给 6% 的配额，从 24.5% 减去 6%，余下 18.5% 为长途网和中继网（3 250 km + 100 km）通道可使用的指标配额。

相当于每公里可用指标配额为：18.5%/3 350=0.005 5%

我国的假设参考数字段（HRDS）有 3 种：长途网两种（420 km，280 km），中继网一种（50 km），按照上面的讨论，我们可以计算出它们的误码性能指标，结果如表 8-2、表 8-3 和表 8-4 所示。

表 8-2　　　　　　　　　　　　　420 km HRDS 误码性能指标

速率（kbit/s）	155 520	622 080	2 488 320
ESR	3.696×10^{-3}	待定	待定
SESR	4.62×10^{-5}	4.62×10^{-5}	4.62×10^{-5}
BBER	2.31×10^{-6}	2.31×10^{-6}	2.31×10^{-6}

表 8-3　　　　　　　　　　　　　280 km HRDS 误码性能指标

速率（kbit/s）	155 520	622 080	2 488 320
ESR	2.464×10^{-3}	待定	待定
SESR	3.08×10^{-5}	3.08×10^{-5}	3.08×10^{-5}
BBER	3.08×10^{-6}	1.54×10^{-6}	1.54×10^{-6}

表 8-4　　　　　　　　　　　　　50 km HRDS 误码性能指标

速率（kbit/s）	155 520	622 080	2 488 320
ESR	4.4×10^{-4}	待定	待定
SESR	5.5×10^{-6}	5.5×10^{-6}	5.5×10^{-6}
BBER	5.5×10^{-7}	2.7×10^{-7}	2.7×10^{-7}

8.1.2　抖动性能

1. 抖动的概念和产生

（1）抖动的概念

定时抖动（简称抖动）定义为数字信号的特定时刻（例如最佳抽样时刻）相当其理想时间位置的短时间非累积的偏离。所谓短时间偏离是指变化频率高于 10 Hz 的相位变化。定时抖动对网络的性能损伤表现在以下几个方面：

① 对数字编码的模拟信号，在解码后数字流的随机相位抖动使恢复后的样值具有不规则的相位，从而造成输出模拟信号的失真，形成所谓抖动噪声。

② 在再生器中，定时的不规则性使有效判决偏离接收眼图的中心，从而降低了再生器的信噪比余度，直至发生误码。

③ 在 SDH 网中，像同步复用器等配有缓存器的网络单元，过大的输入抖动会造成缓存器的溢出或取空，从而产生滑动损伤。

（2）抖动的产生

在 SDH 网中除了具有其他传输网的共同抖动源——各种噪声源，定时滤波器失谐，再生器固有缺陷（码间干扰、限幅器门限漂移）等，还有两个 SDH 网特有的抖动源。

① 脉冲塞入抖动

在将支路信号装入 VC 时，加入了固定塞入比特和控制塞入比特，分接时需要移去这些比特，这将导致时钟缺口，经滤波后产生残余抖动，即脉冲塞入抖动。

② 指针调整抖动

指针调整抖动是由指针进行正/负调整和去调整时产生的。对于脉冲塞入抖动，与 PDH 系统的正码脉冲调整产生的情况类似，可采用措施使它降低到可接受的程度，而指针调整（以字节为单位，隔 3 帧调整一次）产生的抖动由于频率低、幅度大，很难用一般方法加以滤除。

2．抖动的性能规范

SDH 网中常见的度量抖动性能的参数如下。

（1）输入抖动容限

输入抖动容限分为 PDH 输入口的（支路口）和 STM-N 输入口（线路口）的两种输入抖动容限。对于 PDH 输入口则是在使设备不产生误码的情况下，该输入口所能承受的最大输入抖动值。

线路口（STM-N）输入抖动容限定义为能使光设备产生 1 dB 光功率代价的正弦峰——峰抖动值。此参数是用来规范当 SDH 网元互连在一起接传输 STM-N 信号时，本级网元的输入抖动容限应能包容上级网元产生的输出抖动。

（2）输出抖动容限

与输入抖动容限类似，也分为 PDH 支路口和 STM-N 线路口。定义为在设备输入无抖动的情况下，由端口输出的最大抖动。

SDH 设备的 PDH 支路端口的输出抖动应保证经 SDH 网元传送 PDH 信号时，所输出的抖动能使接收此 PDH 信号的设备所承受。STM-N 线路端口的输出抖动应保证接收此 STM-N 信号的 SDH 网元能承受。

（3）映射和结合抖动

在 PDH/SDH 网络边界处由于指调整和映射会产生 SDH 的特有抖动，为了规范这种抖动采用映射抖动和结合抖动来描述这种抖动情况。

映射抖动指在 SDH 设备的 PDH 支路端口处输入不同频偏的 PDH 信号，在 STM-N 信号未发生指针调整时，设备的 PDH 支路端口处输出 PDH 支路信号的最大抖动。

结合抖动是指在 SDH 设备线路端口处输入符合 G.783 规范的指针测试序列信号，此时 SDH 设备发生指针调整，适当改变输入信号频偏，这时设备的 PDH 支路端口处输出信号测得的最大抖动就为设备的结合抖动。

（4）抖动转移函数——抖动转移特性

抖动转移函数定义为设备输出的 STM-N 信号的抖动与设备输入的 STM-N 信号的抖动的比值随频率的变化关系，此频率指抖动的频率。在此处是规范设备输出 STM-N 信号的抖动对输入的 STM-N 信号抖动的抑制能力（也即是抖动增益），以控制线路系统的抖动积累，防止系统抖动迅速积累。

抖动转移函数是在被测系统输入端按规定码型加有一定量的抖动数字信号时测得的输出抖动量（J_{out}）与输入抖动量（J_{in}）之比：$G = 20\log(J_{out}/J_{in})$ dB

8.1.3 漂移性能

1．漂移的概念和产生

（1）漂移的概念

漂移定义为数字信号的特定时刻（例如最佳抽样时刻）相对其理想时间位置的长时间非累

积的偏离。这里所谓长时间是指变化频率低于 10 Hz 的相位变化。与抖动相比，漂移无论从产生机理、本身特性及对网络的影响都有所不同。引起漂移的一个最普遍的原因是环境温度的变化，它会导致光缆传输特性发生变化从而引起传输信号延时的缓慢变化，因而漂移可以简单地理解为信号传输延时的慢变化，这种传输损伤靠光缆线路本身是无法解决的。在光同步线路系统中还有一类由于指针调整与网同步结合所产生的漂移机理，采取一些额外措施是可以设法降低的。

漂移引起传输信号比特偏离时间上的理想位置，结果使输入信号比特在判决电路中不能正确地识别，产生误码。一般说来，较小的漂移可以被缓存器吸收，而那些大幅度漂移最终将转移为滑动。滑动对各种业务的影响在较大程度上取决于业务本身的速度和信息冗余度。速度愈高，信息冗余度愈小，滑动的影响越大。

（2）漂移的产生

从原理上看，SDH 网内的漂移源有以下几种。

① 基准主时钟系统中的数字锁相环受温度变化的影响，将引入不小的漂移。同理，从时钟也会引入漂移。

② 光纤折射率会受环境温度变化影响，从而引起光在光纤中传输速度的变化，进而引起传输时延的变化。

③ SDH 网络单元中由于指针调整和网同步的结合也会产生很低频率的抖动和漂移。

一般说来，只要选取容量合适的缓存器并对低频段的抖动和漂移进行合理规范，特别是对网关的解同步器作合适的设计后，由于指针调整引进的漂移可以控制在较低的水平，整个网络的主要漂移是由各级时钟和传输系统引起的，特别是传输系统。

2. 漂移的性能规范

数字网中产生漂移的主要环节是时钟电路的老化和传输媒质的传输特性。前者已由 ITU-T 有关时钟的几个建议作了规定，例如 G.811 建议规定基准主时钟的最大长期绝对漂移为 3 μs，G.812 建议规定用于转接局和端局的从时钟的最大相对长期漂移为 1 μs，G.813 建议对适用于 SDH 网络单元的从时钟尚未有明确规定。对于传输媒质没有单独的规定，但已纳入到对网络节点接口的 MTIE（最大时间间隔误差）之中。G.823 建议规定，在 s 秒内网络节点接口的 MTIE 不得超过下列限值；

$$MTIE = \begin{cases} 选定 & t < 10^4 \text{ s} \\ (10^{-2} \times t + 10\,000) \text{ ns} & t > 10^4 \text{ s} \end{cases}$$

实际网络中，信息和时钟可能来自两条完全不同的路由，在极端情况下，两者可能有相反的相位漂移方向，ITU-T G.823 建议要求设备对这样的极端情况也能容忍，其最大相对相位偏移为 18 μs，即输入信号与内部定时信号（基准主时钟导出）之间的最大相位偏移不得超过 18 μs。

由于 SDH 特有的指针调整与网同步结合会产生很低频率的抖动和漂移，因而需要对原有的仅适于准同步网（其低频段比较干净）的抖动和漂移指标进行修改，才能适应准同步信号在 SDH 网中传输的特点，主要是对低频部分作了较严格的规范。

8.2 光接口测试

传统的准同步光纤数字系统是一个自封闭系统，光接口是专用的，外界无法接入。而同步光纤数字线路系统是一个开放式的系统，任何厂家的任何网络单元都能在光路上互通，即具备横向兼容性。为此，必须实现光接口的标准化。

8.2.1 光接口类型

按照应用场合的不同，可将光接口分为 3 类：局内通信光接口、短距离局间通信光接口和长距离局间通信光接口。各种应用类型中，除局内通信只考虑使用符合 G.652 建议的光纤，标称波长为 1 310 nm 的光源，其他各种应用类型还可考虑使用符合 G.652、G.653 建议的光纤，标称波长为 1 550 nm 的光源。

应用类型用代码表示；应用类型-STM 等级·尾标数

其中：字母后第一位数字表示 STM 的等级； 字母后第二位数字表示工作窗口和所用光纤类型，各字母和数字符号含义见表 8-5：

表 8-5　　　　　　　　　　　　　应用类型符号含义

符　　号	含　　义
I	表示局内通信
S	表示短距离局间通信
L	表示长距离局间通信
V	表示很长距离局间通信
U	表示超长距离局间通信
r	表示同类型缩短距离应用
1 或空白	表示工作波长为 1310 nm，所用光纤为 G.652 光纤
2	表示工作波长为 1 550 nm，所用光纤为 G.652 光纤
3	表示工作波长为 1 550 nm，所用光纤为 G.653 光纤
5	表示工作波长为 1 550 nm，所用光纤为 G.655 光纤

不同的应用场合用不同的代码表示，如表 8-6、表 8-7、表 8-8 和表 8-9 所示。

表 8-6　　　　　　　　　　　　　光接口分类

应 用 场 合	局　　内		短距离局间		长距离局间	
标称波长（nm）	1 310	1 310	1 550	1 310	1 550	1 550
光纤类型	G.652	G.652	G.652	G.652	G.652	G.653
距离（km）	≤2	～15	～15	～40	～80	～80
STM-1	I-1	S-1.1	S-1.2	L-1.1	L-1.2	L-1.3
STM-4	I-4	S-4.1	S-4.2	L-4.1	L-4.2	L-4.3
STM-16	I-16	S-16.1	S-16.2	L-16.1	L-16.2	L-16.3

表 8-7　　　　　　　　　　　　　光接口分类

应 用 场 合	长距离局间				
标称波长（nm）	1 310	1 550	1 550	1 550	1 550
光纤类型	G.652	G.652	G.653	G.652	G.653
距离（km）	～60	～120	～120	～160	～160

续表

应 用 场 合	长距离局间				
STM-1	—	—	—	—	—
STM-4	V-4.1	V-4.2	V-4.3	U-4.2	U-4.3
STM-16	—	V-16.2	V-16.3	U-16.2	U-16.3

表 8-8　　　　　　　　　　　　　　光接口分类

应 用 场 合	局　　　内					
标称波长（nm）	1 310	1 310	1 550	1 550	1 550	1 550
光纤类型	G.652	G.652	G.652	G.652	G.653	G.655
距离（km）	～0.6	～2	～2	～25	～25	～25
STM-64	I-64.1	I-64.1	I-64.2r	I-64.2	I-64.3	I-64.5

表 8-9　　　　　　　　　　　　　　光接口分类

应 用 场 合	短距离局间				长距离局间				
标称波长（nm）	1 310	1 550	1 550	1 550	1 310	1 550	1 550	1 550	1 550
光纤类型	G.652	G.652	G.653	G.655	G.652	G.652	G.653	G.652	G.653
距离（km）	～20	～40	～40	～40	～40	～80	～80	～120	～120
STM-64	S-64.1	S-64.2	S-64.3	S-64.5	L-64.1	L-64.2	L-64.3	V-64.2	V-64.3

例题：某光板接口的代码为 L-16.2，即表示传输距离约为 80 km 的局间通信，传输速率为 STM-16，使用 G.652 光纤，工作窗口在 1 550 nm。

8.2.2　光接口参数

SDH 网络系统的光接口位置如图 8-4 所示。

图 8-4 中 S 点是紧挨着发送机（TX）的活动连接器（CTX）后的参考点，R 是紧挨着接收机（RX）的活动连接器（CRX）前的参考点，光接口的参数可以分为 3 大类：参考点 S 处的发送机光参数、参考点 R 处的接收机光参数和 S-R 点之间的光参数。在规范

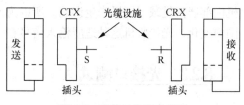

图 8-4　光接口位置示意图

参数的指标时，均规范为最坏值，即在极端的（最坏的）光通道衰减和色散条件下，仍然要满足每个再生段（光缆段）的误码率不大于 1×10^{-10} 的要求。

1. 光线路码型

SDH 系统的线路码型采用加扰的 NRZ 码。ITU-T 规范了对 NRZ 码的加扰方式，采用标准的 7 级扰码器，扰码生成多项式为 $1 + X^6 + X^7$，扰码序列长为 $2^7 - 1 = 127$（位）。这种方式的优点是：码型最简单，不增加线路信号速率，没有光功率代价，无需编码。

采用扰码器是为了防止信号在传输中出现长连"0"或长连"1"，易于收端从信号中提取定时信息（SPI 功能块）。另外，当扰码器产生的伪随机序列足够长时，也就是经扰码后的信号的相关性很小时，可以在相当程度上减弱各个再生器产生的抖动相关性（也就是使扰动分散，抵消）使整个系统的抖动积累量减弱。

2．S 点参数——光发送机参数

（1）平均发送功率

在 S 参考点处所测得的发送机发送的伪随机信号序列的平均光功率。

（2）消光比

定义为信号"0"的平均光功率与信号"1"的平均光功率的比值。

3．R 点参数——光接收机参数

（1）接收灵敏度

接收灵敏度定义为 R 点处为达到 1×10^{-10} 的 BER 值所需要的平均接收功率的最小值。一般开始使用时、正常温度条件下的接收机与寿命终了时、处于最恶劣温度条件下的接收机相比，灵敏度余度大约为 2～4 dB。一般情况下，对设备灵敏度的实测值要比指标最小要求值（最坏值）大 3 dB 左右（灵敏度余度）。

（2）接收过载功率

接收过载功率定义为在 R 点处为达到 1×10^{-10} 的 BER 值所需要的平均接收光功率的最大值。因为，当接收光功率高于接收灵敏度时，由于信噪比的改善使 BER 变小，但随着光接收功率的继续增加，接收机进入非线性工作区，反而会使 BER 性能下降。

（3）光接收机动态范围

光接收机的动态范围是指在保证系统误码率指标的条件下（$BER = 1 \times 10^{-10}$），接收机的最低输入光功率（单位为 dBm）和最大允许输入光功率（单位为 dBm）之差（单位为 dB）。

$$D = |P_R' - P_R| = 10 \lg \frac{P_{\max}}{10^{-3}} - 10 \lg \frac{P_{\min}}{10^{-3}} = 10 \lg \frac{P_{\max}}{P_{\min}} \text{(dB)}$$

即：接收机接收到的信号功率过小，会产生误码；但是如果接收的光信号过大，又会使接收机内部器件过载，同样产生误码。所以为了保证系统的误码特性，需要保证输入信号在一定的范围内变化，光接收机这种适应输入信号在一定范围内变化的能力称为光接收机的动态范围。

8.2.3　光接口测试

1．平均发送光功率

（1）指标参数

根据 ITU-T 制定的平均发送光功率参数如表 8-10 所示。

表 8-10　　　　　　　　　　　　平均发送光功率参数

光 级 别		STM-1	STM-4	STM-16	STM-64
光接口分类	光 源 类 型	平均发送光功率（dBm）			
I-	LED	−15～−8	−15～−8	——	——
	MLM	−15～−8	−15～−8	−10～−3	−6～−1
	SLM	——	——	——	1 290～1 360 nm:−6～−1 1 530～1 565 nm:−5～−1

续表

光 级 别		STM-1	STM-4	STM-16	STM-64
光接口分类	光 源 类 型	平均发送光功率（dBm）			
S.1	MLM	−15～−8	−15～−8	——	——
	SLM	——	——	−5～0	1～5
S.2	MLM	−15～−8	——	——	——
	SLM	−15～−8	−15～−8	−5～0	-5～1
L.1	MLM	−5～0	−3～2	——	——
	SLM	−5～0	−3～2	−2～3	4～7
L.2	SLM	−5～0	−3～2	−2～3	L-64.2a:−2～2 L-64.2b:10～13 L-64.2c:−2～2
L.3	MLM	−5～0	——	——	——
	SLM	−5～0	−3～2	−2～3	10～13
V.2	SLM	——	0～4	10～13	V-64.2a:10～13 V-64.2b:12～15

（2）指标测量

平均发送光功率的测试框图如图 8-5 所示。测试时要注意，各种指标的测试都要送入测试信号，各测试信号由信号产生。

测量步骤如下：

第 1 步：从发送机引出光纤，通过活动连接器连接到光功率计上，如图 8-5 所示；

第 2 步：信号源发送符合要求的伪随机序列测试信号；

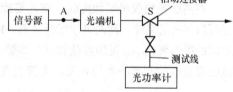

图 8-5　平均发送光功率测试图

第 3 步：设置被测光的波长（一般波长为 1 310 nm 或 1 550 nm）和单位（一般单位为 dBm），待输出光功率稳定，读出平均发送光功率并记录数据。

第 4 步：将实测数据和表 8-10 中的标准参数进行比较，确认该参数是否在合理范围之内。

（3）注意事项

① 要保证光纤连接头清洁，连接良好；

② 不要采用太长的光纤，以免光衰减太大影响测量的准确性。

2. 光接收机灵敏度

（1）指标参数

ITU-T 制定的灵敏度参数如表 8-11 所示。

表 8-11　　　　　　　　　　　　　　　　灵敏度参数

光 级 别		STM-1	STM-4	STM-16	STM-64
光接口分类	光 源 类 型	接收机灵敏度（dBm）			
I-	LED	−23	−23	——	——
	MLM	−23	−23	−18	−11
	SLM	——	——	——	−11

续表

光 级 别		STM-1	STM-4	STM-16	STM-64
光接口分类	光源类型	接收机灵敏度（dBm）			
S.1	MLM	−28	−28	——	——
	SLM	——	——	−18	−11
S.2	MLM	−28	——	——	——
	SLM	−28	−28	−18	S-64.2a:−18 S-64.2b:−14
L.1	MLM	−34	−28	——	——
	SLM	−34	−28	−27	−19
L.2	SLM	−34	−28	−27	L-64.2a:−26 L-64.2b:−14 L-64.2c:−26
L.3	MLM	−34	——	——	——
	SLM	−34	−28	−27	−13
V.2	SLM	——	−34	−25	V-64.2a:−25 V-64.2b:−23

（2）指标测量

在测试光接收机灵敏度时，首先要确定系统所要求的误码率指标。对不同长度和不同应用的光纤数字通信系统，其误码率指标是不一样的。不同的误码率指标，要求的接收机灵敏度也不同。要求的误码率越小，灵敏度就越低，即要求接收的光功率就越大。此外，灵敏度还和系统的码速、接收端光电检测器的类型有关。光接收机灵敏度的测试框图如图 8-6 所示。

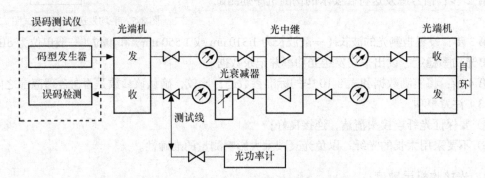

图 8-6　光接收机灵敏度和动态范围测试框图

测量步骤如下：

第 1 步：如图 8-7 所示，接好仪表和光纤；

第 2 步：将 SDH 测试仪收发接入被测设备的某一支路口，选择适当的伪随机序列（PRBS）送测试信号，将衰减器置于 10 dB 刻度，此时应无误码；

第 3 步：逐渐增加可变光衰减器的衰减量，直到测试仪出现误码，但不大于规定的 BER，通常规定 BER=1×10^{-10}；

第 4 步：断开 R 点，接上光功率计，得到光功率，此时就是接收机的灵敏度；

第 5 步：将实测数据和表 8-11 中的标准参数进行比较，确认该参数是否在合理范围之内。

（3）注意事项

① 测试中可以用 SDH 分析仪代替无码测试仪，向设备发送伪随机码；

② 可变光衰减器的表面读数不一定准确，需用光功率计在 R 点测量出来。

3. 光接收机动态范围

（1）指标参数

ITU-T 制定的动态范围参数如表 8-12 所示。

表 8-12　　　　　　　　　　　　　　　动态范围参数

光　级　别		STM-1	STM-4	STM-16	STM-64
光接口分类	光源类型	接收机灵敏度（dBm）			
I-	LED	−23～−8	−23～−8		
	MLM	−23～−8	−23～−8	−18～−3	−11～−1
	SLM	——	——		−11～−1
S.1	MLM	−28～−8	−28～−8		
	SLM	——		−18～0	−11～−1
S.2	MLM	−28～−8	——		
	SLM	−28～−8	−28～−8	−18～0	S-64.2a:−18～−8 S-64.2b:−14～−1
L.1	MLM	−34～−10	−28～−8		
	SLM	−34～−10	−28～−8	−27～−9	−19～−10
L.2	SLM	−34～−10	−28～−8	−27～−9	L-64.2a:−26～−9 L-64.2b:−14～−3 L-64.2c:−26～−9
L.3	MLM	−34～−10			
	SLM	−34～−10	−28～−8	−27～−9	−13～−3
V.2	SLM	——	−34～−18	−25～−9	V-64.2a:−25～−9 V-64.2b:−23～−7

（2）指标测量

光接收机动态范围的测试框图和灵敏度的测试框图相同如图 8-6 所示，测量步骤如下：

第 1 步：如图 8-6 所示，接好仪表和光纤；

第 2 步：将 SDH 测试仪收发接入被测设备的某一支路口，选择适当的伪随机序列（PRBS）送测试信号，将衰减器置于 10 dB 刻度，此时应无误码；

第 3 步：减小可变衰减器的衰减量，使接收光功率逐渐增大，出现误码后，增加光衰减量，直到误码率刚好回到规定值并稳定一定时间后，在 R 点接上光功率计读取的功率值即为 $P_{\max}$。

第 4 步：继续增大衰减量，直到出现较大误码的临界状态并稳定一定时间后，测得的光功率为 $P_{\min}$。

第 5 步：根据公式计算可得动态范围 D。需要注意的是，动态范围的测试也要考虑测试时间的长短，只有在较长时间内系统处于误码要求指标以内的条件下测得的功率值才是正确的。

第 6 步：将实测数据和表 8-12 中的标准参数进行比较，确认该参数是否在合理范围之内。

8.3 电接口测试

8.3.1 PDH 支路接口参数的规范

SDH 复用设备和系统的支路接口是准同步数字体系物理接口（PPI）功能提供的复用器和载送支路信号的物理媒体之间的电接口，在某些情况下，接口处的信号可具有 G.703 建议规范的帧结构。

SDH 光缆线路系统应配有 2 048 kbit/s、34 368 kbit/s 和 139 264 kbit/s 3 种速率的 PDH 电接口。它们的接口参数和指标与 PDH 复用设备相应的信号电接口相同，即这些接口的物理/电特性应符合 ITU-T 的 G.703 建议规范。电接口的基本要求如表 8-13 所示。

表 8-13　　　　　　　　　　　　电接口基本要求

接口速度（kbit/s）	接口码型	误差容限
2 048	HDB3	$\pm 50 \times 10^{-6}$
34 368	HDB3	$\pm 20 \times 10^{-6}$
139 264	CMI	$\pm 15 \times 10^{-6}$

8.3.2 SDH 支路接口参数的规范

SDH 支路接口参数是指 STM-1 电接口参数，应符合 ITU-T 的 G.703 建议规范。基本要求：

（1）标称比特率：155 520 kbit/s，比特率容差为±20PPM；

（2）码型：CMI；

（3）接口过压保护：为了使设备能在雷电等过压环境下正常工作，其输入输出必须能耐受 10 个标准闪电脉冲（5 正、5 负）而不损坏设备。脉冲上升时间为 1.2 μs，脉冲宽度为 50 μs，电压幅度 20 V。

8.3.3 电接口测试

SDH 误码性能是 SDH 传输设备最重要的指标之一，它规定为在正常（非最坏）的工作条件下运行的设备应无误码（检测时间分为 24 小时和 15 分钟两种）。

SDH 线路系统误码停业务测试是指通道无业务承载的状态下，对光通道所有时隙进行的误码性能测试，如图 8-7 所示。

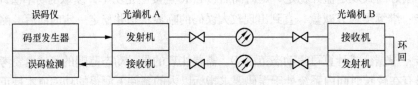

图 8-7　光纤通信系统停业务误码性能测试框图

SDH 线路系统误码在线测试是指通道有业务承载的状态下，通过开销字节对光通道所有时隙进行的误码性能监视测试，如图 8-8 所示。

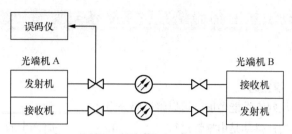

图 8-8　光纤通信系统在线误码性能测试框图

测量步骤如下：

第 1 步：根据不同的测试手段按图 8-7 或图 8-8 连接好电路；

第 2 步：进行发射机和接收机设置；

第 3 步：测量定时设置；

第 4 步：观测结果，再按以上设置好，并进行正确连接后，仪表所有告警灯应关（历史灯除外）。

小结

　　SDH 网的传输性能对整个电信网的通信质量起着至关重要的作用，因此必须对其进行规范。SDH 传输网的主要性能指标包括误码、抖动、漂移、光接口和电接口。

　　1. 误码就是经接收判决再生后，数字码流的某些比特发生了差错，使传输信息的质量产生损伤。传统上常用长期误比特率（BER）作为误码率衡量信息传输质量；实际上，误码的出现往往呈突发性质，且带有极大的随机性，误码对各种业务的影响主要取决于业务的种类和码流的分布。

　　2. 抖动定义为数字信号的特定时刻（例如最佳抽样时刻）相当其理想时间位置的短时间非累积的偏离。所谓短时间偏离是指变化频率高于 10 Hz 的相位变化。

　　3. 漂移定义为数字信号的特定时刻（例如最佳抽样时刻）相对其理想时间位置的长时间非累积的偏离。这里所谓长时间是指变化频率低于 10 Hz 的相位变化。

　　4. 光接口标准化的基本目的是为了在再生段上实现横向兼容性，即允许不同厂家的产品在再生段上互通，并仍保证再生段的各项性能指标。同时，具有标准光接口的网络单元可以经光路直接相连，既减少了不必要的光电转换，又节约了网络运行成本。

　　5. SDH 设备具有两种类型的业务电接口，第一类为同步数字体系（SDH）的 155 520 kbit/s 电接口；第二类为准同步数字体系（PDH）的 3 种电接口，即 2 048 kbit/s、34 368 kbit/s、139 264 kbit/s 电接口。

习题

一、填空题

1. 从网络性能角度，可以将误码分为_____和_____两类。

2. 指针抖动是由指针进行_____和_____时产生的。

3. SDH 系统的线路码型采用_____，线路信号速率等于_____速率。

4. 光发送机的主要参数有_____和_____。

二、名词解释

1. ES 和 SES

2. 消光比

3. 抖动容限

4. 灵敏度

三、简答题

1. SDH 系统端到端的高比特率通道误码指标是如何分配的？

2. SDH 系统中产生抖动的原因有那些？

3. 漂移与抖动有何区别？

4. SDH 光接口有那些分类？

实验一　误码测试

【实验目的和要求】

1. 实验目的

误码特性测试是对整个传输网业务长期稳定运行工作性能的一项测试，提供给用户的业务接入点为测试点，如 PDH 的 2 Mbit/s，34 Mbit/s、139 Mbit/s 等接口。

2. 实验要求

掌握数字传输分析仪的使用方法。

掌握 SDH 系统误码性能测试的方法。

【实验仪器和设备】

SDH 光传输系统，数字传输特性分析仪。

【实验内容和步骤】

1. 实验内容

误码性能测试指标的确定是根据 ITU-T 的 G.826 建议中提出的全程参考数字段误码指标分段得到的。

误码性能测试连接框图如下：

在两个网元之间配置一个支路业务，仪表挂在一端网元的支路侧，另一端网元的支路侧用网管做内环回或在 DDF 架上对设备环回，设置好仪表，监测该支路上的误码情况。

2. 实验步骤

（1）按图接好电路；

（2）仪表开机，正确进行收、发信设置，仪表自环；

（3）检查待测支路业务对端是否已做好环回；

（4）连接测试线；

（5）查看测试结果并进行误码分析；

（6）测试结束，拆除测试线；还原系统，仪表关机。

实验二　抖动容限测试

【实验目的和要求】

1. 掌握 SDH 设备 STM-N 输入口的抖动容限测试方法

2. 掌握 SDH 设备 STM-N 输出口的抖动容限测试方法

【实验仪器和设备】

SDH 光传输系统，数字传输特性分析仪。

【实验内容和步骤】

1. 输入口的抖动容限

（1）实验内容

抖动容限测试是为了度量系统和设备承受输入抖动的能力。输入口接收到的信号会有一些抖动，当抖动不超过网络限制值时，输入口应能正常工作，即输入口所在设备或系统性能不下降。SDH 设备 STM-N 输入口抖动容限测试配置框图如下：

图 1

（2）实验步骤

① 按图 1 连接电路；

② 在 SDH 设备上配置一个支路上下业务，记下此业务的支路与光路的时隙连接关系；

③ 按被测接口速度等级，设定 SDH 分析仪的光口发送和接收信号速度，注意此时光发信号和光接收信号是一对信号，即分别是 STN-N 的发信号和收信号；

④ 在 SDH 分析仪上，根据 SDH 设备的支路时隙连接关系，设定 SDH 分析仪的支路业务映射关系（作用等同于在设备上配置一个支路上下业务），现在该支路业务分别在 SDH 设备和分析仪内部都配置起来了；

⑤ 在被测的 SDH 设备和分析仪上，将此支路业务在相应的电路口上用自环线环回，确保业务在设备和 SDH 分析仪上形成通路；

⑥ 设置 SDH 分析仪，启动 SDH 分析仪的抖动容限自动测试，记录各频点的抖动容限值，应符合测试标准。

2. 输出口的抖动容限

（1）实验内容

输出抖动时抖动出现在网元输出端口的抖动量。测量的目的是为了度量待测 SDH 网元或网络接口产生的输出抖动大小，确保端口的输出抖动量不超过在网元输入端口规定的限值。STM-N 光口输入抖动测试配置框图如下：

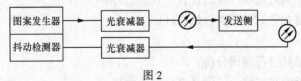

图 2

（2）实验步骤

① 按图 2 连接电路，设置仪表；

② 按被测输出口速度等级，并依照测试表格要求，图案发生器选择适当的 PRBS，向与被测输出口对应的输入口送不加抖动的测试信号；

③ 按被测输出口速度等级，并依照测试表格要求，抖动测试仪设置适当的测试滤波器；

④ 连接进行不小于 60 s 的测试，读出测到的结果。

实验三　光接口特性测试

【实验目的和要求】

1. 掌握平均发送功率测试方法
2. 掌握接收机灵敏度测试方法

【实验仪器和设备】

SDH 光传输系统，光功率计，光衰减器，尾纤，酒精，棉花。

【实验内容和步骤】

1. 平均发送功率测试

（1）实验内容

平均发送光功率是发射机耦合到光纤的伪随机数据序列的平均功率在 S 参考点上（光板 OUT口）测试值。平均发送光功率的测试配置框图如下：

（2）实验步骤

① 按图 3 接好电路；

② 对于 SDH 设备一般输入口不需要送信号，如要送则送伪随机码；

③ 待输出功率稳定，从光功率计读出平均发送光功率。

2. 接收机灵敏度测试

（1）实验内容

接收机灵敏度是指在 R 参考点（光板 IN 口），到达规定的误码率（BER=1×10^{-10}）所能接收到的最低平均光功率。接收机灵敏度的测试配置框图如下：

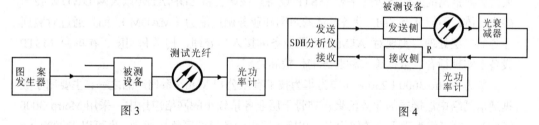

图 3　　　　　　　　　　　　图 4

（2）实验步骤

① 按图 4 连接好图；

② 按监视误码的通道等级，SDH 分析仪发送 PRBS，向 2 Mbit/s 支路输入口（或线路输入口）发送测试信号；

③ 调整光衰减器，逐渐加大衰减值，使 SDH 分析仪测试到误码尽量接近，但不大于规定的BER（通常规定 BER=1×10^{-10}），观测 10 分钟（先调整光衰减器至仪表产生误码，再减小衰减值至误码刚好消失，此时 SDH 设备的收光功率就是灵敏度）；

④ 断开 R 点，将光衰减器与光功率器与光功率计相连读出 R 点的接收光功率即接收机灵敏度。

第9章

典型传输设备介绍

【本章内容简介】 本章简要介绍了包括华为 Metro 3000 SDH 设备、中兴 ZXWM M900 WDM 设备、中兴 ZXCTN 6200 PTN 设备和中兴 ZXMP M820 OTN 设备在内的几种运营商光传输网络中典型传输设备的产品特点、系统结构和单板组成。

【学习重点与要求】 本章重点是华为 Metro 3000 SDH 设备、中兴 ZXWM M900 WDM 设备、中兴 ZXCTN 6200 PTN 设备、中兴 ZXMP M820 OTN 设备等的单板组成及功能。

9.1 华为 Metro 3000 SDH 设备

华为 Metro 3000（2500+）设备是华为技术有限公司根据城域传输网的现状和未来发展趋势而推出的多业务传送平台 MSTP 设备。该设备将 SDH/ATM/以太网/DWDM 技术融为一体；不但具有 SDH 设备灵活的组网和业务调度能力（MADM），而且通过对数据业务的二层处理，实现对 ATM/以太网业务的接入、处理、传送和调度，在单台 MSTP 设备上实现话音、数据等多种业务的传输和处理。

华为 Metro 3000（2500+）作为华为技术有限公司 Metro 系列产品之一，主要用于数据通信网络中汇接层的业务汇聚；在骨干层业务量较小的网络应用中，采用 Metro 3000（2500+）也可作为骨干层传输设备；在接入层大业务量的网络应用中，也可以采用 Metro 3000（2500+）作为接入层传输设备。

该设备具有如下特点：

（1）丰富的业务接口：SDH/PDH/DDN/ATM/以太网接口

不仅提供 STM-1、STM-4 及 STM-16 级别的 SDH 接口，E1、E1/T1、E3/T3、E4 速率的 PDH 接口，64k、E1 速率的 DDN 接口，而且提供 STM-1、STM-4 的 ATM 光/电接口，VC-4-4c 的级联数据接口，以及 10/100BASE-T、100BASE-FX、1000BASE-SX/LX 的以太网接口。

（2）DDN 业务接入和调度

设备单子架最大可以接入 64 路 Frame E1、96 路 N×64 kbit/s 的 DDN 业务，64k 级

别业务的交叉调度能力为 60 × 31。

（3）巨大的接入容量

设备单子架最大接入容量相当于 96 个 STM-1。

（4）灵活的业务配置

可灵活配置为 TM、ADM 系统。每个网元既可配置为单个 TM 或 ADM 系统，也可配置为组合的多 ADM 系统，并可实现多系统间的交叉连接。

（5）全系列 STM-16 光接口

提供基于 ITU-T 建议的 G.652 光纤的 STM-16 系列光接口，包括 ITU-T 建议的 S-16.1、S-16.2、L-16.2 和 L-16.1 光接口，通过 EDFA 还可提供 ITU-T 建议的 V-16.2、U-16.2 光接口，满足各种传输距离的要求；系统可提供无中继传输 100 km 的 Le-16.2 光接口。另外，系统还能提供基于 ITU-T 建议的 G.692 标准波长光接口，从而将光信号方便地接入到 DWDM 系统，实现传输线路带宽的灵活配置。

（6）多种超长距离传输方案

通过光纤放大器单元（OFA）可将系统的传输距离进一步拓展。光纤放大器单元包括功率放大器（BA）和前置放大器（PA）。

（7）PDH 接口的直接接入

OptiX 2500+（Metro3000）主子架可直接提供 PDH 接口，每个网元可接入 504 个 E1、E1/T1、96 个 E3/T3 或 32 个 E4 标准接口。此外还可以通过扩展子架提供更多的 PDH 接口。

9.1.1　系统结构

华为 Metro 3000（2500+）SDH 设备包括机柜、子架、风扇子架、转接架和电路板。设备的组成如图 9-1 所示。

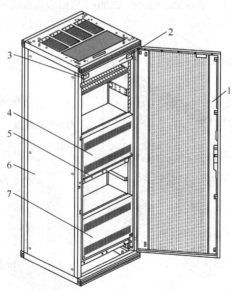

1. 前门；2. 电源盒；3. 转接架；4. 上子架；5. 风扇子架；6. 侧门；7. 下子架

图 9-1　OptiX 2500+设备的组成图

（1）机柜

华为 Metro 3000（2500+）SDH 设备机柜分为 3 种。尺寸分别为：

2 000 mm 高 × 600 mm 宽 × 600 mm 深；

2 200 mm 高 × 600 mm 宽 × 600 mm 深；

2 600 mm 高 × 600 mm 宽 × 600 mm 深。

（2）子架

子架，也称子框，子架分为前、后两个部分，其结构示意图如图 9-2（a）、（b）所示。

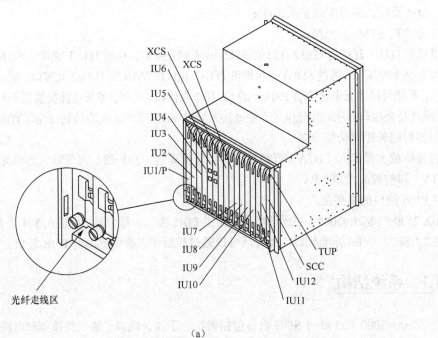

（a）

图 9-2（a） 华为 Metro 3000（2500+）SDH 设备组成图（前框）

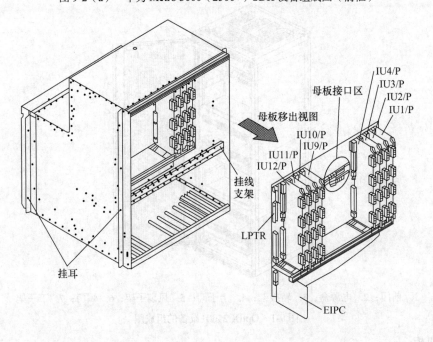

图 9-2（b） 华为 Metro 3000（2500+）SDH 设备组成图（后框）

子架前部为电路板插板区，共有 16 个板位，板位宽 24/32/40 mm 不等，其中 IU1/P、IU2、IU11、IU12、SCC、IUP 板位宽 24 mm，IU3-IU6、IU7-IU10 板位宽 32 mm，XCS 板位宽 40 mm。子架后部为外部接口区和接线区，共有 10 个板位（板位与子架前部插板区相对应），包括有 LTU1/FB2、LTU2、LTU4、LTU9-LTU12、FB1/LPDR、EIPC 板位，其中 EIPC 板位位于 LPDR 板位的下方。该接口区的主要作用为：借助于与子架前部电路板相对应的接口转接板，可以引出相应电路板的电接口及相应的电缆；子架底部为光纤和 155 M 电缆走线区。

注：IU1～IU12（接口转接板位）、TU（支路接口板位）、IUP（接口保护板位）、XCS（交叉时钟板位）、SCC（控制板位）、LPDR（线路保护驱动板位）、EIPC（保护倒换板）、FB（母板电接口线连接板）。

（3）风扇子架

风扇子架由风扇及防尘网罩组成，除尘时可将防尘网罩直接抽出清洗。

（4）转接架

转接架为两个金属支架，每个支架具有 4×32 个孔。位机柜内部 2 Mbit/s 接口的 75 Ω 同轴电缆和 120 Ω 双绞线电缆引入到转接架相应的孔位，机柜外部 DDF 架（数字配线架）侧的外部电缆同样引入到转接架处，在转接架处，内外电缆实现转接。

9.1.2 单板组成

华为 Metro 3000（2500+）SDH 设备的子架在结构上分前、后框及走线区。从子架前部看，在子架的前框可提供 IU 接口单元、交叉时钟板（XCS 板）、主控板（SCC 板）和 IUP 保护板位。OptiX 2500+ 子架结构如图 9-3 所示。

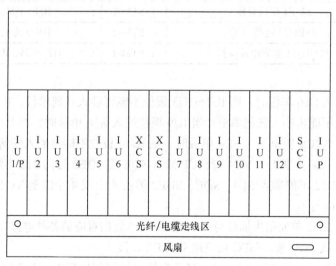

图 9-3　OptiX 2500+ 子架前框结构图

前框可提供的接口单元有 SDH 接口单元和 PDH 接口单元，其中 SDH 接口 IU 单元包括 STM-16、STM-4、STM-1 光接口和 STM-1 电接口，PDH 接口的 IU 单元有 E1（2 Mbit/s）、E3（34 Mbit/s）等 PDH 接口系列。所有这些接口单元均可以按照其接口类型在子架的 IU1～IU12 和 IUP 中的相应板位接入。

（1）IU 接口单元

IU 接口单元可安插的单板有：PD1 板（32×E1 电接口板）、PQ1 板（63×E1 电接口板）、PM1 板（32 路 E1 电接口板）、PL3 板（3 路 E3 电接口板，通过 C34S 出线）、SDE 板（2 路 STM-1 电接口板，直接从拉手条上出线）、SQE 板（4 路 STM-1 电接口板，通过 LPSW 出线）、SDE2 板（2 路 STM-1 电接口板，通过 LPSW 出线）、SD1 板（2×STM-1 光接口板）、SQ1 板（4×STM-1 光接口板）、SD4 板（2×STM-4 光接口板）、SL4 板（STM-4 光接口板）、S16 板（STM-16 光接口板）、BA2/BPA（功放/前放接口板）。

单个华为 Metro 3000（2500+）SDH 设备的接入容量由交叉矩阵的规模和各接入单元 IU 的容量共同决定，华为 Metro 3000（2500+）SDH 设备的交叉容量为 128×128VC4，最大接入容量为 96×STM-1，各接口板需占用的接入容量和适合的单板具体如表 9-1 所示。

表 9-1　　　　　　　　　　　OptiX2500+各接口板占用的接入容量

单　板	单板名称	接入容量	适用的接口板位
S16	STM-16 光接口板	16×STM-1	IU4～IU9
SD4	2×STM-4 光接口板	8×STM-1	IU4～IU9
SL4	STM-4 光接口板	4×STM-1	IU1～IU12
SQ1	4×STM-1 光接口板	4×STM-1	IU3～IU10
SD1	2×STM-1 光接口板	2×STM-1	IU1～IU12
SDE	2×STM-1 电接口板	2×STM-1	IU1～IU12
SQE	4×STM-1 电接口板（需用 LPSW 引线）	4×STM-1	IU1～IU4、IU9～IU12、IUP
SDE2	2×STM-1 电接口板（需用 LPSW 引线）	4×STM-1	IU1～IU4、IU9～IU12、IUP
PQ1	63×E1 电接口板	1×STM-1	IU1～IU4、IU9～IU12
PD1	32×E1 电接口板	1×STM-1	IU1～IU4、IU9～IU12
PL3	3×E1/T3 电接口板	1×STM-1	IU1～IU4、IU9～IU12
PM1	32×E1/T1 兼容电接口板	1×STM-1	IU1～IU4、IU9～IU12、IUP

需要注意的是：

当 IU4 板位插入 S16 单板时，则 IU1～IU3 板位不能再插入任何单板；IU4 板位插入 SD4 单板时，则 IU3 板位不能再插入任何单板；当 IU9 板位插入 S16 单板时，则 IU10～IU12 板位不能再插入任何单板；当 IU9 板位插入 SD4 单板时，则 IU10 板位不能再插入任何单板。

此外，IU12 和 IUP 共享 4 个 VC4，当 IUP 插入 SQE 或 SDE2 时，IU12 不能插任何板；当 IUP 插入 PDH 板时，IU12 不能插入 SL4、SQE、SDE2 等占 4 个或 4 个以上 VC4 的容量的单板，但可以插入任意 PDH 板。

后框可提供的 LTU 单元用来插放与 IU 板位所插单板相对应的各种电接口转接板，B1/LPDR 板位用来插放 FB1 或 PDR 板，EIPC 板位用来插 EIPC 板。

LTU1/FB2 板位：可插 E75S（63×E1 75 Ω电接口转接倒换板）、E12S（63×E1 120Ω电接口转接倒换板）、E75B（63×E1 75 Ω电接口板）、D75S（32×E1 75 Ω电接口转接倒换板）、D12S（32×E1 120 Ω电接口转接倒换板）、C34S（3×E3 75 Ω电接口转接倒换板）、LPSW（线路保护倒换板）、FB2（母板 E1 接口线连接板 2）板。

LTU1～LTU7 板位：可插 E75S、E12S、E75B、D75S、D12S、C34S、LPSW 板。

LTU8 板位：可插 E75S、E12S、E75B、D75S、D12S、C34S 板；无电接口保护（包括 E1、

E3 和 STM-1）时，可以插 LPSW 板，有电接口保护（包括 E1、E3 和 STM-1）时不能插 LPSW 板。

FB1/LPDR 板位：可插 LPDR（线路保护驱动板）或 FB1（母板 E1 接口线连接板 1）板，其中 FB1 板为扣板式。

EIPC 板位：可插保护倒换板（EIPC）板。

（2）交叉时钟板（XCS 板）

XCS 板就是交叉连接与时钟处理板，简称交叉时钟板。XCS 板将交叉连接功能和时钟定时功能集成在一块单板上，它们在结构上浑然一体，而在功能上又相互独立，这两部分分别叫做交叉单元和时钟单元。交叉矩阵单元与定时单元可同时采用 1+1 热备份方式工作。

（3）主控板（SCC 板）

SDH 设备的系统控制与通信板简称为主控板，英文缩写即为 SCC。它在 SDH 设备中承担对同步设备的管理及相互之间通信的功能，并为 SDH 设备与网络管理系统提供接口。

（4）IUP 板

保护板位。可插任何 PDH 板、SQE 板和 SDE2 板。IU1 也可以插 PD1、PQ1、PM1 板做 E1/T1 保护。

9.2　中兴 ZXWM M900 WDM 设备

中兴 ZXWM M900 密集波分复用光传输系统（以下简称 ZXWM M900 系统）是中兴通讯股份有限公司开发的 DWDM 产品，工作波长位于 1 550 nm 窗口附近的 C、L 波段，传输容量最高可达到 1 600 Gbit/s，支持多种业务的接入，保护完善，网络管理功能强大。该系统适用于大容量的光传输，能充分满足不同层次用户的组网和管理要求，可服务于国家和省际干线网、省内干线网、本地交换网以及各种专网。

ZXWM M900 系统系统特点：

（1）传输容量

DWDM 技术充分利用光纤的巨大带宽（约 25 THz）资源，扩展系统的传输容量。ZXWM M900 设备可提供 80 Gbit/s、320 Gbit/s、400 Gbit/s、800 Gbit/s 直至 1 600 Gbit/s 的传输容量，极大地满足未来不断增长的带宽需求。

（2）传输距离

ZXWM M900 通过不同类型的光转发板（OTU）、掺铒光纤放大器（EDFA）、前向纠错（FEC）技术、超强前向纠错（AFEC）技术、归零码（RZ）技术、高饱和功率放大器（HOBA）、分布式 RAMAN 放大器等超长距技术，实现从几公里直至 2 000 km 以上的超长无电中继传输。

（3）业务接入类型

ZXWM M900 设备采用开放式设计，利用光/电/光的波长转换技术将接入的光信号转换为符合 G.692 建议的波长信号输出。ZXWM M900 可接入包括 STM-N（N=1、4、16、64）、POS、GbE、ATM、ESCON、FC 等多种格式的光信号。

（4）性能监测技术

利用单板的性能监测单元，采集单板的性能数据。性能数据在网管软件 ZXONM E300 中查看。

（5）光功率自动均衡技术（APO）

ZXWM M900 具备完善的功率均衡技术。结合网管软件 ZXONM E300 内嵌的子网级性能优化算法，自动建立并保持系统光性能的优化状态，实现接收端通道功率与光信噪比（OSNR）的均衡，使整个系统性能保持最优。

（6）波长稳定技术

ZXWM M900 采用温度反馈和波长反馈两种方式稳定 OTU 的波长，保证系统长期运行的稳定性。其中，在 50 GHz 波长间隔的系统中，通过集中波长监控子系统（IWF），保证 OTU 的波长稳定在±5 GHz 之内。

（7）超长距离传输技术

ZXWM M900 采用带外 FEC 技术、AFEC 技术、RZ 码型技术及自适应接收等光源技术，并结合 RAMAN 放大器和大功率 EDFA 两种放大方式，延长线性系统的传输距离。

（8）色散管理技术

在进行 10 Gbit/s 以上长距离传输，或 2.5 Gbit/s 与 10 Gbit/s 速率信号混合长距离传输时，ZXWM M900 通过色散管理技术，对设备进行宽带色散补偿，实现 G.652/G.655 光纤中的高速长距离传输。

（9）升级能力

通过增加光转发子架和部分单板，实现 40 波及以下的传输系统向 160 波的平滑升级，具有极好的兼容性和扩展性，最大限度地保护用户的投资；具有多机柜管理技术，增加系统平滑升级的空间。

9.2.1 系统结构

ZXWM M900 设备结构件的外形尺寸、重量参数如表 9-2 所示。

表 9-2　　　　　　ZXWM M900 设备结构件的外形尺寸、重量参数一览表

设备结构件	外　形　尺　寸	重量（kg）
中兴通讯传输设备统一机柜	2 000 mm（高）× 600 mm（宽）× 300 mm（深）	70
	2 200 mm（高）× 600 mm（宽）× 300 mm（深）	80
	2 600 mm（高）× 600 mm（宽）× 300 mm（深）	90
	2 000 mm（高）× 600 mm（宽）× 600 mm（深）	80
	2 200 mm（高）× 600 mm（宽）× 600 mm（深）	90
	2 600 mm（高）× 600 mm（宽）× 600 mm（深）	100
OUT/OA/MUX 子架	577 mm（高）× 482.6 mm（宽）× 269.5 mm（深）	25
ODF 插箱	88 mm（高）× 482.6 mm（宽）× 269.5 mm（深）	2.5
DCM 插箱	43.6 mm（高）× 482.6 mm（宽）× 269.5 mm（深）	1.5
SWE 插箱	42 mm（高）× 482.6 mm（宽）× 222 mm（深）	2.5
电源分配子架	177 mm（高）× 482.6 mm（宽）× 269.5 mm（深）	10
监控插箱	43.6 mm（高）× 482.6 mm（宽）× 227 mm（深）	2.5
话机托架	132.5 mm（高）× 482.6 mm（宽）× 269.5 mm（深）	1.5
独立风扇单元	43.6 mm（高）× 145 mm（宽）× 247.5 mm（深）	1
告警灯板（LED）	155 mm（高）× 120 mm（宽）× 2 mm（深）	0.5
单板 PCB	320 mm（宽）× 210 mm（深）	0.5

在 ZXWM M900 的硬件系统中，包括光转发平台、业务汇聚平台、合分波平台、分插复用平台、光放大平台和监控平台。

（1）光转发平台

采用光/电/光的转换方式，完成业务信号与线路信号之间波长的转换。

业务信号支持 STM-*N*（*N*=1、4、16、64）标准的 SDH 信号和数据业务信号（如 GbE、10GbE、FC、FICON、ESCON）。客户侧满足 G.957 建议要求，线路侧的信号满足 G.692 要求。

（2）业务汇聚平台

将多路低速率信号汇聚到一个波长上传输，并完成其逆过程。低速率信号包括标准的 STM-1、STM-4、STM-16 以及 GbE 信号。线路侧最高速率为 12.5 Gbit/s。

（3）合分波平台

合分波平台包括合波和分波两个部分。

合波：将来自光转发平台和业务汇聚平台的多路不同波长光信号耦合到一根光纤合波输出。

分波：将来自光放大平台的线路光信号按照不同的波长信道进行分离，分别送入不同的光转发平台和业务汇聚平台。

对于 40 波及以下波长的传输，ZXWM M900 的合分波在 C 波段或 L 波段上实现，通路间隔 100 GHz。

对于 80 波的传输，ZXWM M900 的合分波如果在 C 波段或者 L 波段实现，采用光梳状滤波器（Interleaver）技术，通路间隔 50 GHz。如果在 C+L 波段实现，通路间隔为 100 GHz。

对于 80 波以上至 160 波的超大容量传输，ZXWM M900 的合分波在 C+L 波段实现，通路间隔 50 GHz。

（4）分插复用平台

完成线路光信号固定波长的分插和复用功能。

（5）光放大平台

采用光放大技术对长距离传输光信号进行功率补偿，通常位于合波平台后、分波平台前以及线路传输中间位置。

对于 40 波及以下波长的传输，ZXWM M900 的光放大部分采用 C 波段掺铒光纤放大器（EDFA）或者 C 波段 RAMAN/EDFA 混合放大。

对于 40 波以上至 160 波的超大容量传输，ZXWM M900 的光放大部平台对 C 波段和 L 波段进行分别放大，放大器类型包括 C 波段 EDFA、L 波段 EDFA、C+L 波段 RAMAN/EDFA 混合放大。

（6）监控平台

收集、处理并上报网管各平台配置、告警、性能信息；

接收网管下发的命令并转发至目的单板；

利用指定的监控光通道，传送网管信息。监控通道的波长为 1 510 nm 或 1 625 nm。监控速率可选 2 Mbit/s、10 Mbit/s 或 100 Mbit/s。

9.2.2　单板介绍

ZXWM M900 设备上的单板类型可分为：业务接入部分、合分波部分、功率放大部分和监控部分。

业务接入部分主要应用的单板有：

（1）10Gbit/s 的 SDH 信号接入单板：OTU10G2

（2）连续速率的业务接入单板：OTUC/DSA

（3）TUMX 单板：SRM41/SRM42

（4）10 Gbit/s 速率的数据业务单板：GEM2/GEM8 等

合分波部分主要应用的单板有：

（1）合波单元：OMU

（2）预均衡合波单元：VMUX

（3）分波单元：ODU

（4）分插复用单元：OADM8/OADM4

（5）组合分波板：OGMD

（6）光合分波交织板：OCI

（7）宽带复用板：OBM

功率放大部分主要应用的单板有：

（1）功率放大板：OBA/SDMT

（2）前置放大板：OPA/SDMR

（3）中继放大板：OLA

（4）分布式拉曼放大板：DRA

（5）遥泵放大板：ROPA

监控部分主要应用的单板有：

（1）终端光监控通道：OSCT

（2）线路光监控通道：OSCL

（3）光性能检测板：OPM

（4）光波长检测板：OWM

（5）开销处理板：OHP

（6）风扇控制板：FCB

（7）电源监控板：PWSB

（8）主控板：NCP

9.3 中兴 ZXCTN 6200 PTN 设备

ZXCTN 6000 系列产品是中兴通讯顺应电信业务 IP 化发展趋势，推出的新一代 IP 传送平台（IPTN），以分组为内核，实现多业务承载，为客户提供 Mobile Backhaul 以及 FMC 端到端解决方案，并致力于为客户降低网络建设和运维成本，助力运营商实现网络的平滑演进。

ZXCTN 6000 系列产品主要定位于网络的接入汇聚层，面对业务网络承载需求的复杂性和不确定性，融合了分组与传送技术的优势，采用分组交换为内核的体系架构，集成了多业务的适配接口、同步时钟、电信级的 OAM 和保护等功能，在此基础上实现以太网、ATM 和 TDM 电信级业务处理和传送。

ZXCTN 6000 包括 ZXCTN 6100、ZXCTN 6200 和 ZXCTN 6300 3 款产品。

ZXCTN 6100 作为紧凑型融合的 IP 传送平台，为 1 U（1 U = 44.45 mm）高的盒式设备，主要定位于网络接入层，可用作多业务接入设备和边缘网关设备。

ZXCTN 6200 和 ZXCTN 6300 为机架式设备，采用基于 ASIC 的集中式分组交换架构，提供设备级关键单元冗余保护，ZXCTN 6200 主要定位于网络接入层和小容量的汇聚层，ZXCTN 6300 主要定位于网络的汇聚层。

ZXCTN 6200&6300 提供分组业务的接入和传送，并兼容 TDM 业务的接入和传送。系统还提供完善的业务保护、OAM 和时钟同步，具有电信级的业务传送特性。

中兴 ZXCTN 6200 PTN 设备有如下特点：

（1）尺寸：482.6 mm(W) × 130.5 mm(H) × 240.0 mm(D)；

（2）接入层 CE&PTN 设备采用分组交换架构和横插板结构，高度为 3 U，可安装在 300 mm 深的标准机柜；

（3）支持−48 V 直流供电，交流供电需要外配专门的 220 V 转−48 V 电源；

（4）功耗：≤250 W；

（5）交换容量（双向）：88 Gbit/s；

（6）背板容量：220 Gbit/s；

（7）包转发率：65.47 Mp/s；

（8）业务接口支持 GE（包括 FE）、POS STM-1/4、Channelized STM-1/4、ATM STM-1、IMA/CES/MLPPP E1、10GE 等接口；

（9）提供 4 个业务槽位，其中上面两个槽位的背板带宽为 8 个 GE；下面两个槽位的背板带宽为 4GE+1XG，可以兼容 10GE 单板；

（10）业务单板与 6300 PTN 设备兼容。

9.3.1　系统结构

1. 机柜

中兴 ZXCTN 6200 PTN 设备采用的机柜尺寸如表 9-3 所示。

表 9-3　　　　　　　　　　　　　　　机柜尺寸

宽度（mm）	深度（mm）	高度（mm）	可安装子架数	电源分配箱数
600	300	2 000	3	1
		2 200	3	1
		2 600	3	1

考虑到散热，机柜最多安装 3 个 ZXCTN 6200&6300 子架，用户可根据实际需要，在机柜的剩余空间安装其他设备商的设备，如路由器机柜底部必须至少预留 1 U 空间，否则将无法安装机柜后门，并影响机柜接地线的连接。

2. 电源分配箱

电源分配箱用于接入外部输入的主、备电源，对外部电源进行滤波和防雷等处理后，分配主、备电源各两对至各子架。

3. 工作子架

ZXCTN 6200 子架采用横插式结构，分为交换主控时钟板区、业务线卡区、电源板区和风扇区等，子架提供 9 个插板槽位，包括两个主控板槽位、4 个业务单板槽位、两个电源板槽位和 1 个风扇槽位。1、2 号槽位支持 8GE 的业务接入容量，3、4 号槽位支持 4GE 或 10GE 的业务接入容量，当插入 GE 单板时，接入容量为 4GE，当插入 10GE 单板，接入容量为 10GE。

4．风扇插箱

风扇插箱采用了整体式设计，4 个并联风扇集成为一个风扇插箱，共用一个插座。每个 ZXCTN 6200 子架配置 1 个风扇插箱，安装在子架的左侧，采用侧面进风、出风的方式。

9.3.2　单板功能

中兴 ZXCTN 6200 PTN 设备采用集中式架构，以主控交换时钟板为核心，集中完成主控、交换和时钟 3 大功能，并通过背板与其他单板通信。中兴 ZXCTN 6200 PTN 设备外观如图 9-4 所示。

图 9-4　中兴 ZXCTN 6200 PTN 设备外观

中兴 ZXCTN 6200 PTN 设备各单板名称及占用槽位关系如表 9-4 所示。

表 9-4　　　　　　　　ZXCTN 6200 PTN 设备各单板名称及占用槽位关系

单 板 类 型	单　　　板	单 板 名 称	占用槽位数	插 槽 位 置
处理板	RSCCU2	主控交换时钟单元板	1	5#、6#槽位
业务板	R1EXG	1 路增强型 10GE 光口板	1	3#、4#槽位
	R8EGF	8 路增强型千兆光口板	1	1#～4#槽位
	R8EGE	8 路增强型千兆电口板	1	1#～4#槽位
	R4EGC	4 路增强型千兆 Combo 板	1	1#～4#槽位
	R4CSB	4 路通道化 STM-1 板	1	1#～4#槽位
	R4ASB	4 路 ATM STM-1 板	1	1#～4#槽位
	R4GW	网关板	1	1#～4#槽位
	R4CPS	4 端口通道化 STM-1 PoS 单板	1	1#～4#槽位
	R16E1F	16 路前出线 E1 板	1	1#～4#槽位
电源板	RPWD2	直流电源板	1	7#、8#槽位
风扇板	RFAN2	风扇板	1	9#槽位

9.4　中兴 ZXMP M820 OTN 设备

中兴 ZXMP M820 OTN 设备是中兴通讯股份有限公司推出的全新一代波分传送系统 iWDM，

集 WSON、PXC、L2 交换、以及 OTN 技术于一身，具备了智能控制平面、大容量光层和电层的业务调度、完善可靠的电信级保护等多种功能，能充分满足运营商目前和未来的业务传送需求。适用于大容量的光传输，可服务于各种规模的本地网和城域核心网络的建设。除了具备骨干网上 DWDM 设备的容量大、多种光接口等特点以外，中兴 ZXMP M820 OTN 设备还具有针对城域网业务的设备特点，如灵活性、可扩展性、多种业务接入能力、子速率业务汇聚功能，以及多种保护机制等。

中兴 ZXMP M820 OTN 系统最大工作波长数为 80，单波支持 10 Gbit/s、40 Gbit/s，其波长选择和间隔严格遵循 ITU-T 的建议要求，支持链型、环网以及环网相切等多种组网方式。同时，ZXMP M820 和 ZXWM M920（中兴通讯骨干网络波分复用设备）的功能单板互相兼容，可以通过不同的单板组合构成不同的组网配置。

中兴 ZXMP M820 OTN 设备的产品特点如下：

1．系统传输容量

支持 80/96 × 10 Gbit/s、80/96 × 40 Gbit/s，支持模块化升级。

2．立体化流量疏导

（1）支持 10 维 ROADM，提供波长级交叉调度功能；

（2）支持交叉颗粒为 ODU0/1/2 的分布式/集中式 OTN 电交叉系统，提供子波长（GE、2.5 Gbit/s）级交叉调度功能；

（3）支持 L2 交换系统，提供 L2 层线速转发、汇聚、QinQ、L2 QoS 等功能；

（4）实现业务从电层到光层的智能调度，提高网络灵活性。

3．自适应多业务接入

（1）支持 GE、FC100/200/400、ESCON、FICON、STM-1/4/16/64 的业务汇聚；

（2）支持 STM-64/256、10GE-WAN、10GE-LAN、FC1200、OTU2/3 的业务接入；

（3）支持 10 Mbit/s～2.7 Gbit/s 任意速率自适应接入；

（4）支持 GE 到 10GE；GE、10GE 到 10GE 的 L2 汇聚。

4．WSON

支持基于 GMPLS 协议的 WSON 控制平面，可实现网络资源及拓扑的自动发现、自动路由和信令自动交换功能，以及业务路径的自动建立、快速的端到端业务配置、业务疏导和流量控制等功能。增强网络生存性，提高网络资源的利用率。

5．高集成度

单机柜实现 80 波接入，有效减少设备占地面积，降低系统功耗，显著降低运营和维护成本。

6．系统智能管理

（1）支持 APO 自动性能优化，保持系统性能最优，自动适应环境参数变化；

（2）提供 IWF 集中波长控制技术，保证 50 GHz 间隔系统中波长的稳定度；

（3）ESC/OSC 监控通道支持 OSPF 协议，实现网元自动发现、自动路由配置功能。

9.4.1 系统结构

1．机柜

中兴 ZXMP M820 OTN 设备采用的机柜尺寸如表 9-5 所示。

表 9-5　　　　　　　　　　　　　　　　机柜尺寸

宽度（mm）	深度（mm）	高度（mm）	可安装子架数	电源分配箱数
600	300	2 000	3	1
		2 200	3	1
		2 600	4	1

2．工作子架

中兴 ZXMP M820 OTN 设备工作子架包括传输子架和 CX 交叉子架。

传输子架体积小巧、集成度高，配置安装在中兴通讯传输设备机柜中。通过改变安装支耳，ZXMP M820 传输子架可以安装在其他符合 ETS 标准的机柜中。

传输子架的机械结构由铝制前后梁、左右侧板和导轨条构成，插箱的导轨为铝型材，21 英寸传输子架外形尺寸为 422 mm（高）×533 mm（宽）×286 mm（深）。19 英寸传输子架外形尺寸为 422 mm（高）×473 mm（宽）×286 mm（深）。传输子架分为插板区、风扇区和走纤区，当子架与中兴标准机柜配合使用时，默认采用 21 英寸子架。

CX 交叉子架的机械结构由铝制前后梁、左右侧板和导轨条构成，插箱的导轨为铝型材，外形尺寸为 577 mm（高）×482.6 mm（宽）×269.5 mm（深）。

3．独立风扇单元

独立风扇单元包括 4 个独立的风扇，位于子架的顶部。21 英寸子架的每个独立风扇单元的尺寸为 30 mm（高）×122.9 mm（宽）×276.8 mm，中兴 ZXMP M820 OTN 设备对 4 个风扇单元独立控制，在其中一个风扇单元故障时，不影响其他风扇单元的正常工作。当风扇单元出现故障时，按住锁定按钮，直接将故障风扇单元沿子架前方拉出，更换新的风扇单元即可。

4．电源分配箱

电源分配箱用于接入外部输入的主、备电源。电源分配箱对外部电源进行滤波和防雷等处理后，分配主、备电源各 4 对（标准配置）至各子架。电源分配箱外形尺寸为：43.6 mm（高）×533 mm（宽）×233.1 mm（深）。

5．DCM 插箱

当信号速率大于 10 Gbit/s 且传输距离较远时，必须对线路进行色散补偿。色散补偿模块插箱（DCM）用于安装色散补偿模块，具有两个输入接口和两个输出接口。DCM 插箱为可选组件，用户根据实际情况选用。DCM 插箱通常放置在子架的下方。

9.4.2 单板功能

按功能模块划分，中兴 ZXMP M820 OTN 硬件结构可划分为业务接入与汇聚子系统、合分波子系统、光放大子系统、监控子系统、保护子系统、交叉子系统、光层管理子系统以及电源子系统。

中兴 ZXMP M820 OTN 设备的单板类型如表 9-6 所示。

表 9-6　　　　　　　　　　　　中兴 ZXMP M820 OTN 设备的单板类型

单 板 名 称	英 文 简 称	适用设备组件
业务接入与汇聚子系统		
光转发单元	OTU	传输子架
增强型 10 Gbit/s 光转发板	EOTU10G	
增强型 10 Gbit/s 光转发板（B 型）	EOTU10GB	
紧凑型 10 Gbit/s 光转发板	SOTU10G	
40 Gbit/s 光转发板	TST3	
增强型 2.5 Gbit/s 光转发板	SOTU2.5G	
4 路 2.5 Gbit/s 子速率汇聚板	SRM41	
4 路 622 Mbit/s/155 Mbit/s 子速率汇聚	SRM42	
40 Gbit/s 光汇聚单板	MQT3	
8 路千兆以太网汇聚板	GEM8	
紧凑型数据业务汇聚板	SDSA	
汇聚交换板（A 型）	ASMA	
汇聚交换板（B 型）	ASMB	
带 FEC 的数据业务接入汇聚板	DSAF	
FC 业务接入单元	FCA	
FC 业务接入单元中继板	FCAG	
合分波子系统		
紧凑型光分插复用板	SOAD	传输子架
光合波板	OMU	
光分波板	ODU	
光分波板（B 型）	ODUB	
光合分波交织板	OCI	
预均衡合波板	VMUX	
预均衡合波板（B 型）	VMUXB	
紧凑型监控分插板	SSDM	
紧凑型光组合分波板	SOGMD	
波长阻断板	WBU	
波长选择板	WSU	
波长阻断复用板	WBM	
光功率分配单元	PDU	

续表

单 板 名 称	英 文 简 称	适用设备组件
光放大子系统		
紧凑型光放大板	SEOA	传输子架
增强型光放大板	EOA	
分布式 RAMAN 放大板	DRA	
线路衰减补偿板	LAC	
保护子系统		
紧凑型光保护板	SOP	传输子架
光多通道保护板	OMCP	
紧凑型光复用段共享保护板	SOPMS	
紧凑型光通道共享保护板	SOPCS	
光层管理子系统		
增强型光通道性能监测板	EOPM	传输子架
光波长监控板	OWM	
增强型光波长监控单板	EOWM	
电源子系统		
紧凑型电源板	SPWA	传输子架
紧凑型风扇板	SFANA	
交叉子系统		
数据业务汇聚板（C 型）	DSAC	CX 交叉子架
SDH 业务接入单元（C 型）	SAUC	
SDH 业务群路汇聚板（B 型）	SMUB	
时钟交叉板	CSU	
8 路客户业务混合接入板	COM	
8 路客户业务混合接入板（B 型）	COMB	
同步时钟交叉板（B 型）	CSUB	
2 路 10 Gibt/s 业务接入线路板	LD2	
2 路 10 Gbit/s 业务接入客户板	CD2	
4 路 10 Gbit/s 业务接入板（线路）	LQ2	
4 路 10 Gbit/s 业务接入板（客户）	CQ2	
监控子系统		
紧凑型主控板	SNP	传输子架
紧凑型通信控制板	SCC	
传输子架紧凑型扩展接口板	SEIA	
紧凑型光监控通道板	SOSC	

小结

本章简要介绍了包括华为 Metro 3000 SDH 设备、中兴 ZXWM M900 WDM 设备、中兴 ZXCTN 6200 PTN 设备和中兴 ZXMP M820 OTN 设备在内的几种运营商光传输网络中典型传输设备的产品特点、系统结构和单板组成。

1. 华为 Metro 3000（2500+）设备是华为技术有限公司根据城域传输网的现状和未来发展趋势而推出的多业务传送平台 MSTP 设备。该设备将 SDH/ATM/以太网/DWDM 技术融为一体；从而不但具有 SDH 设备灵活的组网和业务调度能力（MADM），而且通过对数据业务的二层处理，实现对 ATM/以太网业务的接入、处理、传送和调度，在单台 MSTP 设备上实现话音、数据等多种业务的传输和处理。

2. 中兴 ZXWM M900 密集波分复用光传输系统（以下简称 ZXWM M900 系统）是中兴通讯股份有限公司开发的 DWDM 产品，工作波长位于 1 550 nm 窗口附近的 C、L 波段，传输容量最高可达到 1 600 Gbit/s，支持多种业务的接入，保护完善，网络管理功能强大。该系统适用于大容量的光传输，能充分满足不同层次用户的组网和管理要求，可服务于国家和省际干线网、省内干线网、本地交换网以及各种专网。

3. ZXCTN 6000 系列产品是中兴通讯顺应电信业务 IP 化发展趋势，推出的新一代 IP 传送平台（IPTN），以分组为内核，实现多业务承载，为客户提供 Mobile Backhaul 以及 FMC 端到端解决方案，并致力于为客户降低网络建设和运维成本，助力运营商实现网络的平滑演进。ZXCTN 6000 系列产品主要定位于网络的接入汇聚层，面对业务网络承载需求的复杂性和不确定性，融合了分组与传送技术的优势，采用分组交换为内核的体系架构，集成了多业务的适配接口、同步时钟、电信级的 OAM 和保护等功能，在此基础上实现以太网、ATM 和 TDM 电信级业务处理和传送。ZXCTN 6000 包括 ZXCTN 6100、ZXCTN 6200、ZXCTN 6300 3 款产品。

4. 中兴 ZXMP M820 OTN 设备是中兴通讯股份有限公司推出的全新一代波分传送系统 iWDM，集 WSON、PXC、L2 交换、以及 OTN 技术于一身，具备了智能控制平面、大容量光层和电层的业务调度、完善可靠的电信级保护等多种功能，能充分满足运营商目前和未来的业务传送需求。适用于大容量的光传输，可服务于各种规模的本地网和城域核心网络的建设。

习题

进入学校传输机房，或通过查找相关资料，要求：

1. 画出华为 Metro 3000（2 500+）设备工作子架上单板分布槽位示意图。

2. 画出中兴 ZXWM M900 设备工作子架上单板分布槽位示意图。

3. 画出中兴 ZXCTN 6200 PTN 设备工作子架上单板分布槽位示意图。

4. 画出中兴 ZXMP M820 OTN 设备工作子架上单板分布槽位示意图。

第10章

传输网络日常维护和故障处理

【本章内容简介】 本章介绍了传输网络维护整体要求、维护的分类、例行维护的基本原则、日常维护项目和注意事项；详细介绍了 SDH 常见的故障判断方法和常见故障的分析和处理；对 WDM 故障判断的定位基本思路作了简单介绍；最后例举 SDH 和 WDM 故障案例进行分析。

【学习重点与要求】 本章重点是例行维护的基本原则，日常维护项目和注意事项，故障定位的基本步骤和故障处理基本流程，SDH 常见故障判断方法和故障定位及处理。

10.1 传输网络维护概述

传输网在整个电信网络中起到基本支撑作用，实现各个业务网信号的传送，使每个业务网的不同节点、不同业务网之间互相连接在一起，形成一个四通八达的网络，为用户提供各种业务。传输网目前承担着传送语音、图像、数据等业务的重任，而传输系统的维护是保证各个网络安全运行的关键。

10.1.1 传输网络维护整体要求

传输网络设备包括 SDH、DWDM 和其他设备，应根据各自的特点实行维护和管理。

1. 传输网络维护的基本任务

（1）保证设备和电路运行正常，使传输性能符合维护指标要求；

（2）利用监控和网管迅速准确地判断和排除故障，尽力缩短故障历时；

（3）保持设备的完好、清洁和良好的工作环境，延长使用年限；

（4）在保证通信质量的前提下，节省能源、器材和维护费用。

2．值班和交接班制度

（1）为了传输机房的维护工作有秩序地进行，机房必须实行 24 小时连续值班制，及时解决发生的问题，以保证通信的畅通。在条件完备时，逐次向少人值守过渡。每班值班人员在两人以上时，应有一人为值班班长。

（2）值班人员的职责是：

① 值班人员须经过上岗培训，并且要熟悉机房设备的性能，设备、电路的开放情况；

② 掌握监控系统的一般操作技术，充分利用系统监控系统进行日常维护和故障处理，严禁在监控系统上进行与维护工作无关的操作，严禁在监控系统上使用移动硬盘等外接设备；

③ 勤巡视，严值守，保持设备和电路运行良好。配合相关局站进行业务处理，迅速准确地查找、判断和排除故障，值班时不得任意切断或清除告警；

④ 当确认故障发生在外线时，立即通知线路维护部门，并做好检修配合工作；

⑤ 参加设备和电路的开通、停闭、调度和故障修复后的测试工作；

⑥ 遵守机房管理制度、通信纪律及安全保密制度等；

⑦ 配合外来人员工作时，要填写入室登记本，注意安全操作，防止影响电路质量或造成障碍；

⑧ 填写值班日志及其他记录；

⑨ 保持机房整洁。

（3）为稳定传输系统，避免人为的电路瞬时中断甚至故障，值班人员必须遵守以下规定：

① 查明告警原因，认真记录并查找，再切断告警；

② 未经业务领导局许可，不得进行使电路中断（包括瞬断）的操作；

③ 未经许可，不得任意倒机、倒线、倒电路；

④ 涉及改变系统或电路运行状态的操作（包括倒换）必须有两名技术人员在场，并经业务须导局同意，方可进行并做好记录；

⑤ 严格执行停机、停电路检修申报制度；

⑥ 充分发挥干线监控的作用，运用监控系统性能，依据检测的告警信息处理业务。

（4）严格执行交接班制度，交接内容应有：上级通知、大事记、业务处理、电路障碍、电路调度、机线设备变动情况和未了事宜、监控信息和监控系统操作内容，以及光缆倒换等内容。对仪表、工具、材料、图纸、资料和交接班日志等做到手续清楚，应认真填写各种交接班本，做到责任分明，上下衔接。

在交接班时发生障碍事故，或正在进行调度时，不进行交接，但接班人应协同处理，等待障碍恢复或告一段落后，再进行交接。

3．维护作业计划

传输机房应根据相关的测试项目和周期进行维护作业计划，包括年维护作业计划、月维护作业计划和日维护作业计划。作业计划完成后，必须详细记录完成情况和测试前后的数据，并将发现的问题摘要记录。

4．监控和网管操作管理

（1）监控和网管系统实行集中领导，分级管理。各级维护人员只能在相应的级别进行操作。一旦出现故障情况，能快速利用监控和网管进行故障分析。

（2）建立监控和网管系统运行状态统计数据资料。

（3）监控和网管的系统软件应有一份以上的备份，重要参数设置如有改变的应及时复制，其备份软件亦应同时更改。

（4）定期对系统运行数据进行复制备份，并定期进行计算机杀病毒。

5. 技术档案和资料管理

技术档案、资料和原始记录是进行维护管理工作的依据，因此必须建立健全制度，专人保管，及时修订，便于使用。

6. 机房管理

（1）为保证传输设备的正常运转，须有良好的工作环境。传输机房须有良好的防尘措施和空调设备。机房温度应保持在 20±5℃范围内，相对湿度为 30%～75%，空气中直径大于 5 μm 灰尘浓度不大于 $3×10^4$ 粒/m³。机房建筑可为全封闭式或双层窗户，防止导电、导磁粉尘和腐蚀性物质的渗入。

在北方和其他达不到上述机房湿度工作条件的地区，进入机房人员必须穿戴防静电衣、鞋套和采取其他防静电措施。

（2）机房应防尘，常年保持清洁、整齐。切实做到进门换鞋，设备无尘，排列正规，布线整齐。

（3）机房应备有仪表柜，备用机盘柜，工具柜和资料文件柜等，各类物品柜应定位存放。

（4）机房门内外、通道、路口、设备前后和窗户附近均不得堆放物品和杂物，以免妨碍通行和工作。

（5）机房要全封闭，机房门应是防盗、防撬、耐冲砸的钢门（钢板厚度大于 2 mm）。无人机房必须具有良好的防御自然灾害的能力。应具有抗雷击、抗地震、防强电入侵、防火、防水、防鼠、防小动物入侵等可靠的隔离防护措施。

7. 机房工作安全和保密

（1）所有维护和管理人员均应熟悉并严格执行安全保密规则，各级领导必须经常对维护人员进行安全保密教育，并定期检查保密规则的执行情况。各站可视需要设置兼职安全员。

（2）外部人员因公进入机房，应经上级批准由有关负责人带领方可入内。外籍人员因工作需要进入机房，须严格履行涉外手续，经主管部门领导批准后，指定中方陪同人员，并详细记录进出机房人员的姓名、时间、批准人及工作情况。

（3）有关各级机构人员编制、通信设备、网络组织、电路开放等资料不得任意抄录、复制和擅自携出机房，防止失密。需监听电路时，应按保密规定进行。

（4）机房内应备有干粉灭火器和安全防护用具、应装设烟雾报警器，应有专人负责定期检查。每个维护人员应熟悉一般的消防和安全操作方法。

（5）各种测试仪表和电器设备的外壳要接地良好，数字设备插拔电路盘应使用抗静电手环。高压操作时应使用绝缘防护工具，注意人身和设备安全。

（6）机房内不同种类的测试电源，应使用不同类型的插座，以防插错高、低压电源而造成机障和阻断。

（7）雷雨季节前，应全面检查机房的防雷设施，如避雷器、避雷金属网体等是否性能良好、可靠，接地电阻是否符合要求。

10.1.2　传输维护与基本原则

在不同的运行环境中，要确保传输系统稳定可靠地运行，取决于有效的例行维护。例行维护的目的就是要防患于未然，及时发现并解决问题。

1．维护的分类

按照维护周期的长短，可将维护分为日常维护、周期性维护和突发性维护。

（1）日常维护是指每天必须进行的维护项目。通过日常维护，可以随时了解设备运行情况，及时发现问题、解决问题。对在维护中发现的问题必须详细记录故障现象，以便及时维护和排除隐患。

（2）周期性维护是指定期进行的维护。通过周期性维护，可以了解设备的长期工作情况。此项又分为月度维护、季度维护和年度维护。

（3）突发性维护是指因为传输设备的故障、网络调整等带来的维护任务。

维护是一个范围很广的概念，传输设备的维护可以分为例行维护和故障处理两部分。例行维护主要是保证设备的安全运行环境，比较容易理解和掌握。故障处理将在下一节中作单独说明。

2．例行维护的基本原则

例行维护是预防性维护，其基本原则是在维护工作中及时发现问题并及时解决问题，防患于未然，将故障隐患消灭在萌芽状态，保证传输系统和网络的正常运行。

例行维护减少了设备的故障率，避免故障发生后抢修的慌乱和业务中断造成的经济损失，避免故障恶化对整个设备所造成的损伤，降低板件更换等维护费用，延长设备的使用寿命。这一切都要求维护人员要有深厚的功底，丰富的维护经验和洞察秋毫的高度敏感性，要求做到以下几点：

（1）加强对传输网络技术和设备原理等基本知识的学习，尤其是相关告警信号流的学习；

（2）熟练掌握所维护传输设备的基本操作；

（3）熟悉所维护设备、维护区域的情况；

（4）维护过程中做好现场数据的采集与保存工作；

（5）加强心理素质的锻炼。

3．日常维护项目

例行维护中包括的项目，有的是每天都要做的，有的是每周要做的，有的是每月要做的，还有每年要做的。表 10-1 列出了传输设备的常见维护项目与维护周期。

表 10-1　　　　　　　　　　SDH 设备的常见维护项目与维护周期

维护测试项目	维护类别	维护周期
电路板指示灯观察	设备维护	每日
子架指示灯观察	设备维护	每日
设备温度检查	设备维护	每日
以低级别用户身份登录网管	网管维护	每日
网元和电路板状态检查	网管维护	每日
告警检查	网管维护	每日

维护测试项目	维护类别	维护周期
性能事件监视	网管维护	每日
保护倒换检查	网管维护	每日
查询日志记录	网管维护	每日
ECC 路由的检查	网管维护	每日
设备环境变量的检查	网管维护	每日
网元时间检查	网管维护	每日
电路板配置信息的查询	网管维护	每日
风扇检查和定期清理	设备维护	一周
公务电话检查	设备维护	一周
业务检查——误码测试	设备维护	一个月
启动、关闭网管系统检查	网管维护	一个月
定期更改网管用户的登录口令	网管维护	一个月
网管数据库的备份与转储	网管维护	一个月
网管计算机维护	网管维护	一个月
远程维护功能的测试	网管维护	一个月

（1）设备的例行维护项目

① 设备声音告警检查

在日常维护中，设备的告警声通常比其他告警更容易引起维护人员的注意，因此在日常维护中必须保持告警来源的通畅。定期检查设备面板上的告警喇叭和告警按钮，看其是否正常。检查的频率为每天一次以上。

如果采用集中监控管理时，利用网管的告警铃声即可检查告警。此时设备上的告警铃声可以关闭。对于无人值守的设备，也需要关闭告警铃声。

② 设备子架指示灯观察

设备维护人员可以通过告警指示灯获取告警信息。在日常维护中要时刻关注告警灯的闪烁情况，据此来初步判断设备是否正常工作。首先从整体上观察设备是否有高级别（紧急和主要）的告警，其次可从观察设备子架的指示灯来获得是否有告警信息。指示灯有不同的颜色，分别代表不同的含义。一般来说，红灯亮表示本设备发生紧急告警或主要告警，黄灯亮表示本设备发生一般告警，绿灯亮表示本设备运行正常。检查的频率为每天一次以上。

③ 电路板指示灯观察

只观察设备的告警指示灯，可能会漏过设备的次要告警（通常情况下，次要告警机柜顶部指示灯不亮）。而次要告警往往预示着本端设备的故障隐患，或对端设备存在故障，不可轻视。因此，在观察了设备子架告警指示灯后，还需观察设备各电路板告警指示灯的闪烁情况。设备正常运行时，各电路板应该只有运行灯（通常是绿灯）在正常闪烁，不应有告警灯（通常是红灯）闪烁。检查的频率为每天一次以上。

④ 设备温度检查

设备的工作温度一般在 0～40℃内。将手放于子架通风口上面，检查风量，同时检查设备温度。如果温度高且风量小，应检查子架的隔板上是否放置了影响设备通风的杂物；或风扇的防尘网上是否脏物过多，及时清理防尘网；若风扇本身发生问题，必要时更换风扇。此外，还可以用手接触电路板前面的拉手条，探测电路板的温度。对设备的温度检查要每天进行一次以上。

⑤　风扇检查和定期清理

良好的散热是保证设备长期正常运行的关键，在机房的环境不能满足清洁度要求时，风扇下部的防尘网很容易堵塞，造成通风不良，严重时可能损坏设备。因此需要定期检查风扇的运行情况和通风情况，确保风扇运转正常。检查风扇工作情况要每天一次以上，定期清理风扇的防尘网，每月至少 2～4 次。

⑥　公务电话检查

公务电话对于传输系统的维护有着特殊的作用，特别是当网络出现严重故障时，公务电话就成为网络维护人员定位、处理故障的重要通信工具。因此在平时的日常维护中，维护人员需要经常对公务电话作一些例行检查，以保证公务电话的畅通。定期从本站向中心站、各从站拨打公务电话，检查从本站到中心站、各从站的公务电话是否能够打通，并检查话音质量是否良好。公务电话检查的频率是每周一次。

⑦　业务检查——误码测试

误码特性测试是对整个传输网上业务长期稳定运行工作性能的一项测试。在例行维护中，应在不影响现有业务运行的情况下，定期抽测业务通道，以此来判断所有业务通道的性能是否正常。例行维护中的误码测试频率为每月一次。

方法一：对于两站之间存在已配置未使用的业务通道的情况，可以通过对未使用的业务通道进行测试来检测两站间的业务通道质量。

方法二：对于两站之间不存在已配置未使用的业务通道的情况，往往可以考虑在业务量较小时，临时将用于保护的业务通道断开进行误码测试，并以此评价两站间的业务通道质量。

方法三：对于以上两种条件均不具备的，可以通过网管上报的性能和告警来监测业务通道质量。

（2）网管的例行维护项目

网管维护是通过网管计算机查询设备的详细数据，在设备出现故障时，对告警、性能数据进行分析、定位、判断和处理常见的设备故障，对下属站具有一定的技术支援能力。

网管是例行维护的一个重要工具。为保证设备的安全可靠运行，网管站的维护人员应每天通过网管对设备进行检查。检查项目有：

①　启动、关闭网管系统检查；

②　定期更改网管用户的登录口令；

③　网管数据库的备份与转储；

④　网管计算机维护；

⑤　远程维护功能的测试。

4．日常维护注意事项

对传输设备进行维护操作，除了应熟悉通信设备维护一般的基本注意事项外，还应该熟悉对于传输设备维护的特殊注意事项，以保证人员和设备的安全。

（1）电路板维护注意事项

①　做好防静电措施。为防止人体静电损坏敏感元器件，在接触设备（如手拿电路板、IC 芯片）之前必须佩戴防静电手环，并将防静电手环的另一端良好接地。电路板不使用时要保存在防

静电袋内。

② 做好防潮处理。备用电路板的存放必须注意环境温度、湿度的影响。防静电盒中一般应放置干燥剂，吸收盒内空气的水分，保持盒内的干燥。当电路板从一个温度较低、较干燥的地方拿到温度较高、较潮湿的地方时，至少需要等 30 分钟以后才能拆封。否则，会导致潮气凝聚在电路板表面，损坏器件。

③ 更换电路板时要小心插拔。母板上每个电路板板位中有很多插针，若操作中不慎将插针弄歪、弄倒可能会影响整个系统的正常运行，严重时会引起短路，造成设备瘫痪。

④ 在对设备完成维护操作后，应盖上子架门和机柜门，保证设备始终具有良好的防电磁干扰（EMC）特性。

（2）光板维护注意事项

① 严禁眼睛靠近或直视光口或光纤接头，避免激光束伤害眼睛。

② 光接口板上未用的光口要用防尘帽盖住。这样既预防维护人员无意中直视光口损伤眼睛，又避免灰尘进入光口，降低发光口的输出光功率和收光口的接收灵敏度。

③ 暂不使用的尾纤，其接头也需戴上防尘帽。

④ 用尾纤对光口进行硬件环回时要加衰减器，避免接收光功率过高对光口造成损坏。

⑤ 用 OTDR 测试线路时，如果距离较近（一般小于 10 km），要拔掉光板上的尾纤再测试。

⑥ 清洗光纤头和光接口板光口必须使用专用的清洁工具和材料。

⑦ 更换光板时，注意应先拔掉光板上的光纤，然后再拔光板，不要带纤拔插板。

（3）网管维护注意事项

① 网管软件在正常工作时不应退出，这样会破坏对设备监控的连续性；

② 严禁在网管计算机上运行与设备维护无关的软件，定期杀毒；

③ 重大业务调整最好选择在业务量最小的时候进行；

④ 建议不要同一时间内对多个网元同时下载数据，以免 ECC 通路拥塞。

10.2 传输网络常见故障分析处理

经过技术人员的精心安装和调测，传输网络系统均能正常稳定地运行。但由于多方面的原因，受传输系统外部环境的影响或部分元器件的老化和损坏，有可能导致传输设备系统不能正常运行。一旦传输设备出现故障，就要求维护人员迅速判断故障的性质、位置，以便修复故障。

10.2.1 故障定位的原则

故障定位一般应遵循"先外部，后传输；先单站，后单板；先线路，后支路；先高级，后低级"的原则。

（1）先外部，后传输。在定位故障时，应首先排除外部的可能因素，如断纤、交换、电源等故障。

（2）先单站，后单板。在定位故障时，首先要准确地定位出是哪一个局站，然后再定位出是该局站的哪一块板。

（3）先线路，后支路。线路板的故障常常会引起支路板的异常告警，因此在进行故障定位时，应遵循"先线路，后支路"的原则。

（4）先高级，后低级。即进行告警级别分析，首先处理高级别的告警，如紧急告警、主要告警，这些告警已经严重影响通信，所以必须马上处理；然后再处理低级别的告警，如次要告警和一般告警。

10.2.2　传输故障定位常用方法

1. 告警、性能分析法

分析设备告警信息是维护人员对故障进行判断的主要手段。掌握告警的一些基本分析方法及其规律可大大缩短故障恢复的时限。

（1）通过网管获取告警信息

维护人员使用网管或通过本地维护终端采集到的告警具有内容丰富、描述精细的特点，是维护人员用来分析、定位故障的最为主要的依据。

① 告警内容的分析

一条完整告警通常由告警描述、告警的等级、告警状态和告警位置组成。维护人员通过对告警内容的分析，了解当前告警较详细的描述、对业务的影响程度及其大致的故障点。

② 原发告警的确认

当 A 告警产生时会引起 B、C 等告警，当 A 告警消除后，B、C 告警会自动消除，A 告警即为原发告警，B、C 告警称为伴随告警。

原发告警是维护人员排除故障的主要依据。一般来说，故障排除的过程就是原发告警的消除过程。原发告警与告警的性质有直接关系，从故障处理的角度把采集到的告警性质为紧急告警、一般告警的告警称为原发告警。

③ 告警的优先级

当原发告警只有一个时，维护人员只需要对原发告警进行处理即可；但网络中有多个原发告警同时出现时，告警的分析难度会加大。维护人员要在纷繁复杂的告警中抓住解决问题的关键就应掌握告警的优先级。

优先级高的原发告警会引起优先级低的原发告警，一旦优先级高的告警被消除，随之发生的告警也会随之消失。在多个告警并存时，应处理优先级高的原发告警，以尽快排除故障。例如，SDH 上游站光板激光器失效告警（TF）会引起下游站接收信号丢失告警（R-LOS），下游站的 R-LOS 告警是由于上游站光板不能正常发送激光、下游站接收功率低于其灵敏度而产生的，故上游站光板 TF 告警的优先级高于下游站的 R-LOS 告警。

告警的内容较多，配置灵活，告警的优先级不能从一而论，维护人员可以把握以下一些基本的思路。

思路一：原发告警的告警优先级首先取决于告警的性质。根据告警的性质排列的原发告警的优先级首先是紧急告警，其次是主要告警，最后是次要告警。

思路二：设备的告警相关性。只有相关的告警才能比较其优先级。例如，对应 SDH 传输系统，光板告警不会造成主控板失效、电源失效等告警；复用段层的原发告警的相关告警只会发生于相邻复用段内；高、低阶通道告警由于交叉连接较为灵活，通道所覆盖的节点可能穿越多个复用段。维护人员应注意不同分层告警的不同特点。

维护人员通过获取的故障信息，可以将故障定位到较细、较准确的程度。但是维护人员有时也面临告警或性能事件太多无从着手分析的情况。另外，该方法完全依赖于计算机、软件、通信三者的正常工作，一旦以上三者之一出问题，该方法获取故障信息的能力将大大降低，甚至完全失去。

（2）通过设备上的指示灯获取告警信息

传输设备上有不同颜色的运行和告警指示灯。这些指示灯的状态，反映出设备当前的运行状况或存在告警的级别。

通过网管与通过观察设备指示灯这两个途径获取设备故障信息，各有其优点。因此，在实际的故障定位过程中，这两种手段要结合起来使用。

2. 环回法

环回法是对 SDH 传输设备故障定位最常用、最行之有效的一种方法，如图 10-1 所示。

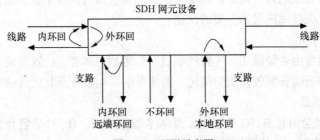

图 10-1　环回示意图

（1）环回的类型

① 从环回的手段来分，分为软件环回和硬件环回。

- 软件环回：通过网管设置环回，是在设备内部实现的环回。
- 硬件环回：人工用尾纤、自环电缆对光口、电口进行环回操作。一般在 ODF、设备光板尾纤接口或 DDF 架上操作。

② 从环回信号的流向来划分，分为内环回和外环回。

- 内环回：对进行环回的 SDH 网元，执行环回后的信号是流向本 SDH 网元内部。
- 外环回：对进行环回的 SDH 网元，执行环回后的信号是流向本 SDH 网元外部。

（2）SDH 接口的环回

① SDH 接口的硬件环回。硬件环回一般都是内环回，也称硬件自环。光口的硬件自环是指用尾纤将光板的发光口和收光口连接起来，达到信号环回的目的。

② SDH 接口的软件环回。是指网管中的 VC-4 环回或光口环回设置，分为内环回和外环回。

（3）PDH 接口的环回

① PDH 接口的硬件环回。PDH 口的硬件环回通常的两个位置：一是在子架接线区，另一个是 DDF 架。

② PDH 接口的软件环回。它是指通过网管，选择相应的支路板，进行内环回（本地环回）或者外环回（远端环回）设置。

环回法不需要花费过多的时间去分析告警或性能事件。环回时，借助网管、仪表共同判断故障发生的段落，将故障范围缩小到具体的站点或端口。

当然这种方法也有它自身不能克服的缺陷，就是会影响正常的业务，甚至造成业务中断，建议在网管不能确定故障的时候使用。

3．替换法

替换法是使用一个工作正常的物件去替换一个被怀疑工作不正常的物件，从而达到定位故障、排除故障的目的。这里的物件，可以是一段线缆、一个设备或一块单板。替换法适用于排除传输外部设备的问题，如光纤、中继电缆、交换机、供电设备等；或故障定位到单站后，用于排除单站内单板的问题。

替换法的优点是简单，对维护人员的要求不高，是一种比较实用的方法。但该方法对备件有要求，如有些单板要冷拔插，或数据需重新配置，因此操作起来不如其他方法方便。此外，插拔单板时，若不小心还可能导致板件损坏等其他问题的发生。

4．仪表测试法

仪表测试法一般用于排除传输设备外部问题以及与其他设备的对接问题。

若是电源供电电压过高或过低，则可以用万用表进行测试；若是接地的问题，则可用万用表测量对接通道发端或收端的同轴端口和屏蔽层之间的电压值，若电压值超过 0.5 V，则可认为接地有问题；若是信号的问题，则可通过相应的分析仪表观察帧信号是否正常，开销字节是否正常，是否有异常告警等。

通过仪表测试法分析定位故障准确性较高，缺点是对仪表有需求，同时对维护人员的要求也比较高。

5．配置数据分析法

在排除其他因素仍不能够消除故障时，可查询、分析设备当前的配置数据，如时隙配置、复用段的节点参数、线路板和支路板通道的环回设置、支路通道保护属性等，分析以上的配置数据是否正常。若配置的数据有错误，需进行重新配置。

配置数据分析法适用于故障定位到单站后故障的进一步分析。配置数据分析法可以查清真正的故障原因，但定位故障的时间相对较长，且对维护人员的要求非常高，一般只有对设备非常熟悉，且经验非常丰富的维护人员才使用。

6．经验处理法

在一些特殊的情况下通过复位单板、单站的掉电重启、重新下发配置数据等手段可有效及时地排除故障、恢复业务。该方法不利于故障原因的彻底清查，建议此方法应尽量少用。除非情况紧急，一般还应尽量使用上面介绍的方法，或请求支援。

7．故障处理方法小结

根据以上排除故障的分析，可以总结出排除故障的常用方法是：一分析、二环回、三换板。
一分析：当故障发生时，首先通过对告警事件、性能事件、业务流向的分析初步判断故障点范围。
二环回：通过逐段环回，排除外部故障，并最终将故障定位到单站乃至单板。
三换板：通过换板排除故障问题。
为方便起见，表 10-2 对故障处理方法进行了简单的小节。

表 10-2　　　　　　　　　　　　　　　故障处理方法表

故障定位过程	常 用 方 法	其 他 方 法
1. 排除外部设备故障	替换法 测试法 环回法	告警性能分析法
2. 故障定位到单站	环回法	告警性能分析法
3. 故障定位到单板并最终排除	替换法	告警性能分析法 环回法 更改配置法 配置数据检查法 经验处理法

10.2.3　业务中断类传输故障处理

1. 故障定位步骤

（1）检查设备告警

发生业务中断故障时，首先检查是否有以下设备告警：电源故障、风扇故障、电路板不在位、邮箱通信错误、电路板无软件。这些告警指示设备或电路板有故障，应当首先排除这些故障。

另外，通过观察电路板指示灯闪烁情况，也可以初步判断故障原因，并做相应处理。

（2）检查保护倒换是否正常

对于保护组网，应检查业务中断是否由于保护倒换失败引起的。

（3）检查各站登录是否正常

若某站登录不上，且该站相邻站点的线路上有 R-LOS 等紧急告警，则可能是该站掉电或与该站相连的光纤或线路板故障。

2. 分类故障定位与排除

（1）电源故障处理

第 1 步：测量供电电压是否异常。断开电源盒上的电源总开关，测量电源盒电源接线端子处的电压，检查电压是否在允许的范围内。如果电压异常，则可判断为外部供电设备或线缆有问题；如果电压正常，继续下一步。打开电源总开关，关闭子架开关，测量电源盒电源接线端子电压。如果电压正常，可判断为传输设备的电源盒故障或供电设备的负载能力差。

第 2 步：排除电源盒的故障。如果故障定位到电源盒，可拆除电源盒上的电源接线，打开电源总开关，测量接线处的输入电阻，正常情况是无穷大。然后再闭合电源总开关，此时的电阻应是几万欧，如果电阻为无穷大，可能是电源盒内部的保险丝熔断；如果电阻小于 $100\,\Omega$，说明电源盒内部短路，需更换电源盒。

第 3 步：排除外部供电设备的故障。

（2）接地故障处理

检查项目包括：

①　检查用户机房的接地；

②　检查传输设备机柜的接地；

③　检查传输设备机柜的正门和侧板的接地；

④　检查子架接地；

⑤　检查信号电缆的接地；

⑥　检查 DDF、ODF 的接地；

⑦　检查网管设备、各种用电设备的接地；

⑧　对接设备是否共地。

可以使用仪表测试 BGND、PGND 的接地电阻值是否符合指标要求。也可以采用仪表检查对接信号的波形是否变形、失真。

（3）环境异常的定位与排除

第 1 步：检查环境的温湿度值是否符合指标要求。检查是否有温度越限告警，防尘网是否堵塞，风扇运转是否正常。

第 2 步：检查设备周围是否有强烈的干扰源。由于运行环境异常导致的业务中断，通常设备会产生误码或指针调整；可以通过分析这些误码或指针调整来帮助定位故障。

第 3 步：检查设备内部是否有老鼠等小动物或其排泄物，机柜的防鼠网是否安装到位。

（4）光纤、电缆、接头异常的定位与排除

第 1 步：检查光纤、电缆是否断。

第 2 步：检查光纤是否熔接错误。

第 3 步：检查接头是否松动。

第 4 步：检查光纤的弯曲度是否在允许的范围内：弯曲半径≥76 mm。

检查光纤、电缆，可以通过环回法测试，也可以使用 ODTR 或光功率计测试光缆是否正常，使用万用表对线法检测电缆连接是否正确。

使用光功率计测量收光功率，与工程安装时的记录值比较。如果光功率过低，可使用专用清洁材料清洁尾纤的接口；然后再次测量光功率，如果光功率仍低于最小灵敏度，再清洁 ODF 等处的光接头；并确认光纤的弯曲度在允许的范围内。

（5）检查配置数据

检查数据配置是否正确，特别对设备安装调测和设备升级时的故障中断。查询的项目包括网络、网元和网管的数据配置。

（6）检查是否存在误操作

常见的误操作是已开通的业务设置了硬件或软件环回或业务未装载。

如果支路或线路设置了环回，必然会造成业务不通。此时要在网管上或设备上解除软件或硬件环回。如果在网管上设置了业务未装载，也会造成业务不通。此时要在网管上将"业务未装载"改为"业务装载"。

（7）检查电路板型号是否一致

在设备升级扩容时，如果更换、添加电路板，应保持与原电路板的型号一致；特别是有主备关系的交叉时钟板，一定要求主、备板的型号一致。

更换后的电路板，还须注意拨码开关和跳线的设置要正确。

（8）设备硬件故障的处理

通过分析告警、指示灯闪烁情况，或采用环回法将故障定位到单站后，可以采用替换法，对怀疑有问题的电路板进行更换，将故障定位并排除。

10.2.4　业务误码类传输故障处理

分类故障定位与排除

（1）检查光功率

线路板的光功率异常是引起误码的常见原因。当光功率过大或过小，都会导致接收光模块接收光信号不正常，并同时引起 B1、B2 误码；当设备上报大量各种类型的误码时，应首先测试本端站点接收光功率是否正常。

如果接收光功率超过光接口板的允许范围，应该检查光接口板的类型是否一致，或在接收端加上适当的光衰减器。

如果上报误码站的光接口板收光功率过小，应检查的项目包括：

① 上游站的对应发光功率是否正常；

② ODF、衰减器、法兰盘、光接口板的接口是否连接紧密；

③ ODF、衰减器、法兰盘、光接口板的接口是否清洁；

④ 光纤是否被挤压；

⑤ 光纤弯曲半径是否过小；

⑥ 光接口板的类型是否一致。

（2）检查电缆

连接到传输设备电缆劣化，通常会引起误码。检查连接到设备上的电缆是否正确；防止电缆的漏焊、虚焊及接触不良。

在传输设备与其他设备对接时，如果对接设备报误码，应该检查对接电缆是否正常。

（3）检查外部干扰

防止外部电磁干扰，主要是做好预防工作，对于机房内的用电设备要进行良好的接地。对于射频器，其干扰程度应符合要求。为了防止干扰，传输设备最好使用独立的电源。供电电源要配置防浪涌和工频干扰的大电容器滤波。机房也要避免建在雷电多发区和高压输电线的附近，并做好防雷措施。

（4）检查接地

机房内的各种设备、电缆接地不良，也会引起误码。内容同前所述。

（5）检查环境温度

机房的环境温度必须达到规定的标准，机房的温度过高和过低，都有可能引起误码。

子架风扇故障、子架风扇防尘网积尘过多导致设备通风不畅、机房内空调故障等都会引起环境温度异常。

（6）设备原因

传输设备中的光（电）接口板、时钟单元、交叉单元和支路单元发生故障时，通常会引发误码。

在设备上报误码后，要分析误码产生的特点，逐步定位故障到单站。可以通过环回法，将故障定位到某站的电路板；然后再采用替换法，对怀疑有故障的电路板进行复位或更换。

（7）检查配置错误

时钟配置错误也会导致误码和指针调整。在外部原因检查没有发现问题时，则要检查是否时钟配置错误。

10.3　典型传输故障案例分析

10.3.1　SDH 典型传输故障案例分析

案例分析

某无保护链形组网配置如图 10-2 所示，均采用华为 Metro 3000（2500+）SDH 设备；4 个网元组成的一条无保护链网，线路速率为 2.5 Gbit/s。

其中，NE1 为网管中心站，集中型业务，即每个网元均与 NE1 有 2 Mbit/s 业务。

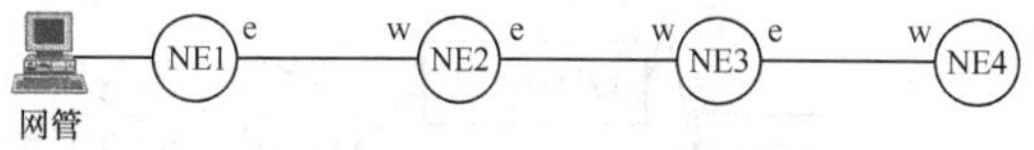

（1）故障现象

NE4 支路板有 TU-AIS 告警，NE1 支路板对应通道有 LP-RDI 告警，NE1 和 NE4 的 2 Mbit/s 业务中断。

e 为东向线路板位，w 为西向线路板位

图 10-2　某局组网示意图

（2）处理步骤

① 在 NE1 相关通道挂 2 M 误码表，监测 NE1 与 NE4 的 2 Mbit/s 业务。

② 通过网管对 NE4 的支路板作软件内环回。若仪表显示业务正常，则说明是 NE4 有问题，进入第③步；若仪表显示业务中断，则说明传输设备有问题，进入第④步。

③ 在 NE4 的 DDF 配线架上，再作一个对传输设备的硬件内环回，若此时仪表仍显示业务正常，则说明传输设备没有问题。需排除交换机或中继电缆的问题。

④ 分别对 NE1 西向线路板、NE2 东向线路板、NE3 东向线路板作内环回。

⑤ 若环回 NE2 东向线路板业务正常，环回 NE3 西向线路板业务不通，则可能 NE3 有故障或 NE2 的东向线路板有故障。

⑥ 到达 NE2，通过尾纤将东向线路板环回，若此时 NE1 挂表测试的业务正常，则说明 NE2 东向线路板没有问题，故障点在 NE3 或光缆有问题，直接转第⑦步。

若环回后业务不通，则说明该板有故障。通过更换该板，排除此处故障，若此处故障排除后，业务恢复正常，则故障处理完毕。否则继续作逐段环回。

⑦ 到达 NE3，对 NE3 作单站测试，通过尾纤将西向线路板环回，发现业务不正常，更换 NE3 西向线路板，故障排除。

10.3.2　WDM 典型传输故障案例分析

1. 故障定位的基本思路

由于 WDM 传输网站点之间距离较远、业务承载量较大，其网络管理系统不如 SDH 网管功能强大和完善，加之 WDM 设备对光信号功率动态范围要求高，对光波中心频率稳定度和偏差要求非常严格，因此处理 WDM 传输系统故障要比 SDH 难得多，特别是只有个别单波道出现问题时，要能准确分清是 WDM 系统问题，还是接入设备问题。

227

一般处理 WDM 系统故障时，首先要将故障点准确地定位到单站或两站之间；当故障定位到单站后，可以通过对性能数据的分析、硬件检查和更换单板等各种手段来排除该站的故障。

2．案例分析

某组网配置如图 10-3 所示，均采用中兴 ZXWM M900 WDM 设备。A、B 之间构成点对点通信，有两个光波长通道的业务，接入 SDH 信号，每个波道速率均为 10 Gbit/s。

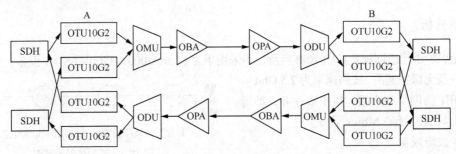

图 10-3　某局组网示意图

（1）故障现象

其中一个业务中断，出现了发送端 OTU10G2 板的 R-LOS 告警信号，而另一个业务正常。

（2）处理步骤

① 用光功率计测量发送端 OTU10G2 板的输入光功率。如果输入光功率太低，即为 R-LOS 告警的原因。

接下来检查 SDH 设备的发送端是否有问题，SDH 设备与发送端 OTU10G2 板之间的光跳线是否清洁。

② 如果接收光功率正常，交换两块发送端 OTU10G2 板的输入信号，然后观察告警情况。

如果 R-LOS 告警依然出现在该 OTU10G2 板上，则可以判断是发送端 OTU10G2 板的接收模块出了问题；如果 R-LOS 告警出现在另一块发送端 OTU10G2 板上，则可以判断是 SDH 设备的发送信号有问题。

 小结

本章首先介绍了传输网络维护的整体要求，维护的分类，例行维护的基本原则以及日常维护项目；其次详细介绍了常见的传输故障定位方法，以及业务中断故障和误码故障的分析和处理；最后对 SDH 和 WDM 的典型故障案例作了简单分析。

1．维护的分类：按照维护周期的长短，分为日常维护、周期性维护和突发性维护。

日常维护是指每天必须进行的维护项目，以便随时了解设备运行情况，及时发现问题、解决问题。对在维护中发现的问题必须详细记录故障现象，以便及时维护和排除隐患。

周期性维护是指定期进行的维护。通过周期性维护，可以了解设备的长期工作情况。此项又分为月度维护、季度维护和年度维护。

突发性维护是指因为传输设备的故障、网络调整等带来的维护任务。

2．例行维护的基本原则：在维护工作中及时发现问题并及时解决问题，防患于未然。作为一名好的维护人员，不仅是在问题出现时能够迅速地定位、解决问题，而且更重要的是在故障产生前能够通过例行维护工作及时发现故障隐患、消除故障隐患，使设备长期稳定的运行。对设备良好有效的维护，不仅能够减少设备的故障率，而且可以延长设备的使用寿命。

3．日常维护项目和注意事项。

4．设备的例行维护项目包括：设备声音告警检查、设备子架指示灯观察、电路板指示灯观察、设备温度检查、风扇检查和定期清理、公务电话检查、业务检查——误码测试等。

5．日常维护注意事项：电路板维护的一般注意事项，光板维护的特殊注意事项，网管维护的注意事项。

6．故障定位一般应遵循"先外部，后传输；先单站，后单板；先线路，后支路；先高级，后低级"的原则。（1）先外部，后传输。（2）先单站，后单板。（3）先线路，后支路。（4）先高级，后低级。

7．传输故障定位常用方法有：告警、性能分折法、环回法、替换法、仪表测试法、配置数据分析法和经验处理法。

8．对于 WDM 设备系统来说，故障定位的常用方法和一般步骤可简单地总结为"一分析，二测量，三替换"。当故障发生时，首先通过对告警事件、性能数据和信号流向进行分析，初步判断故障点范围；接着通过逐段测量光功率和分析光谱，排除尾纤或光缆故障，并最终将故障定位到单板；最后通过换板或换纤，排除故障问题。

习题

一、填空题

1．按照维护周期的长短，可将维护分为_____、_____、_____。

2．例行维护中包括_____项目、_____项目、_____项目和_____项目。

3．光接口板上未用的光口一定要用_____盖住。这样既可以预防维护人员无意中直视光口损伤眼睛，又能起到对光口_____作用，以免灰尘进入光口，降低发光口的_____和收光口的_____。

4．用尾纤对光口进行硬件环回时一定要加_____，以防接收光功率太强导致收光模块饱和，以至损坏收光模块。

5．网管系统在正常工作时不应退出。退出网管不会中断网上的业务，但会使网管在关闭时间内，对设备失去_____能力，破坏对_____。

6．不要在_____期使用网管进行业务调配，因为一旦出错，影响会很大，应该选择在_____的时候进行业务的调配。

7．故障定位一般应遵循：先_____部，后_____；先单站，后_____；先线路，后_____；先_____，后低级的原则。

8．故障判断常用的方法通常有_____、_____、_____、_____以及经验处理法。

二、名词解释

1. 日常维护
2. 周期性维护
3. 突发性维护
4. 软件环回
5. 硬件环回
6. 内环回
7. 外环回

三、简答题

1. 例行维护的原则是什么？
2. 例行维护项目中哪些要每天进行？哪些要每两周进行一次？
3. 故障定位一般应遵循的原则有哪些？
4. 简述业务中断类故障处理的基本步骤。
5. 设备的例行维护项目有哪些？
6. 简述电路板维护的一般注意事项。
7. 简述光板维护的特殊注意事项。
8. 要作好例行维护，在学习和工作中要注意的方面有哪些要求？
9. 网管站的维护人员应每天通过网管对设备进行检查。检查项目有哪些？

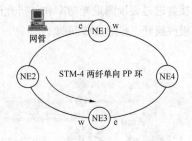

四、分析题

采用 622M 速率的光同步传输系统组网方式为两纤单向通道保护环，如右图所示，业务分配为集中型，各网元均只与 NE1 有业务。

故障现象：某日，NE1 到 NE3 的部分 2 Mbit/s 通道报 LP-REI 告警，并有 LP-BBE LPES 性能事件；用误码仪测试告警通道有误码；但 NE2、NE4 与 NE1 的业务正常。

请根据现象分析可能出现的原因。

附录

缩略语

A

ADM：Add and Drop Multiplexer 分插复用器

AIS：Alarm Indication Signal 告警指示信号

AU-AIS：Administrative Unit Alarm Indication Signal 管理单元告警指示信号

AU-LOP：Loss of Administrative Unit Pointer 管理单元指针丢失

ACTS：Advanced Communication Technology and Service 高级通信技术与业务项目

ADM：Add Drop Multiplexer 分插复用器

APS：Automatic Protection Switching 自动保护倒换

APSD：Automatic Power Shut Down 光功率自动关断

ASON：Automatically Switched Optical Network 自动交换光网络

ASP：Administrative Unit Signal Processing 同步线路管理单元信号处理

ATM：Asynchronous Transfer Mode 异步传送模式

AU：Administrative Unit 管理单元

AUG：Administrative Unit Group 管理单元组

B

BA：Booster Amplifier 功率放大器

BA2/BPA：2 × / Booster Preced Amplifier 功放/前放接口板

BBE：Background Block Error 背景误块

BBER：Background Block Error Ratio 背景误块比

BER：Bit Error Rate 误码率

BIP：Bit Interleaved Parity 比特交织奇偶校验

B-ISDN：Broadband-Integrated Services Digital Network 宽带综合业务数字网

BITS：Building Intergrated Timing Systems 大楼综合定时系统

C

C：Container 容器

C34S：3 E3/T3 75 Interface Board for Switch　3×E3/T3 75Ω 电接口转接倒换板

CATV：Cable Television 有线电视

CE：Carrier Ethernet 运营级以太网

CE：Customer Equitment 用户设备

CE：Customer Edge 客户边缘

CIT：Computer Interface Terminal 计算机接口终端

CIR：Committed Information Rate 承诺信息速率

CMI：Coded Mark Inversion 传号反转码

COS：Class of Service 业务等级

CWDM：Coarse Wave Division Multiplexing 粗（宽）波分复用

D

D12S：32 E1 120 Interface Board for Switch　32×E1 120Ω 电接口转接倒换板

D75S：32 E1 75 Interface Board for Switch　32×E1 75Ω 电接口转接倒换板

DAF：Dirdetory Access Function 数据库访问功能

DBA：Dynamic Bandwidth Allocation 动态带宽分配

DCC：Data Communications Channel 数据通信通道

DCF：Dispersion Compensating Fiber 色散补偿光纤

DDF：Digital Distribution Frame 数字配线架

DFB：Distributed Feed-Back　分布反馈

DSF：Dispersion Shifted Fiber 色散位移光纤

DWDM：Dense Wavelength-Division Multiplexing 密集波分复用

DXC：Digital Cross Connect 数字交叉连接

E

E12S：63 E1 120 Interface Board for Switch　63×E1 120Ω 电接口转接倒换板

E75B：63 E1 75 Interface Board　63×E1 75Ω 电接口板

E75S：63 E1 75 Interface Board for Switch　63×E1 75Ω 电接口转接倒换板

EB：Error Block 误码块

ECC：Embedded Communications Channel　嵌入式控制通道

EDF：Erbium-Doped Fiber 掺铒光纤

EDFA：Erbium-Doped Fiber Amplifier 掺铒光纤放大

EEC：Synchronous Ethernet Equipment Clock 同步以太网设备时钟

EFEC：Enhanced Forward Error Correction 增强型前向纠错

EIPC：Electrical Interface Protection Control　电接口保护控制板

EIR：Equipment Identity Register 设备识别寄存器

EMC：Element Management System 网元管理系统

EoS：Ethernet over SDH SDH 传送以太网

EPON：Ethernet Passive Optical Network 以太网无源光网络

ES：Errored Second 误码秒

ESR：Errored Second Ratio 误码秒比

F

FB1：Internal Connection Board-type I 母板 E1 接口线连接板 1

FB2：Internal Connection BOARD-type Ⅱ 母板 E1 接口线连接板 2

FC：Fiber Channel 光纤信道

FC：Fiber Connection 光纤互联

FDDI：Fiber Distributed Data Interface 光纤分布式数据接口

FE：Fast Ethernet 快速以太网

FEC：Forward Error Correction 前向误码纠错

FEBE：Far End Block Error 远端误码块

FERF：Far End Receive Failure 远端接收失效

FOADM：Fixed Optical Add-Drop Multiplexer 固定上下光分插复用器

FTTB：Fiber To The Building 光纤到大楼

FTTC：Fiber To The Curb 光纤到路边

FTTH：Fiber To The Home 光纤到家庭

FWM：Four Wave Mixing 四波混频

G

GE：Gigabit Ethernet 吉比特/千兆以太网

GFP：General Frame Procedure 通用成帧规程

GPS：Global Position System 全球定位系统

H

HDLC：High Level Data Link Control 高级数据链路控制

HRDS：Hypothetical Reference Digital Section 假设参考数字段

HRP：Hypothetical Reference Path 假设参考通道

HOA：Higher Order Assembler 高阶组装器

HOI：Higher Order Interface 高阶接口

HPA：Higher order Path Adaptation 高阶适配

HP-BBE：Higher order Path-Background Block Error 高阶通道背景误码块

HPC：Higher order Path Connection 高阶通道连接

HPP：Higher order Path Protection 高阶通道保护

HP-RDI：Higher order Path-Remote Defect Indication 高阶通道远端缺陷指示

HP-REI：Higher order Path-Remote Error Indication 高阶通道远端差错指示
HP-SLM：Higher order Path-Signal Label Mismatch 高阶通道信号标记字节失配
HPT：Higher order Path Termination 高阶通道终端
HP-TIM：Higher order Path-Trace Identifier Mismatch 高阶通道踪迹字节失配
HP-UNEQ：Higher order Path-Unequipped 高阶通道未装载

I

IEEE：Institute of Electrical and Electronics Engineers 国际电子电器工程联合会
IETF：Internet Engineering Task Force 互联网工程任务组
IMA：Inverse Multiplexing over ATM ATM 反向复用技术
IMS：IP Multimedia Subsystem IP 多媒体子系统
IP：Internet Protocol 网际协议
IPTV：Internet Protocol Television Internet 网络电视
IUP：Interfaces Unit Protection 接口单元保护
ISO：International Standards Organization 国际标准化组织
ISP：Internet Service Provider 互联网业务提供商
ITU：International Telecommunication Union 国际电信联盟

L

LA：Line Amplifier 线路放大器
LCAS：Link Capacity Adjustment Scheme 链路容量调整方案
LAN：Local Area Network 局域网
LAPS：Link Accept Protocol-SDH 链路接入协议-SDH
LCT：Local Craft Terminal 本地维护终端
LD：Laser Diode 半导体激光器
LED：Light Emitting Diode 发光二极管
LOF：Loss Of Frame 帧丢失
LOS：Loss Of Signal 信号丢失
LOI：Lower Order Interface 低阶接口
LPR：Local Primary Reference 区域基准时钟
LPA：Lower order Path Adaptation 低阶通道适配
LPC：Lower order Path Connection 低阶通道连接
LPDR：Line Protection Drive Board 线路保护驱动板位
LPP：Lower order Path Protection 低阶通道保护
LP-RDI：Lower order Path-Remote Defect Indication 低阶通道远端缺陷指示
LP-REI：Lower order Path-Remote Error Indication 低阶通道远端差错指示
LP-SLM：Lower order Path-Signal Label Mismatch 低阶通道信号标记字节失配
LPSW：Line Protection Switching Unit 线路保护倒换板
LPT：Lower order Path Termination 低阶通道终端

LP-TIM：Lower order Path- Trace Identifier Mismatch　低阶通道踪迹字节失配

LP-UNEQ：Lower order Path-Unequipped　低阶通道未装载

LVC：Low Voltage Control Unit　低压保护

M

MAC：Medium Access Control　媒体访问控制

MAF：Management Application Function　管理应用功能元

MAN：Metropolitan Area Network　城域网

MCF：Message Communication Function　消息通信功能

MCU：Multipoint Control Unit　多点控制单元

MF：Mediation Function　协调功能

MPLS：Multiprotocol Label Switching　多协议标签交换

MPLS-TP：Multiprotocol Label Switching-Transport Profile MPLS 扩展传输属性

MSP：Multiplexer Section Protection　复用段保护

MST：Multiplexer Section Termination　复用段终端

MS-AIS：Multiplexer Section-Alarm Indication Signal 复用段告警指示信号

MS-BBE：Multiplexer Section-Background Block Error 复用段背景误码块

MS-RDI：Multiplexer Section-Remote Defect Indication　复用段远端缺陷指示

MS-REI：Multiplexer Section-Remote Error Indication　复用段远端差错指示

MSOH：Multiplexer Section Over Head　复用段开销

MSP：Multiplexer Section Protection　复用段保护

MSTP：Multiple Spanning Tree Protocol　多业务传送平台

MTIE：Maximum Time Interval Error　最大时间间隔误差

MUX：Multiplex or Multiplexer　多路复用器

N

NDF：New Data Flag　新数据标志

NEF：Network Element Function　网元功能

NNI：Network Node Interface　网络节点接口

NRZ：Non-Return to Zero　不归零码

NTP：Network Time Protocol　网络时钟协议

NZ-DSF：Non-Zero Dispersion Shifted Fiber　非零色散位移光纤

O

OA：Optical Amplifier　光放大器

OADM：Optical Add and Drop Multiplexer　光分插复用器

OAM：Operations, Administration and Maintenance　处理操作,管理和维护

OAN：Optical Access Network　光接入网

OCDMA：Optical Code Division Multiple Access　光码分多址

Och：Optical Channel 光通道

OFDM：Optical Frequency Division Multiplexing 光频分复用

OMU：Optical Multiplex Unit 光复用单元

OPEX：Operational Expenses 运营成本

OPS：Optical Physical Section 光物理段

OPU：Optical Payload Unit 光净负荷单元

OSF：Operating System Function 操作系统功能

OTDR：Optical Time Domain Reflectometer 光时域反射计

OTDM：Optical Time Division Multiplexing 光时分复用技术

OTM：Optical Terminal Multiplexer 光终端复用器

OTS：Optical Transmission Section 光传输段

OTH：Optical Transport Hierarchy 光传输系列

ODF：Optical Distribution Frame 光纤配线架

OHA：Over Head Access 开销接入

OLT：Optical Line Terminal 光线路终端

OOF：Out Of Frame 帧失步

OSC：Optical Surveillance Channel 光监控信道

OSF：Operating System Function 操作系统功能

OSI：Open Systems Interconnection 开放系统互连

OTN：Optical Transport Network 光传送网络

OTU：Wavelength Transponder 波长转换器

OTU：Optical Channel Transport Unit 光通路传送单元

OXC：Optical Cross Connection 光交叉连接

P

PA：Pre-Amplifier 前置放大器

PBT：Provider Backbone Transport 运营商骨干传送

PD1：32×E1 Interfaces Unit 32×E1 电接口板

PDA：Power Distribution Adapter 电源分配转接

PDFA：Praseodymium-Doped Fiber Amplifier 掺镨光纤放大器

PDH：Plesiochronous Digital Hierarchy 准同步数字系列

PDU：Packet Data Unit 分组数据单元

PE：Provider Edge 运营商网络边缘

PHY：Physical Layer 物理层

PL3：3×E3/T3 Interfaces Unit 3 路 E3/T3 电接口板

PM1：32×E1/T1 Interfaces Unit 32 路 E1/T1 兼容电接口板

PMU：Power Monitor Unit 电源监测板

POH：Path Over Head 通道开销

PP：Path Protocol 通道保护

PPI：PDH Physical Interface PDH 物理接口

PPP：Point-to-Point Protocol 点对点协议

PQ1：63×E1 Interfaces Unit 63×E1 电接口板

PRC：Primary Reference Clock 全国基准时钟

PTN：Packet Transport Network 分组传送网络

PTR：Pointer 指针

PW：Pseudo Wire 伪线

PWE3：Pseudo Wire Emulation Edge-to-Edge 端到端伪线仿真

Q

QAF：Q Adapter Function Q 适配器功能

QOS：Quality Of Service 服务质量

QW：Quantum Well 量子阱

R

REG：Regenerator 再生中继器

RNC：Radio Network Controller 无线网络控制器

RSOH：Regenerator Section Overhead 再生段开销

ROADM：Reconfigurable Optical Add-Drop Multiplexer 可重构上下光分插复用器

RPR：Resilient Packet Ring 弹性分组环

RS-BBE：Regenerator Section-Background Block Error 再生段背景误码块

RST：Regenerator Section Termination 再生段终端

RZ：Return Zero Code 归零码

S

S16：Synchronous STM-16 STM-16 光接口板

SASE：Stand-Alone Synchronization Equipment 独立型同步设备

SD：Signal Degrade 信号性能劣化

SD1：Dual STM-1 Optical Interface Unit 2 路 STM-1 光接口板

SD4：Dual STM-4 Optical Interface Unit 2 路 STM-4 光接口板

SDE：Dual STM-1 Electrical Interfaces Unit 2 路 STM-1 电接口板

SDE2：Dual STM-1 Electrical Interfaces Unit 2 路 STM-1 电接口板

SDH：Synchronous Digital Hierarchy 同步数字体系

SDM：Space Division Multiplexing 空分复用

SEC：SDH Equipment Clock 设备时钟

SEMF：Synchronous Equipment Management Function 同步设备管理功能

SES：Severely Error Second 严重误码秒

SESR：Severely Error Second Ratio 严重误码比

SETS：Synchronous Equipment Timing Source 同步设备时钟源

SETPI：Synchronous Equipment Timing Physical Interface 同步设备定时物理接口

SF：Signal Fail 信号失效

SL4：STM-4 Optical Interface Unit　STM-4 光接口板

SMN：SDH Management Network SDH 管理网

SMF：Single Mode Fiber 单模光纤

SNCP：Sub-Network Connection Protection 子网连接保护

SP：Security Function 安全管理功能元

SPI：Synchronous Physical Interface 同步物理接口

SQ1：Quad STM-1 Optical Interface Unit　4 路 STM-1 光接口板

SQE：Quad STM-1 Electrical Interfaces Unit　4 路 STM-1 电接口板

SSM：Synchronous Status Message 同步状态信息

SSU：Synchronous Supplying Unit 同步供给单元

STM：Synchronous Transfer Mode　同步传送模式

STP：Signaling Transfer Point 信令转接点

T

TDM：Time Division Multiplexing 时分复用

TTF：Transport Terminal Function 传送终端功能

TM：Terminal Multiplexer 终端复用器

TMN：Telecommunications Management Network 电信管理网

TPS：Tributary Protection Switching 支路保护倒换

TU：Tributary Unit 支路单元

TUG：Tributary Unit Group 支路单元组

TU-AIS：Tributary Unit-Alarm Indication Signal 支路单元告警信号

TU-LOM：Tributary Unit-Loss Of Multi-frame 支路单元复帧丢失

TU-LOP：Tributary Unit-Loss Of Pointer 支路单元指针丢失

U

UNI：User Network Interface 用户网络接口

UISF：User Interface Support Function 用户接口支持功能元

UTC：Universal Time Coordinate 通用时间坐标

V

VC：Virtual Container　虚容器

VCI：Virtual Channel Identifier 虚通路标示符

VPI：Virtual Path Identifier 虚通道标示符

VDF：Audio Distribution Frame 音频配线架

VOIP：Voice Over Internet Protocol 用 Internet 数据网络承载语音

VWP：Virtual Wavelength Path 虚波长通道

W

WAN：Wide Area Network 广域网

WDM：Wavelength-Division Multiplexing 波分复用
WSF：Work Station Function 工作站功能
WSSF：Work Station Support Function 工作站支持功能元
WP：Wavelength Path 波长通道
WR：Wavelength Router 波长路由器

X

XCS：Cross Connection/Clock Integrated Board 交叉连接与时钟处理板

参考文献

1. 李秉钧. 演进中的电信传送网. 北京：人民邮电出版社，2006.
2. 李玉权，朱勇，王江平. 光通信原理与技术. 北京：科学出版社，2006.
3. 纪越峰. 光波分复用系统. 北京：北京邮电大学出版社，2005.
4. 张卫钢. 通信原理与通信技术. 西安：西安电子科技大学出版社，2005.
5. 王健全. 城域 MSTP 技术. 北京：机械工业出版社，2005.
6. 余少华，陶智勇. 城域网多业务传送理论与技术. 北京：人民邮电出版社，2004.
7. 刘国辉. 光传送网原理与技术. 北京：北京邮电大学出版社，2004.
8. 曹蓟光，吴英桦. 多业务传送平台（MSTP）技术与应用. 北京：人民邮电出版社，2003.
9. 陶智勇，等. 弹性分组环. 北京：北京邮电大学出版社，2003.
10. 徐荣，龚倩. 城域光网络. 北京：人民邮电出版社，2003.
11. 张民，潘勇，徐荣. 宽带城域网. 北京：北京邮电大学出版社，2003.
12. 张劲松，陶智勇，韵湘. 光波分复用技术. 北京：北京邮电大学出版社，2002.
13. 徐宁榕，周春燕. WDM 技术与原理. 北京：人民邮电出版社，2002.
14. 韦乐平，李英灏. SDH 及其新应用. 北京：人民邮电出版社，2001.
15. 杨世平，张引发，邓大鹏，何渊. SDH 光同步数字传输设备与工程应用. 北京：人民邮电出版社，2001.
16. 何一心，李成. 同步数字体系（SDH）与波分复用（WDM）技术. 长沙：长沙通信职业技术学院校内教材，2004.
17. 李维民，赵巧霞，康巧燕，黄海清. 全光通信网技术. 北京：北京邮电大学出版社，2009.
18. 龚倩，邓春胜，王强，徐荣. PTN 规划建设与运维实战. 北京：人民邮电出版社，2010.
19. 张新社，于友成. 光网络技术. 西安：西安电子科技大学出版社，2012.
20. 李莅林，曹惠，龚雄涛，刘功民. 传输系统组建与维护. 北京：人民邮电出版社，2012.